Ludolf Cronjäger (Hrsg.)

Bausteine für die Fabrik der Zukunft

Eine Einführung
in die rechnerintegrierte Produktion (CIM)

Zweite Auflage

Mit 102 Abbildungen

Springer Verlag

Berlin Heidelberg New York
London Paris Tokyo
Hong Kong Barcelona Budapest

*Die 1. Auflage erschien als Koproduktion mit dem Verlag
TÜV Rheinland in der Reihe CIM-Fachmann*

ISBN 3-540-58599-0 Springer-Verlag Berlin Heidelberg New York

Satz: Reproduktionsfertige Vorlagen vom Autor
SPIN: 10488284   60/3020 - 5 4 3 2 1 0 - Gedruckt auf säurefreiem Papier

Herausgeber, Autoren und Mitarbeiter

Herausgeber
Prof. Dr.-Ing. Ludolf Cronjäger
Institut für Spanende Fertigung
Universität Dortmund

Autoren
Dr.-Ing. Wilfried Michel
Institut für Spanende Fertigung
Universität Dortmund

Dipl.-Ing. Roger Kraushaar
Institut für Spanende Fertigung
Universität Dortmund

Mitarbeiter
Dr.-Ing. Klaus Bergmann, Institut für Spanende Fertigung, Universität Dortmund

Dipl.-Ing. Fred Bittner, Lehrstuhl für Förder- und Lagerwesen, Universität Dortmund

Dr.-Ing. Thomas Brachtendorf, WZL, RWTH Aachen

Dr.-Ing. Hans Fuß, Institut für Spanende Fertigung, Universität Dortmund

Dipl.-Ing. Gerd Grube, Lehrstuhl für Maschinenelemente, -gestaltung und
Handhabungstechnik, Universität Dortmund

Dr.-Ing. Franz Janzen, Lehrstuhl für Produktionssysteme, Ruhr-Universität Bochum

Dr.-Ing. Matthias Kleiner, Lehrstuhl für Umformende Fertigungsverfahren,
Universität Dortmund

Dr.-Ing. Thomas Klevers, WZL, RWTH Aachen

Dr.-Ing. Mathias Liewald, Lehrstuhl für Umformende Fertigungsverfahren,
Universität Dortmund

Dr.-Ing. Ludger Reckmann, Lehrstuhl für Produktionssysteme,
Ruhr-Universität Bochum

Dipl.-Ing. Christian Riegert, Lehrstuhl für Förder- und Lagerwesen,
Universität Dortmund

Dipl.-Ing. Hans-Jörg Seifert, Lehrstuhl für Produktionssysteme,
Ruhr-Universität Bochum

Dr.-Ing. Volker Steininger, Lehrstuhl für Umformende Fertigungsverfahren,
Universität Dortmund

Vorwort

Die Zukunftssicherung der fertigungstechnischen Industrie zwingt auch klein- und mittelständische Unternehmen, sich mit neuen technischen und organisatorischen Methoden der Produktionstechnik auseinanderzusetzen, denn der nationale und internationale Wettbewerb verschärft sich insbesondere im Hinblick auf den gemeinsamen europäischen Binnenmarkt mehr und mehr.

Dies betrifft sowohl den Handwerksbetrieb als auch den Serienbetrieb. Die Frage, wie zukünftig flexibel und zugleich kostengünstig produziert werden kann, geht alle Unternehmen an. Sie muß jedoch für jedes einzelne Unternehmen individuell beantwortet werden.

Ein in diesem Zusammenhang in den Unternehmen vielfach diskutierter Begriff ist CIM. Unter CIM (Computer Integrated Manufacturing) wird heute überwiegend die Rechnerunterstützung integrierter betrieblicher Abläufe zwischen Konstruktion, Arbeitsvorbereitung, Fertigung und Montage, Qualitätssicherung sowie Produktionsplanung und -steuerung verstanden. Der Begriff umfaßt daher nicht nur die rechnerintegrierte Fertigung, sondern das informationstechnische Zusammenwirken aller mit Produktions- und produktionsvorbereitenden Aufgaben beschäftigten Unternehmensbereiche. Die technischen Einzel- und Integrationskomponenten sind heute weitgehend auf dem Markt verfügbar. Was fehlt, ist das breite Wissen darüber.

Das vorliegende Buch soll dem interessierten Leser einen Überblick über alle CAx-Bausteine (CAD, CAP, CAQ, CAM und PPS) eines CIM-Systems geben. Darüber hinaus werden nicht nur einzelne Bausteine vorgestellt, sondern auch ihre jeweiligen Wechselwirkungen miteinander. Anknüpfungspunkte zu den betriebswirtschaftlichen Systemen sind ebenfalls erläutert.

Eine wichtige Voraussetzung zur Realisierung vernetzter Systeme sind Integrationswerkzeuge. Es werden daher auch die Grundlagen von Netzwerken, Kommunikations- und Informationssystemen, Datenbanken und moderner Rechnerhardware vorgestellt.

Wichtig auf dem Weg zu CIM ist die Möglichkeit zum stufenweisen Einstieg. Nur so kann ein vollständiges CIM-Konzept unter wirtschaftlichen Gesichtspunkten realisiert werden. Der Leser findet daher auch eine detaillierte Beschreibung der einzelnen CIM-Bausteine. Für kleinere Unternehmen werden dadurch Ansatzpunkte zur gezielten Verbesserung ihrer Auftragsabwicklung durch die Einführung einzelner CIM-Komponenten aufgezeigt, die für sie von strategischer Bedeutung sind.

Die organisatorischen und qualifikatorischen Aspekte zur Verbesserung der Unternehmensorganisation werden ebenfalls angesprochen.

Ein ausführliches Glossar rundet das Buch ab und führt den Leser in die Begriffswelt von CIM ein.

Dortmund, im September 1994   Ludolf Cronjäger

Inhaltsverzeichnis

I

1 Gesamtaufgabe eines Unternehmens

Die Produktionstechnik ist von zentraler Bedeutung für die moderne Industriegesellschaft. Ihre Leistungsfähigkeit beeinflußt entscheidend die Entwicklung von Wohlstand, Lebensqualität und Sicherheit. Der industrielle Produktionsprozeß basiert auf einem vom Menschen geleiteten Zusammenwirken von Energietechnik, Materialtechnik und Informationstechnik. Insbesondere hat die Informationstechnik durch ihre integrierende Funktion die Organisation der Produktionsunternehmen in eine neue Entwicklungsphase geführt. Sie durchdringt alle technischen und organisatorischen Funktionsabläufe sowie alle Produktionsmittel und Methoden, die zur industriellen Gütererzeugung erforderlich sind.

In der rechnerintegrierten, flexibel automatisierten Fabrik nimmt die Informationstechnik eine Schlüsselfunktion ein. Durch die informationstechnische Verknüpfung des gesamten Fabrikbetriebes ist eine kontinuierliche Optimierung des Prozesses der Gütererzeugung möglich geworden. Es geht darum, den Produktionsprozeß, gekennzeichnet durch das Zusammenwirken aller betrieblichen Produktionsfaktoren, im Sinne einer vorgegebenen Optimierungsstrategie im Kostenminimum zu führen. Neben der Optimierung einzelner Produktionsprozesse wird künftig verstärkt das Gesamtsystem "Unternehmen" unter Berücksichtigung humaner, sozialer und gesellschaftlich relevanter Kriterien im Mittelpunkt der Planung stehen.

Produktionsfachleute haben schon sehr früh den Rechner als ein wichtiges Instrument erkannt und ihm algorithmierbare Aufgaben übertragen. Mittlerweile hat die Informationstechnik einen Stellenwert erreicht, der die Information als einen weiteren Produktionsfaktor gerade durch den ständig steigenden Einsatz rechnerunterstützter Systeme ausweist. Der Innovationsschub der Informationstechnik stellt damit gleichzeitig den Fortbestand traditioneller Unternehmensstrukturen zumindest in Frage /SPU,88,1; SPU,88,2; WIE,86,1/.

Um die Wettbewerbsfähigkeit im Markt und das Unternehmensziel der langfristigen Ertragssicherung sicherzustellen, wird die Informationstechnik im Unternehmen als Integrationsmittel genutzt. Kürzere Entwicklungs- und Auftragsdurchlaufzeiten lassen sich insbesondere bei der Schaffung integrierter Funktionsketten erreichen. Eine höhere Termintreue, Reduzierung der Kosten wie auch eine Verbesserung der Produktqualität wird durch frühestmögliche Berücksichtigung aller Einflußgrößen und Daten unterstützt sowie aufgrund der Erhöhung der Transparenz erwartet /KUH,89,1; SPU,88,2/.

1.1 Aufbauorganisation

Organisation ist ein vielschichtiger Begriff, der in Bezug auf einen Industriebetrieb wie folgt definiert werden kann: Organisation umfaßt die formale Gestaltung der Elemente des Unternehmens und ihrer Beziehungen zueinander. Die formale Gestaltung wird zum einen durch gesetzliche Vorschriften bestimmt und findet ihren Ausdruck in der Rechtsform des Unternehmens. Unabhängig von der Rechtsform ist zum anderen die innere Organisation des Unternehmens zu sehen, die mit den Begriffen Aufbauorganisation und Ablauforganisation beschrieben wird.

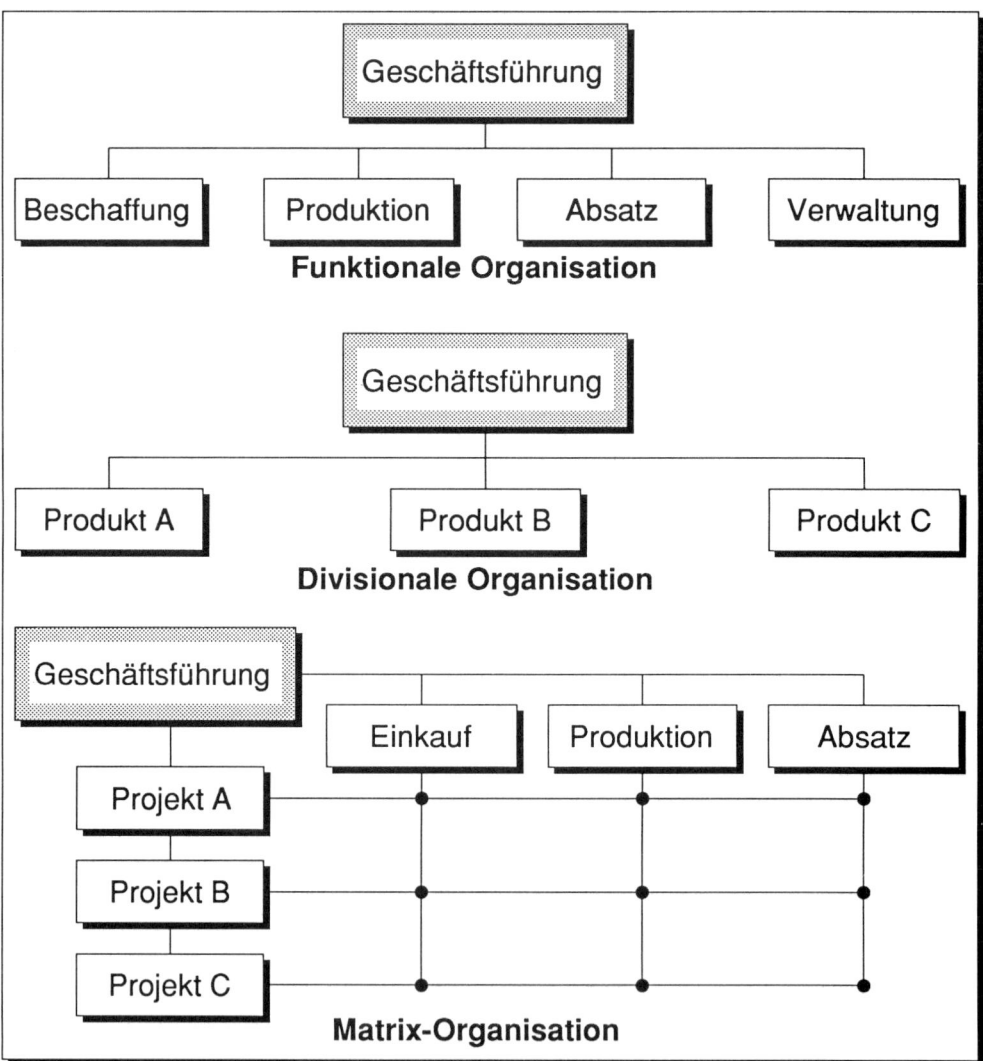

Bild 1.1: Formen der Aufbauorganisationen im Unternehmen

Zur zielorientierten Erfüllung der Aufgaben benötigt ein Unternehmen eine darauf ausgerichtete Struktur oder Aufbauorganisation. Die Gestaltung dieser Struktur wird jeweils in einer spezifischen Situation entschieden, die einer bestimmten Kombination von Merkmalen der Umwelt entspricht. Die Darstellung der Aufbauorganisation erfolgt im Organisationsplan. Die von der jeweiligen Organisationseinheit zu erfüllende Aufgabe wird in Funktions- oder Aufgabenbeschreibungen festgelegt /KRÜ,84,1; WIE,86,1/. Typische Gestaltungen von Organisationsformen einer Unternehmung sind, **Bild 1.1**:

- Funktionale Organisation,
- Divisionale Organisation und
- Matrixorganisation.

Merkmale der funktionalen Organisation:

- verrichtungsorientierte Gliederung,
- Arbeitsteilung nach Funktionen in Abteilungen und
- starke Entscheidungszentralisation.

Merkmale der divisionalen Organisation:

- Gliederung nach Objekten (Produkte, Produktgruppen, Märkte usw.) und
- stärkere Zielausrichtung auf verschiedene Kundensegmente.

Merkmale der Matrixorganisation:

- verrichtungs- und objektorientiert und
- Mehrlinienorganisation (Koordinationsproblematik).

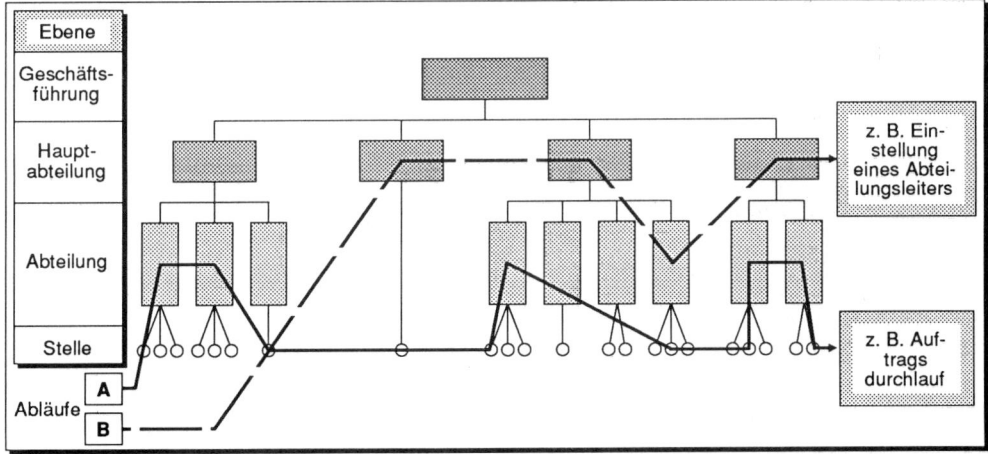

Bild 1.2:   Ablaufregelung in einer hierarchischen Aufbauorganisation

Die personelle Zuordnung von Aufgaben schafft die Aufbaustruktur. Wenn dagegen z. B. eine bestimmte Aufgabenreihenfolge bei der Bearbeitung eines Werkstücks definiert wird, fixiert in einer Arbeitsanweisung, dann ist durch diese temporäre Zuordnung eine Prozeßstruktur entstanden. Die Prozeßstrukturen werden unter dem Begriff Ablauforganisation zusammengefaßt. Die Ablauforganisation regelt den grundsätzlichen Ablauf der normalen Geschäftsvorfälle, um ein rationelles und einheitliches Vorgehen sicherzustellen /WIE,86,1/.

3

1.2 Ablauforganisation

Aufbau- und Ablauforganisation werden vielfach als voneinander getrennt betrachtete Begriffe behandelt. In Wirklichkeit stehen sie in unmittelbarem Zusammenhang und stellen lediglich zwei Betrachtungsweisen einer Organisation dar, **Bild 1.2** /WIE,86,1/.

Die Ablauforganisation regelt den grundsätzlichen Ablauf der normalen Geschäftsvorfälle, um ein rationelles und einheitliches Vorgehen sicherzustellen.

Gestaltungsbereiche innerhalb der Ablauforganisation:

- Leistungsprozesse (physisch, materiell) und
- Verwaltungsprozesse (immateriell, Information und Kommunikation).

Verschiedene Tätigkeiten innerhalb der Unternehmung haben direkten oder indirekten Einfluß auf die Ablauforganisation. In der Konstruktionsabteilung wird z. B. durch die Konzeption des Produktes der Fertigungsvorgang indirekt vorgeschrieben. In der Ablaufplanung werden die Arbeitspläne für die Fertigung und Montage erstellt /WIE,86,1/.

1.3 Personelle Auswirkungen von neuen Technologien

Die Einführung neuer Technologien (z. B. CAD, NC-Maschinen oder CIM-Strukturen) führt jedoch zu personellen Umbesetzungen innerhalb der Aufbaustruktur und zu neuen Aufgabenabläufen, so daß sich unter anderem das Anforderungsprofil der entsprechenden Mitarbeiter ändert. Die reibungslose Einführung neuer Technologien setzt eine umfangreiche Vorbereitung und datailliertes Wissen des Personals voraus. Dabei trägt eine rechtzeitige Einbeziehung der Mitarbeiter wesentlich zum Erfolg bei, denn eine hohe Akzeptanz wird dadurch sichergestellt. Durch inner- und außerbetriebliche Schulungen wird eine Höherqualifizierung auf den betreffenden Ebenen des Unternehmens erzielt. Die Forderung nach Höherqualifikation wirkt sich aber auch auf die Personalstruktur aus, denn der Anteil der gewerblichen Mitarbeiter wird aufgrund dieser Maßnahmen gegenüber dem der Angestellten sinken.

2 Funktionen konventioneller Unternehmensbereiche

2.1 Konstruktion

Der Konstruktionsbereich ist verantwortlich für sämtliche Funktionen im Bereich der Produktentwicklung. Weiterhin ist der Aufbau und die Pflege der Erzeugnisgliederung für den innerbetrieblichen Ablauf eine wichtige Aufgabe. Die Zielsetzungen der Erzeugnisgliederung sind:

- Schaffen einer Grundlage für einen einheitlichen Zeichnungs- und Stücklistenaufbau für alle Produkte,
- Erleichtern der Angebotskalkulation aufgrund einer einheitlichen Baugruppenabgrenzung durch Aufbau von Referenzdaten aus der Nachkalkulation,
- Förderung der Wiederverwendung von Baugruppen in der Konstruktion,
- Beschleunigung der Materialdisposition für Rohmaterial und Zukaufteile und
- Verbesserung der Fertigungs- und Montagesteuerung.

2.2 Arbeitsplanung

Im Rahmen der Arbeitsplanung werden alle einmaligen Planungsmaßnahmen zur wirtschaftlichen Fertigung eines Erzeugnisses getroffen. Diese Planung ist auftrags- und terminneutral, da bei der Festlegung der Fertigungsverfahren und Betriebsmittel unter der Annahme einer zunächst unbegrenzt verfügbaren Kapazität das wirtschaftlich günstigste Verfahren gesucht wird. Hierzu gehört auch die Programmierung von NC-Maschinen.

2.3 Produktionssteuerung

In der Produktionssteuerung wird demgegenüber versucht, das vom Verkauf vorgegebene Erzeugnisprogramm entsprechend den in der Arbeitsplanung festgelegten optimalen Abläufen abzuwickeln. Störungen oder Kapazitätsengpässe müssen durch zeitliche Verschiebung oder Ausweichen auf andere Arbeitsplätze unter Termin- und Kosteneinhaltung realisiert werden.

2.4 Materialwirtschaft

Die Materialwirtschaft umfaßt alle Vorgänge im Unternehmen, die der Bereitstellung des Materials zum Zweck der Leistungserstellung dienen. Die Bereitstellung hat dabei in richtiger Qualität, richtiger Menge und am richtigen Ort zur richtigen Zeit zu erfolgen. Aus dieser Definition ergibt sich die quasi nicht trennbare Verbindung mit der Produktionssteuerung.

Die oben aufgeführten Unternehmensbereiche sollen beispielhaft auf Informationsquellen in einem Unternehmen hinweisen, so daß bereits an dieser Stelle der Umfang und die Vielschichtigkeit der erforderlichen Informationsflüsse angedeutet wird, **Bild 2.1**. Die Komplexität der Informationsverarbeitung führte vor allem in den letzten Jahren dazu, daß der Informationsbereich stark systematisiert und analysiert wurde und immer noch wird.

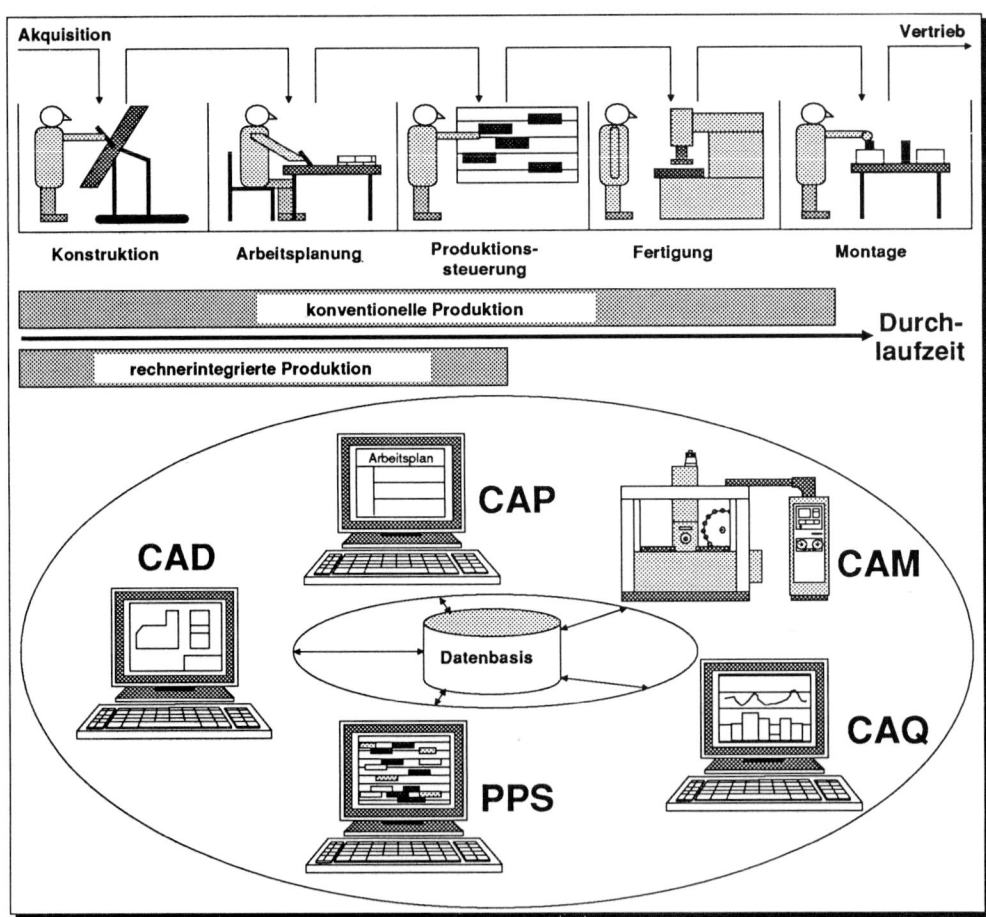

Bild 2.1: Gegenüberstellung von konventioneller und integrierter Auftragsabwicklung

2.5 Notwendige Informationsflüsse zwischen den Bereichen

Innerhalb eines Unternehmens ist eine effiziente Aufgabenerfüllung ohne gezielte Informationsversorgung unmöglich geworden, **Bild 2.2**. Der Datenaustausch zwischen den Abteilungen wird regelmäßig mit EDV-Problemen verquickt, da eine enge Verbindung mit der Informationstechnologie besteht. Aufgrund der technologischen Entwicklungen im Hardware- und Softwarebereich wird jedoch in Zukunft der Engpaß in der Gestaltung der Informations- und Kommunikationssysteme und weniger stark bei den Sachmitteln liegen. Dadurch gewinnen betriebswirtschaftlich-organisatorische Fragen des Objektes "Information" eine erhöhte Bedeutung. Man unterscheidet hierbei vier Informationskategorien:

- Objektinformationen,
- Steuerungsinformationen,
- Ergebnisinformationen und
- Anstoßinformationen.

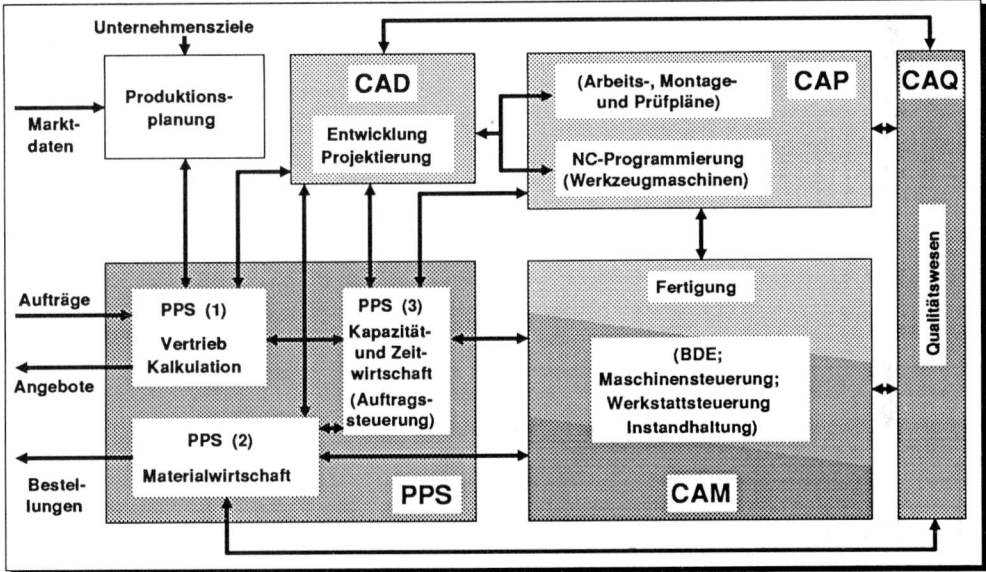

Bild 2.2: Informationsflüsse in der rechnerintegrierten Produktion

Objektinformationen sind Informationen, die Gegenstand der Verarbeitung sind, z. B. Absatzzahlen, aus denen eine Umsatzprognose abgeleitet werden soll.

Steuerungsinformationen sind z. B.

- Absatzziele,
- Baupläne,
- Stücklisten,
- Verfahrensrichtlinien und
- Arbeitspläne.

Ergebnisinformationen sind Istgrößen wie

- Verbrauchsmengen und
- alle Informationen der Betriebsdatenerfassung (BDE).

7

Auf ihnen basiert die Überwachung und Kontrolle sowie die anschließende Steuerung.

Anstoßinformationen sind z. B. Auftragsfreigabe oder Kostenüberschreitung durch Mehrverbrauch von Betriebsmitteln, die sich aufgrund von Früherkennung (feed forward) oder Abweichungsanalyse (feed back) im Anschluß an Überwachung und Kontrolle gewinnen lassen. Diese lösen Prozesse aus wie Bestellungen und beziehen sich dabei wieder auf Abläufe, die durch Steuerungsinformationen geregelt sind.

Der Inhalt und die Struktur des betrieblichen Informations- und Kommunikationssystems wird durch das vorhandene Informationsangebot, den von der Aufgabe abzuleitenden Informationsbedarf und die vom Menschen artikulierte Informationsnachfrage geprägt.

Informationsprozesse im weitesten Sinne umschließen sämtliche Aktivitäten mit Informationen, also die Informationsgewinnung und -aufnahme, -speicherung, -verarbeitung und -abgabe.

Als Kommunikation wird die Informationsabgabe, -übermittlung und -aufnahme durch menschliche oder maschinelle Aktionsträger bezeichnet. Ohne Information ist somit keine Kommunikation möglich und umgekehrt.

3 Ansätze zur rechnerintegrierten Produktion

3.1 Der CIM-Ansatz nach AWF

In der Bundesrepublik Deutschland unternahm erstmals der AWF (Ausschuß für Wirtschaftliche Fertigung) im Jahre 1984 einen umfassenden Versuch, CIM zu definieren. Er gründete einen Arbeitskreis, der aus Vertretern überwiegend von Hochschulen und mehreren Institutionen bestand. Ergebnis war die Veröffentlichung einer AWF-Empfehlung im November 1985 über Begriffe, Definitionen und Funktionszuordnungen zum Thema "Integrierter EDV-Einsatz in der Produktion". Da jüngere CIM-Definitionen immer wieder auf diese Empfehlungen zurückgreifen, wird an dieser Stelle der AWF-Ansatz erläutert /AWF,85,1/.

3.1.1 Computer Integrated Manufacturing (CIM)

CIM ist nicht eine neue Technologie oder ein schlüsselfertig einzukaufendes Hard- oder Softwareprodukt, sondern eine Unternehmensphilosophie zur möglichst weitgehenden Integration aller Informationsflüsse innerhalb der Unternehmung. Dadurch sollen vor allem Synergieeffekte durch Vermeidung gleichartiger Mehrfachtätigkeiten (z. B. mehrfache Eingabe von Geometrieinformationen während des Fertigungsablaufes) und Erschließung neuer Möglichkeiten der Unternehmensführung durch verbessertes Informationsmanagement erreicht werden.

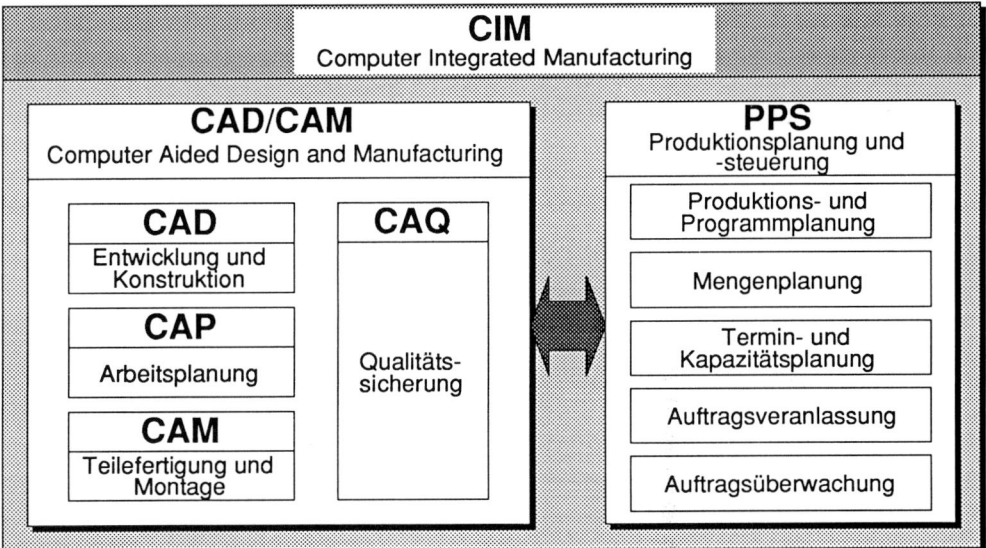

Bild 3.1: Bestandteile eines CIM-Systems (nach AWF)

Aus wirtschaftlicher Sicht kann CIM nur auf der Basis bestehender EDV- und Automatisierungslösungen realisiert werden, die schon seit einiger Zeit in den Unternehmen praktisch eingeführt sind bzw. werden. Nach AWF sind hier im wesentlichen folgende Bausteine angesprochen, **Bild 3.1** /AWF,85,1/:

- CAD (Computer Aided Design),
- CAP (Computer Aided Planning),
- CAM (Computer Aided Manufacturing),
- PPS (Produktionsplanung und -steuerung) und
- CAQ (Computer Aided Quality Assurance).

CIM wird danach folgendermaßen definiert: **CIM** beschreibt den **integrierten** EDV-Einsatz in allen mit der Produktion zusammenhängenden Betriebsbereichen.
Es umfaßt das informationstechnische Zusammenwirken zwischen **CAD, CAP, CAM, CAQ** und **PPS**. Hierbei soll die Integration der technischen und organisatorischen Funktionen zur Produkterstellung erreicht werden.
Das bedingt die gemeinsame, bereichsübergreifende Nutzung aller Daten eines EDV-Systems, auch Datenbasis genannt.

Man unterteilt **CIM** in den technischen Bereich **CAD/CAM** und in den administrativen Bereich **PPS**.

3.1.2 Computer Aided Design/Computer Aided Manufacturing (CAD/CAM)

Wie bereits erwähnt, ist **CAD/CAM** mehr als die Verbindung von **CAD** und **NC-Programmierung**. Die AWF-Definition von CAD/CAM lautet daher auch folgendermaßen: **CAD/CAM** beschreibt die Integration der technischen Aufgaben zur Produkterstellung und umfaßt die EDV-technische Verkettung von **CAD, CAP, CAM** und **CAQ**.

Auf der Basis der im **CAD** erzeugten digitalen Objektdarstellungen werden im **CAP** Steuerinformationen erzeugt, die im **CAM** zum automatischen Betrieb der Fertigungseinrichtungen eingesetzt werden. Die entsprechenden Aufgaben werden im Rahmen des **CAQ** für Meß- und Prüfeinrichtungen durchgeführt.

3.1.3 Computer Aided Design (CAD)

Der Konstruktionsprozeß umfaßt die Phasen:

- **Konzipierung:** Analyse der Anforderungen, Erarbeitung von Lösungsvarianten, Funktionsfindung und Prinziperarbeitung und Bewertung der Lösungen.
- **Gestaltung:** Konkretisierung des Lösungskonzepts, maßstäblicher Entwurf, Aufstellung von Modellen und Bewertung der Lösungen.
- **Detaillierung:** Darstellung der Einzelteile.

CAD umfaßt demnach die Einzelaufgaben, die rechnerunterstützt in diesen Phasen zu bearbeiten sind /SCH,90,1/. Der CAD-Begriff wird beschränkt auf die Teilaufgaben des Konstruierens von Produkten und deren Bauteilen. Das geometrische Modellieren mit

2D- oder 3D-Graphikpaketen steht im Mittelpunkt der CAD-Anwendungen. Wesentlich für die weitere Nutzung der erstellten Daten ist die Realisierung effektiver Schnittstellen zur Übertragung von Geometrieinformationen zu Programmen der Bereiche CAP, CAE und CAM sowie die Generierung von Stücklisten, **Bild 3.2** /KIE,90,1/.

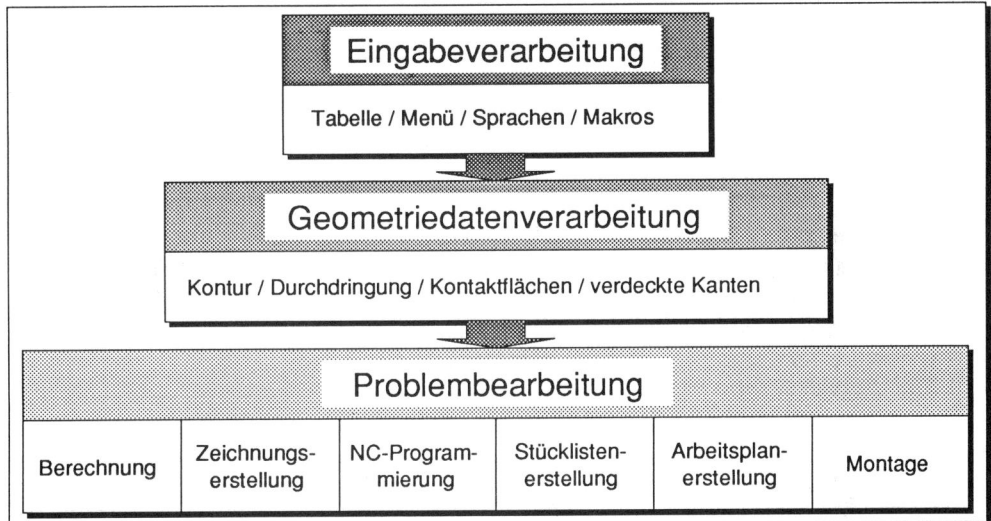

Bild 3.2: Zentrale Bedeutung der geometrischen Werkstückdaten

Die AWF-Definition von CAD lautet folgendermaßen: **CAD** ist ein Sammelbegriff für alle Aktivitäten, bei denen die EDV **direkt** oder **indirekt** im Rahmen von Entwicklungs- und Konstruktionstätigkeiten eingesetzt wird.
Dies bezieht sich im engeren Sinne auf die **graphisch-interaktive** Erzeugung und Manipulation einer **digitalen Objektdarstellung**, z. B. durch die zweidimensionale Zeichnungserstellung oder durch die dreidimensionale Modellbildung.

Funktionszuordnung:

*   Entwicklungstätigkeiten,
*   Technische Berechnungen,
*   Konstruktionstätigkeiten und
*   Zeichnungserstellung.

Die digitale Objektdarstellung wird in einer Datenbank abgelegt, die auch **anderen** betrieblichen Abteilungen für **weitere** Aufgaben zur Verfügung steht.

Mit **Computer Aided Engineering (CAE)** ist beispielsweise die rechnerunterstützte Untersuchung von Bauteileigenschaften durch Modellbildung zur Berechnung der statischen und dynamischen Festigkeit oder die Simulation von strömungsmechanischen, thermodynamischen und kinematischen Vorgängen gemeint. Nach AWF ist CAE ein Teil der rechnerunterstützten Konstruktion. Andere CIM-Definitionen behandeln CAE jedoch auch als eigenständigen CIM-Baustein.

Programmpakete des CAE-Bereichs, die dem Konstruktionsprozeß zugeordnet werden, sind z. B. Finite-Elemente-Programme (FEM) oder Crashsimulationen. Dieser Bereich gewinnt aufgrund wachsender Rechnerleistungen, verbesserter Ausgabesysteme (Graphikworkstation) und Schnittstellen zu CAD-Paketen an Attraktivität.

3.1.4   Computer Aided Planning (CAP)

Unter CAP werden im allgemeinen die Aufgaben der rechnerunterstützten Arbeitsplanung zusammengefaßt. Sie umfaßt zum einen alle einmalig auftretenden Planungsmaßnahmen, die dem Zusammenwirken von Menschen und Betriebsmitteln zur Erfüllung einer Produktionsaufgabe nach wirtschaftlichen Kriterien dienen. Zur rechnerunterstützten Arbeitsplanung zählen folgende Bereiche:

- Montageplanung,
- Arbeitsplanerstellung,
- Vorrichtungs- und Sonderwerkzeug-Konstruktion,
- NC-Programmierung,
- Programmierung von Industrierobotern,
- Programmierung von Koordinatenmeßmaschinen und
- Prüfplanung.

Ebenfalls werden längerfristige Aufgaben zur Schaffung geeigneter Produktionsbedingungen zukünftiger Produkte oder Entwicklungen hierüber abgewickelt. In den letzten Jahren wurden darüberhinaus Programmiersysteme entwickelt, die eine integrierte oder über Schnittstellen gekoppelte Konstruktion und NC-Programmierung ermöglichen. Weiterhin sind die Programmiersysteme in der Lage, durch graphische Simulation den Programmablauf einer NC-Maschine oder eines Roboters zu visualisieren, Kollisionstests durchzuführen und Aussagen über die Zeitdauer einer Bearbeitung zu treffen /HEL,87,1/.

Die entsprechende Definition des AWF lautet: **CAP** bezeichnet die EDV-Unterstützung bei der Arbeitsplanung. Hierbei handelt es sich um Planungsaufgaben, die auf den konventionell oder mit **CAD** erstellten Arbeitsergebnissen der Konstruktion aufbauen, um Daten für die Teilefertigung- und Montageanweisungen zu erzeugen. Darunter wird verstanden: Die rechnerunterstützte Planung der Arbeitsvorgänge und der Arbeitsvorgangsfolgen, die Auswahl von Verfahren und Betriebsmitteln zur Erzeugung der Objekte sowie die rechnerunterstützte Erstellung von Daten für die Steuerung der Betriebsmittel des **CAM**.
Ergebnisse des **CAP** sind Arbeitspläne und Steuerinformationen für die Betriebsmittel des **CAM**.

Funktionszuordnung:

- Arbeitsplanerstellung,
- Betriebsmittelauswahl,
- Erstellen von Teilefertigungsanweisungen,
- Erstellen von Montageanweisungen und
- NC-Programmierung.

3.1.5 Computer Aided Manufacturing (CAM)

Der Begriff CAM ist im Zusammenhang mit der NC-Technik entstanden. Aufgrund der weiteren Entwicklungen sollen hier unter CAM die durch Rechnereinsatz automatisierten Prozesse in der Fertigung zusammengefaßt werden. Zu diesen Prozessen zählen die Fertigung von Werkstücken, die Montage von Komponenten und Enderzeugnissen, der Transport, die Lagerung und die Handhabung von Material und Fertigungshilfsmitteln. Komponenten, die innerhalb von CAM Verwendung finden, sind:

- NC-, CNC-, DNC-Bearbeitungs- und Meßmaschinen,
- Werkstück-, Werkzeug- und Spannmittelhandhabungseinrichtungen,
- automatisierte Transportsysteme,
- automatisierte Lagersysteme und
- Montagemaschinen und -systeme.

Dazu gehören auch die jeweiligen Maschinensteuerungen und die Peripherie /HEL,87,1/.

Die Definition vom AWF lautet: **CAM** bezeichnet die EDV-Unterstützung zur **technischen** Steuerung und Überwachung der Betriebsmittel bei der **Herstellung** der Objekte im Fertigungsprozeß. Dies bezieht sich auf die **direkte** Steuerung von Arbeitsmaschinen, verfahrenstechnischen Anlagen, Handhabungsgeräten sowie Transport- und Lagersystemen.

Funktionszuordnung:

- Fertigen,
- Handhaben,
- Transportieren und
- Lagern.

Auf die **B**etriebs**d**aten**e**rfassung (BDE) geht die Definition des AWF nicht näher ein.

3.1.6 Computer Aided Quality Assurance (CAQ)

Unter CAQ werden die rechnerunterstützt ausgeführten Funktionen der Qualitätssicherung zusammengefaßt. Diese begleitet den gesamten Produktentstehungsprozeß von der Produktentwicklung bis zum Versand. Teilfunktionen sind:

- Qualitätsplanung,
- Qualitätsprüfung und
- Qualitätslenkung.

Im Idealfall erfolgt eine ständige Überwachung der Prozesse und eine In-Prozeß-Kontrolle, die ein sofortiges Kompensieren auftretender Abweichungen (Regelung) ermöglicht /HEL,87,1/.

Der AWF definiert CAQ wie folgt: **CAQ** bezeichnet die EDV-unterstützte Planung und Durchführung der Qualitätssicherung.

Hierunter wird einerseits die Erstellung von Prüfplänen, Prüfprogrammen und Kontrollwerten verstanden, andererseits die Durchführung rechnerunterstützter Meß- und Prüfverfahren.

CAQ kann sich dabei der EDV-technischen Hilfsmittel des **CAD**, **CAP** und **CAM** bedienen.

Funktionszuordnung:

- Festlegen von Prüfmerkmalen,
- Erstellen von Prüfvorschriften und -plänen,
- Erstellen von Prüfprogrammen für rechnerunterstützte Prüfeinrichtungen und
- Überwachen der Prüfmerkmale am Objekt.

3.1.7 Produktionsplanung und -steuerung (PPS)

Computer Integrated Manufacturing (CIM) bezeichnet die integrierte Informationsverarbeitung für betriebswirtschaftliche und technische Aufgaben innerhalb einer industriellen Unternehmung. Durch das Produktionsplanungs- und -steuerungssystem werden die überwiegend betriebswirtschaftlichen Aufgaben gekennzeichnet. Hierunter fallen alle administrativen Tätigkeiten, die zur Organisation und Überwachung des Fertigungsablaufes erforderlich sind. Im Gegensatz zum CAP wird die Fertigung nicht nur einmal statisch geplant, sondern ständig dynamisch überwacht und korrigiert.

Die entsprechende AWF-Definition lautet: **PPS** bezeichnet den Einsatz rechnerunterstützter Systeme zur organisatorischen Planung, Steuerung und Überwachung der Produktionsabläufe **von der Angebotsbearbeitung bis zum Versand** unter Mengen-, Termin- und Kapazitätsaspekten.

Die **PPS**-Hauptfunktionen sind, **Bild 3.3** /AWF,85,1;HEL,87,1/:

- Produktionsprogrammplanung,
- Mengenplanung,
- Termin- und Kapazitätsplanung,
- Auftragsveranlassung und
- Auftragsüberwachung.

Der AWF-Ansatz beschränkt sich lediglich auf die Definition und Abgrenzung der Begriffe und einer funktionalen Zuordnung. Die Elemente zur Integration von CIM, d. h. die informations- und kommunikationstechnischen Werkzeuge zur Realisierung der eigentlichen Integration werden nicht beschrieben.

Es empfiehlt sich eine anwendungsunabhängige Datenorganisation. Diese verlangt Datenstrukturen, die von speziellen Programmen unabhängig sind und auf die alle Unternehmensbereiche mit den unterschiedlichsten Programmpaketen zugreifen können. Dies wird nur durch moderne Informations- und Datenbanksysteme realisiert.

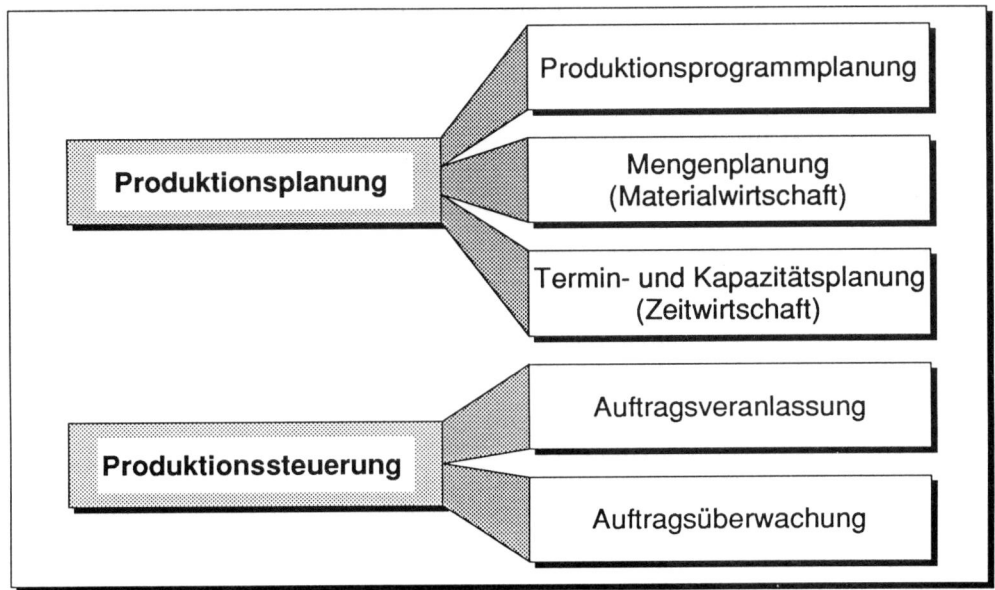

Bild 3.3: Funktionen der Produktionsplanung und -steuerung

3.2 Das CIM-Konzept nach Scheer

Auch Scheer /SCH,90,1/ greift bei seiner Definition von CIM auf die begriffliche Darstellung des AWF zurück. Von ihm wurde das bekannte "Y-Modell" entwickelt, **Bild 3.4**. AWF-Definition und Y-Modell stehen jedoch nicht im Widerspruch. Während der AWF, **Bild 3.1**, der Bedeutung der Qualitätssicherung durch die Anordnung des CAQ-Balkens parallel zu den weiteren CAD/CAM-Komponenten CAD, CAP und CAM Rechnung trägt, macht CAQ im Y-Modell nur einen geringen Anteil aus.

Die Qualitätssicherung wird neuerdings jedoch auch von Scheer als eine den gesamten Produktionsprozeß begleitende Funktion betrachtet. Damit wird insbesondere die hohe Bedeutung von CAQ bei automatisierten Fertigungsprozessen unterstrichen.

In **Bild 3.4** /SCH,90,1/ unterteilt Scheer vertikal in primär betriebswirtschaftliche und technische Funktionen (Y-Schenkel) und horizontal in Aufgaben aus dem Bereich der Planung und Realisierung einschließlich Steuerung.

Die Scheer-Definition von Produktionsplanung und -steuerung geht über den Ansatz von AWF hinaus und ordnet ihr primär betriebswirtschaftlich planerische Funktionen zu.

Durch die historische Entwicklung der Aufgabenzerlegung (Taylorismus) ergaben sich zwar Vorteile durch das beschleunigte Abarbeiten von Teilaufgaben, jedoch machte der Zeitanteil zur Übertragung von Informationen und zur Einarbeitung in administrative und Fertigungstätigkeiten zwischen 70% und 90% der gesamten Durchlaufzeit aus /SCH,90,1/. Aufgrund der integrierten Datenverarbeitung ist es heute möglich, wesentlich bessere und aktuellere Informationen in kurzer Zeit abzurufen, **Bild 3.5** /SCH,90,1/. Dieses verkürzt Durchlaufzeiten und setzt Potentiale des Menschen zur Bewältigung komplexerer Arbeitsinhalte frei.

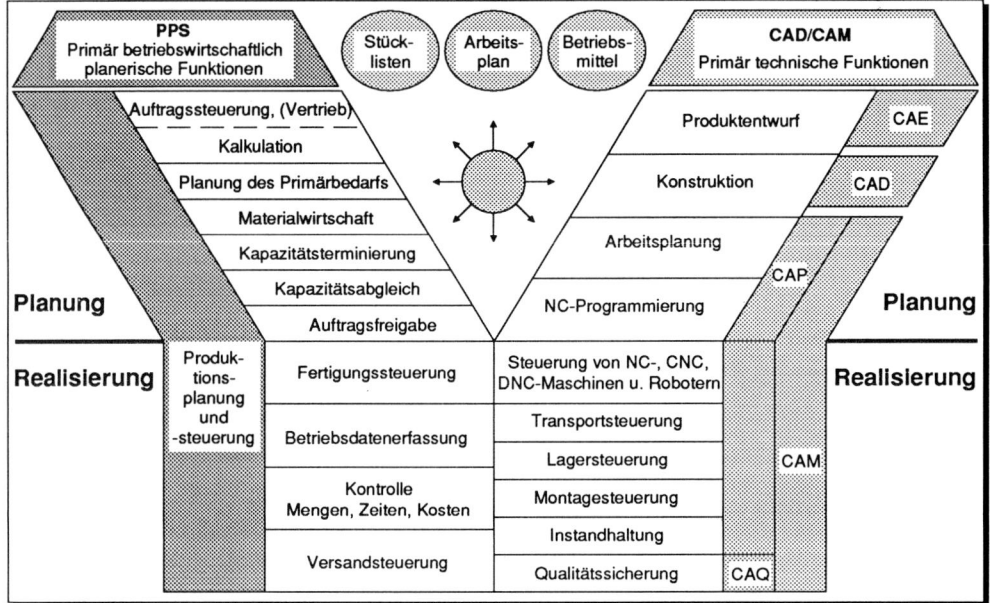

Bild 3.4: Informationssysteme im Produktionsbereich (nach Scheer)

Dies wurde bereits frühzeitig von einer Reihe von EDV-Herstellern erkannt und zumindest auf dem Papier in entsprechende Konzepte umgesetzt. Rückgrat aller Integrationsansätze ist die integrierte Datenhaltung auf Basis von Datenbanksystemen und vernetzter, dezentraler Rechnerhardware. Über den Anschluß an unternehmensübergreifende Netzwerke ist auch eine überbetriebliche Kommunikation möglich.

Scheer verbindet mit CIM daher folgende Grundsätze:

* anwendungsunabhängige Datenorganisation,
* konsequentes Denken in Vorgangsketten und
* kleine Regelkreise.

Unter **anwendungsunabhängiger Datenorganisation** ist ein Datenbank-Design zu verstehen, das sich nicht aus einer bestimmten softwaretechnischen Anwendung ableitet, sondern so allgemein konzipiert ist, daß es für vielfältige Aufgaben zur Verfügung steht. Damit ist beispielsweise gemeint, daß eine Produktbeschreibung nur einmal erfolgt und dann aber technischen, planerischen und betriebswirtschaftlichen Anwendungen zur Verfügung steht.

Ein weiteres Merkmal von CIM ist neben der Datenintegration das Denken in **Vorgangsketten**, d. h., nicht die aufbauorganisatorischen Strukturen, sondern vielmehr die Ab-

16

läufe bestimmter Vorgänge im Unternehmen müssen die Unternehmensorganisation bestimmen. Zusammen mit der technischen Datenintegration ergeben sich so durchgängige Informationsflüsse.

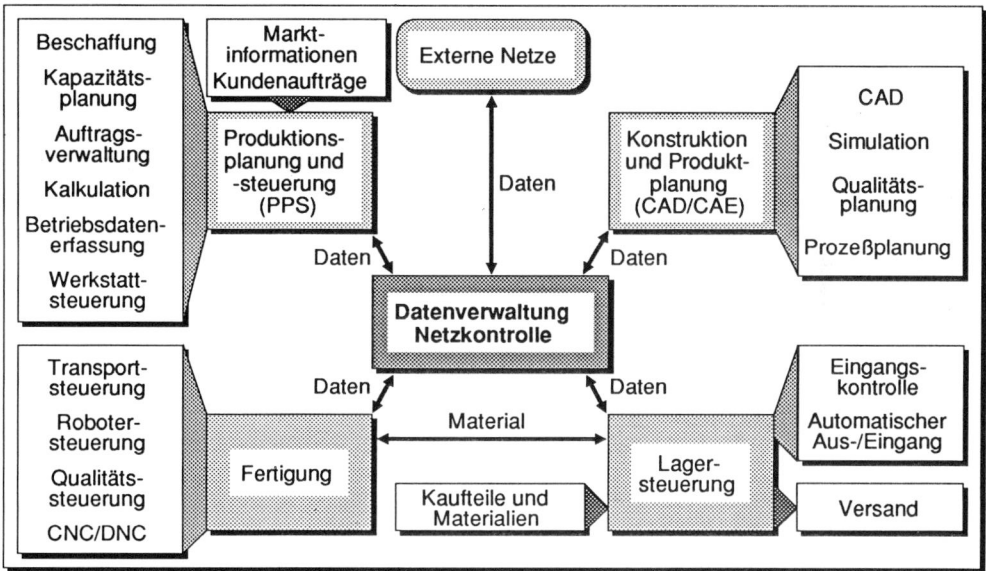

Bild 3.5: Integrationskonzept der rechnerintegrierten Produktion

Die Verkürzung von Informationswegen und die Beschleunigung von Informationsflüssen ermöglichen die Bildung sogenannter **kleiner Regelkreise**, mit denen innerhalb von Vorgangsketten ständig Soll-Ist-Vergleiche durchführt werden. Die Aktualität und Qualität der Ist-Daten hat direkten Einfluß auf die Steuerung und Planung im Unternehmen. Kundenanfragen können beispielsweise schneller bearbeitet werden, und der gesamte Bereich der Produkterzeugung (Fertigung und Montage) kann zeit- und kapazitätsgenau gesteuert werden.

3.3   Weiterreichende CIM-Definitionen

Ein weiterer Schritt zur Integration liegt in der Zusammenführung von planerischen, technischen und betriebswirtschaftlichen Unternehmensbereichen. Auch derartige Konzepte wurden bereits frühzeitig angedacht. Rechnerunterstützung im Büro, oftmals mit **CAO** (Computer Aided Office) bezeichnet, wird mit CIM verknüpft. Damit läßt sich die Formel CAI = CAO + CIM aufstellen, wobei **CAI** die Abkürzung für **Computer Aided Industry** bedeutet.

Diese Sichtweise muß jedoch insofern korrigiert werden, als auch Arbeitsplätze in der Konstruktion, Arbeitsvorbereitung, im Einkauf und anderen Abteilungen bereits Bürofunktionalität besitzen. Vielmehr sind die betriebswirtschaftlichen Abteilungen der Finanzbuchführung und Kostenrechnung auf Daten der vorgelagerten auf die Produktion ausgerichteten Unternehmensbereiche angewiesen. Als Beispiele seien hier die Debitorenbuchführung angeführt, die im Rahmen der Fakturierung mit Buchungssätzen aus dem Auftragsbearbeitungssystem versorgt wird, das Kreditorensystem, das mit Daten aus dem Einkauf und der Materialwirtschaft arbeiten muß oder die Kostenrechnung, die nur eine an den tatsächlichen Kosten orientierte Kalkulation zuläßt, wenn Betriebsdatenerfassungssysteme die Ist-Kosten verursachungsgerecht erfaßt haben.

Als Begriffe, die einen erweiterten Ansatz kennzeichnen, sind **Computer Integrated Business (CIB)** /BUL,87,1/ und **Computer Integrated Enterprise (CIE)** zu nennen.

Zusammenfassend kann man sagen, daß neben den rein technischen und planerischen auch die betriebswirtschaftlichen Funktionen in einem Integrationskonzept betrachtet werden müssen. Als Ergebnis erhält man eine größere Transparenz aller Abläufe, die das Planen und Steuern im Unternehmen wesentlich einfacher und genauer machen.

3.4 CIM-Ansatz aus den USA

Ausgehend von einer amerikanischen CIM-Definition aus dem Jahre 1973 /HAR,79,1/, die bis Anfang der 80 Jahre in CIM nur eine Verknüpfung der Konstruktion mit der Werkstattebene sah (CIM = CAD + CAM), wird heute ein wesentlich umfassenderes Integrationskonzept entworfen. In Japan war diese Sichtweise des CIM-Begriffs ebenfalls weit verbreitet.

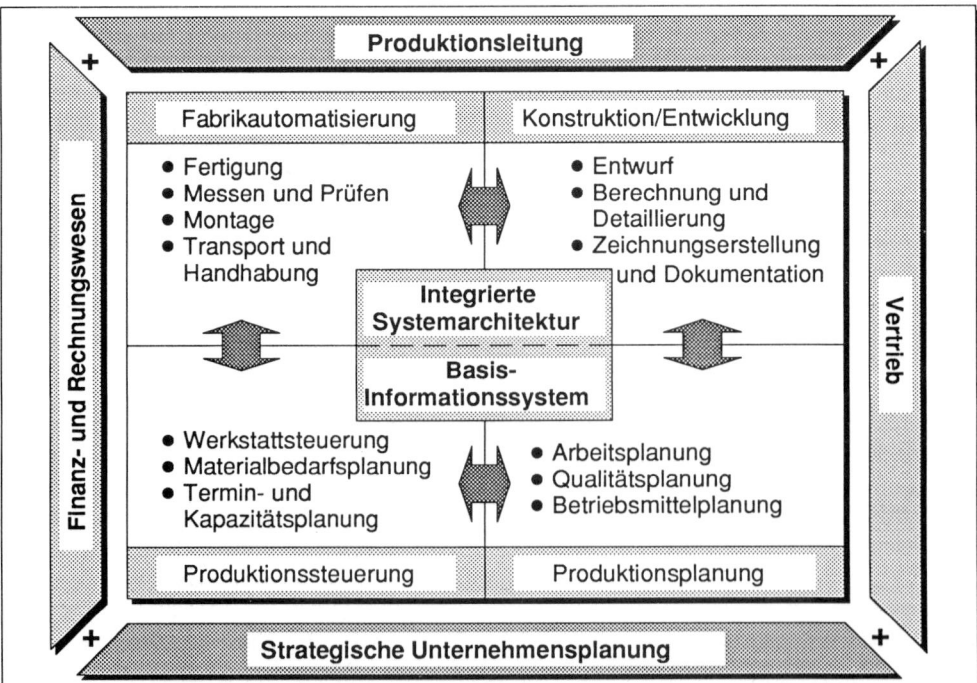

Bild 3.6: Funktionsorientierter CIM-Ansatz aus den USA

Nicht nur die CIM-Teilkette CAD-NC, also die Verknüpfung von CAD-Systemen mit NC-Programmiersystemen, sondern die Integration der Arbeitsplanung (CAP), der Qualitätssicherung (CAQ) sowie der Produktionsplanung und -steuerung (PPS) wird heute als CIM verstanden. Allerdings bildet die CAD-NC-Kopplung in vielen Unternehmen den Ausgangspunkt für eine Verknüpfung mit anderen Unternehmensbereichen /SCH,90,1/.

Ein funktionsorientierter CIM-Ansatz, der sich von dem systemorientierten Ansatz nach AWF abhebt, ist von der CASA (Computer and Automated Systems Association) und der SME (Society of Manufacturing Engeneers) entwickelt worden. Er enthält im wesentlichen die vier Funktionsbereiche Konstruktion, Produktionsplanung (Arbeitsplanung), Produktionssteuerung und Fabrikautomatisierung, die jeweils in weitere Funktionsbereiche untergliedert sind, **Bild 3.6** /KEA,89,1/.

3.5   Normungsbestrebungen der Kommission CIM im DIN

Dem nationalen Handlungsbedarf nach Normungsaktivitäten kam das Deutsche Institut für Normung (DIN) durch Gründung der Kommision CIM (KCIM) Anfang 1987 nach. Die KCIM hat sich die Aufgabe vorgenommen, Grundlagen für genormte Schnittstellen in den Bereichen CAD, NC-Verfahrenskette, Produktionssteuerung und Auftragsabwicklung in Verbindung mit bereits vorhandenen nationalen und internationalen Normungsbestrebung zu schaffen /NOR,87,1/.

Ebenfalls in Anlehnung an die Definition des AWF definiert die KCIM die rechnerintegrierte Produktion folgendermaßen:

CIM beschreibt den integrierten Einsatz der Datenverarbeitung in allen mit der Produktion zusammenhängenden internen und externen Unternehmensfuktionen. Hierbei soll die Integration der technischen und organisatorischen Funktionen zur Produktplanung und -erstellung erreicht werden. Dies bedingt die gemeinsame, bereichsübergreifende Nutzung von Informationen über geeignete Schnittstellen, Datenbasen und die Kommunikation über Netze.

Diese Definition macht deutlich, daß mit CIM-Systemen primär die Integration des unternehmensinternen und -externen Informationsflusses angestrebt wird. **Bild 3.7** /NOR,87,1/ verdeutlicht in globaler und vereinfachter Weise die wesentlichen Informationsflüsse in einem Unternehmen. Betriebswirtschaftliche Funktionen werden in einer späteren Phase berücksichtigt.

Die aktuelle Situation der Realisierung von CIM-Systemen ist dadurch gekennzeichnet, daß bereits in vielen Unternehmen mehrere rechnerunterstützte Systeme im Produktionsprozeß eingesetzt werden.

Die Auswahl und der Einsatz der Systeme zielte bisher auf die optimale Unterstützung bei der Durchführung spezifischer Aufgabenstellungen. Dadurch sind in vielen Unternehmen heterogene Hard- und Softwareumgebungen mit vielen Inselsystemen entstanden. Beim Versuch, diese Inseln zu einem CIM-System zu verknüpfen, liegt das

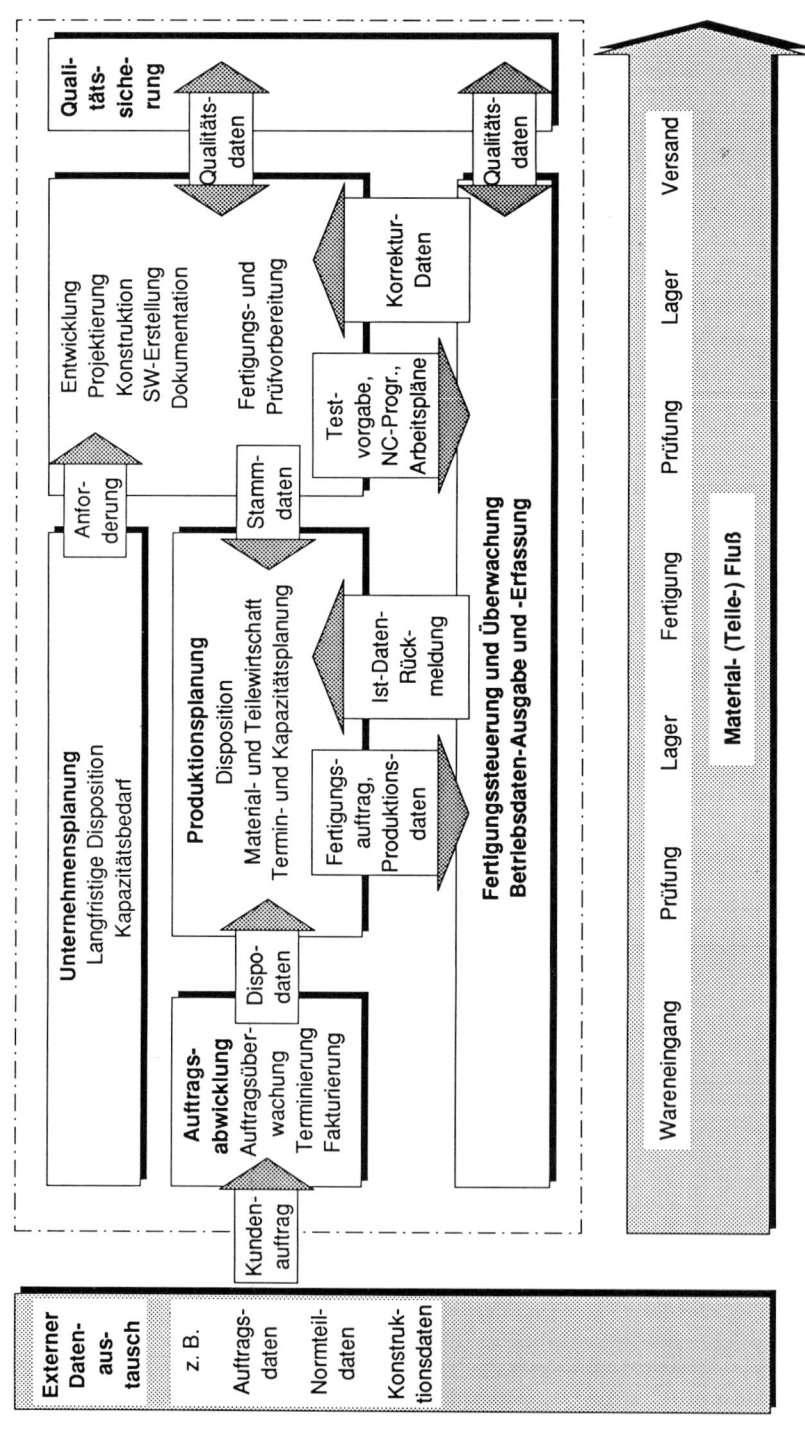

Bild 3.7: Funktionen, Informations- und Materialfluß in einem Unternehmen

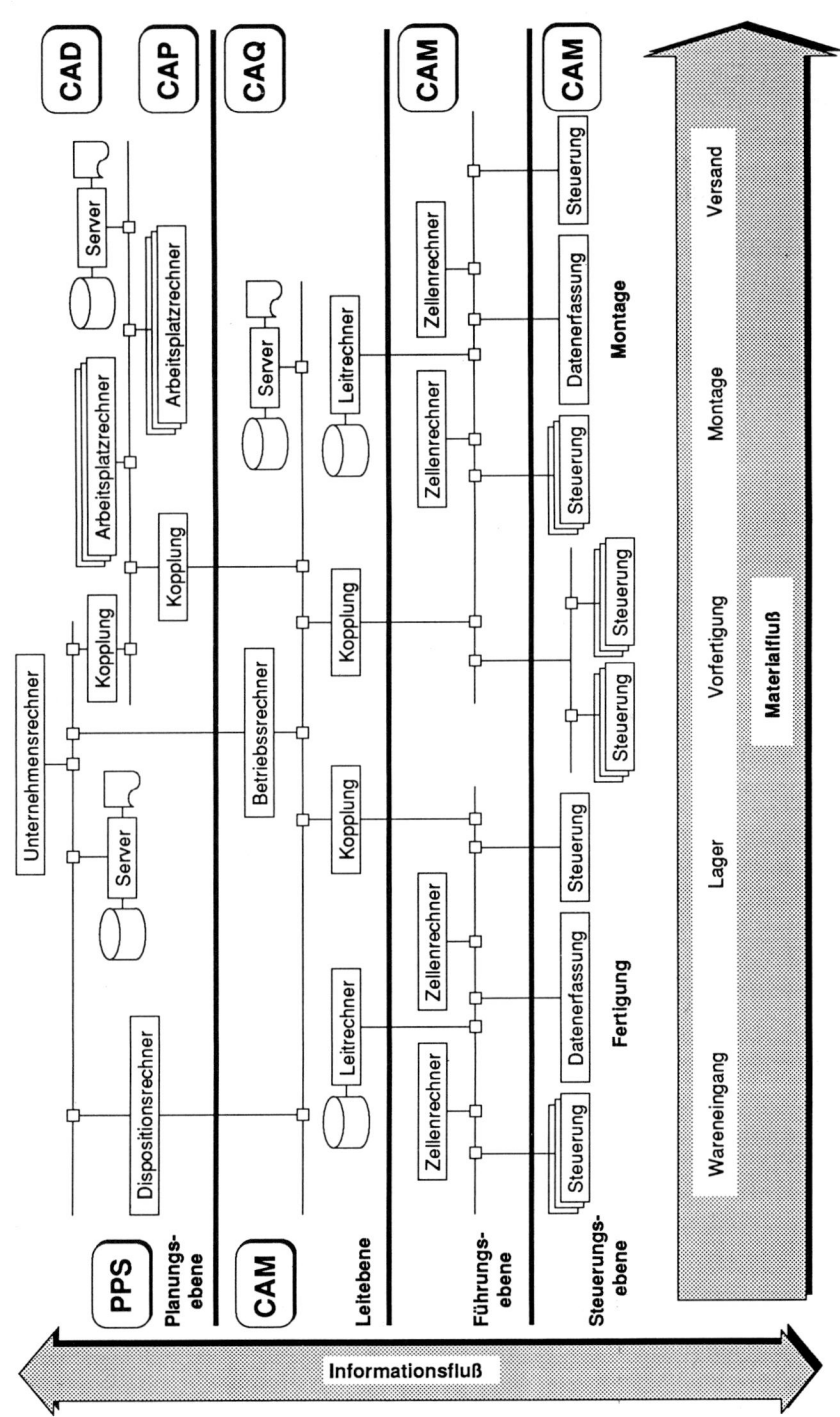

Bild 3.8: CIM-Basis: DV-Struktur mit lokalen Netzen

Hauptproblem darin, daß die bestehenden Teilsysteme aufgrund ihrer Inkompatibilität nicht direkt miteinander kommunizieren können. Eine wesentliche Voraussetzung zur Realisierung von CIM-Systemen besteht daher darin, Kompatibilitäten zu schaffen. Eine Realisierung von Kopplungen über genormte Schnittstellen ist daher anzustreben. Eine Voraussetzung dafür ist, daß für alle Integrationserfordernisse geeignete Normen existieren und die am Markt angebotenen Systeme mit ihren Soft- und Hardwaremodulen diesen Normen entsprechen, **Bild 3.8** /NOR,87,1/.

Der Normungsbedarf auf dem Gebiet der CIM-Schnittstellen orientiert sich an einem allgemeinen, funktionalen Unternehmensmodell. Der Tatsache, daß integrierte Produktionssysteme integrierte Unternehmenssysteme sind, wird dadurch Rechnung getragen, daß auch Funktionen wie Unternehmensplanung, Vertrieb und Marketing in die Betrachtungen mit einbezogen werden.

Das Unternehmensmodell nach KCIM umfaßt aber nicht die betriebswirtschaftlichen Funktionen Einkauf und Personalwirtschaft. Diese finden beispielsweise Berücksichtigung im Unternehmensmodell nach CIM-OSA, das im folgenden beschrieben wird.

3.6 Das Unternehmensmodell nach CIM-OSA

Im Rahmen des ESPRIT-Programms der Europäischen Gemeinschaft wurde ein Projekt für eine europäische CIM-Architektur durch das AMICE-(European CIM Architecture-) Konsortium durchgeführt. Es hat sich zum Ziel gesetzt, eine CIM-Architektur zu entwickeln, die folgende Forderungen erfüllt /PAN,90,1/:

- rechtzeitige Verfügbarkeit der richtigen Information am richtigen Ort,
- Anpassungsfähigkeit an die ständigen Veränderungen des Umfeldes und der Produktionsprozesse,
- Ablauf- und Aufbauorganisationsflexibilität des gesamten Unternehmens,
- Echtzeitsteuerung der gesamten Arbeitsabläufe,
- optimale Verwendung der Informationstechnologien und
- Verwendungsmöglichkeit von Programmen und Maschinen unterschiedlicher Hersteller.

Das AMICE-Konsortium hat die CIM-OSA (**O**pen **S**ystem **A**rchitecture = Offene Systemarchitektur) entwickelt, von der erwartet wird, daß die oben erwähnten Zielsetzungen erfüllt werden.

Die Arbeit an CIM-OSA verteilt sich auf zwei Hauptteile. Beide Teile sind in sich geschlossen und einzeln normbar, sind aber jedes für sich nur ein Teil eines Ganzen und sollten immer im Zusammenhang gesehen werden.

Der erste Teil von CIM-OSA befaßt sich mit Unternehmensmodellierung, die in ihrer endgültigen Form zur Steuerung und Kontrolle der täglichen Geschäftsvorgänge sowohl innerhalb bestehender als auch neuer Unternehmen verwendet werden kann. Damit bietet sich die Möglichkeit, von dem Modell eines bestehenden Unternehmens das Modell des zukünftigen Unternehmens abzuleiten. Dieses entspricht einer Ableitung vom Ist- zum Soll-Zustand.

Der zweite Teil von CIM-OSA befaßt sich mit einer integrierenden Infrastruktur in einem Rechnersystem. Diese Infrastruktur schafft die Voraussetzungen, daß das unter CIM-OSA-Regeln erstellte Unternehmensmodell zur Steuerung und Kontrolle des täglichen Geschäftsablaufs verwendet werden kann.

Alle bisher entwickelten Unternehmensmodellierungsmethoden haben die Eigenschaft, daß sie zur Beschreibung eines Unternehmens geeignet sind. Dieses erfolgte jedoch mit unterschiedlichem Grad der Prüfung auf Vollständigkeit und der Durchgängigkeit. Mit keiner der heute verfügbaren Methoden kann jedoch ein Unternehmensablauf bis zum flexiblen Einsatz von Ressourcen beschrieben werden. Zur Steuerung und Kontrolle eines Unternehmens kann keines der heute verfügbaren Beschreibungsmethoden verwendet werden.

Mit den CIM-OSA-Modellierungsmethoden soll es möglich sein:

- Ressourcen flexibel zuzuordnen, d. h. die Ressourcen werden erst während der Ausführung des einzelnen Geschäftsvorgangs zugeordnet, um damit eine größere Maschinenauslastung zu erzielen,
- alle beschriebenen Daten und Funktionen auf Vollständigkeit und alle beschriebenen Objekte wie Geschäftsvorgänge, Daten, Materialien, Ressourcen und Hilfsmittel, auf Durchgängigkeit zu prüfen,
- Simulation auf allen Detaillierungsebenen der Unternehmensmodellierung durchzuführen,
- schnell und leicht Anpassungen an veränderte Geschäftsvorgänge, Methoden und Werkzeuge vorzunehmen und
- das Modell zur Steuerung und Kontrolle des täglichen Geschäftsablaufs zu nutzen, so daß Änderungen im Geschäftsumfeld und/oder Geschäftsvorgang unmittelbar nach Modellierung und Simulation kurzfristig und im Unternehmen durchgängig eingeführt werden können.

Darüber hinaus bietet die von CIM-OSA angestrebte Modellierung durch die genormte Beschreibungssprache die Möglichkeit, partielle Unternehmensmodelle zu übernehmen und damit den Aufwand für die eigene Modellierung auf ein notwendiges Minimum zu reduzieren. Die Partialmodelle könnten zu genormten Datendefinitionen führen und damit die Abhängigkeit von einzelnen Programmlösungen verringern.

Da CIM-OSA eine strikte Trennung von Datendefinitionen, Ablauforganisationen und Berechnungsalgorithmen vorsieht, können langfristig Anwendungsprogramme wesentlich kleiner, weniger komplex und weniger änderungsanfällig werden.

Durch die strukturierte Vorgehensweise der Unternehmensmodellierung wird gewährleistet, daß redundante Datenelemente verhindert werden, so daß zukünftig unnötige Datenwiederholung und damit das Arbeiten mit eventuell veralteten Daten vermieden wird.

Aus den drei Architekturebenen, den drei Modellierungsebenen und den definierten Ansichten ergibt sich ein Rahmenwerk, das alle Erfordernisse für eine zukünftige Unternehmensmodellierung erfüllen soll, **Bild 3.9** /PAN,90,1/.

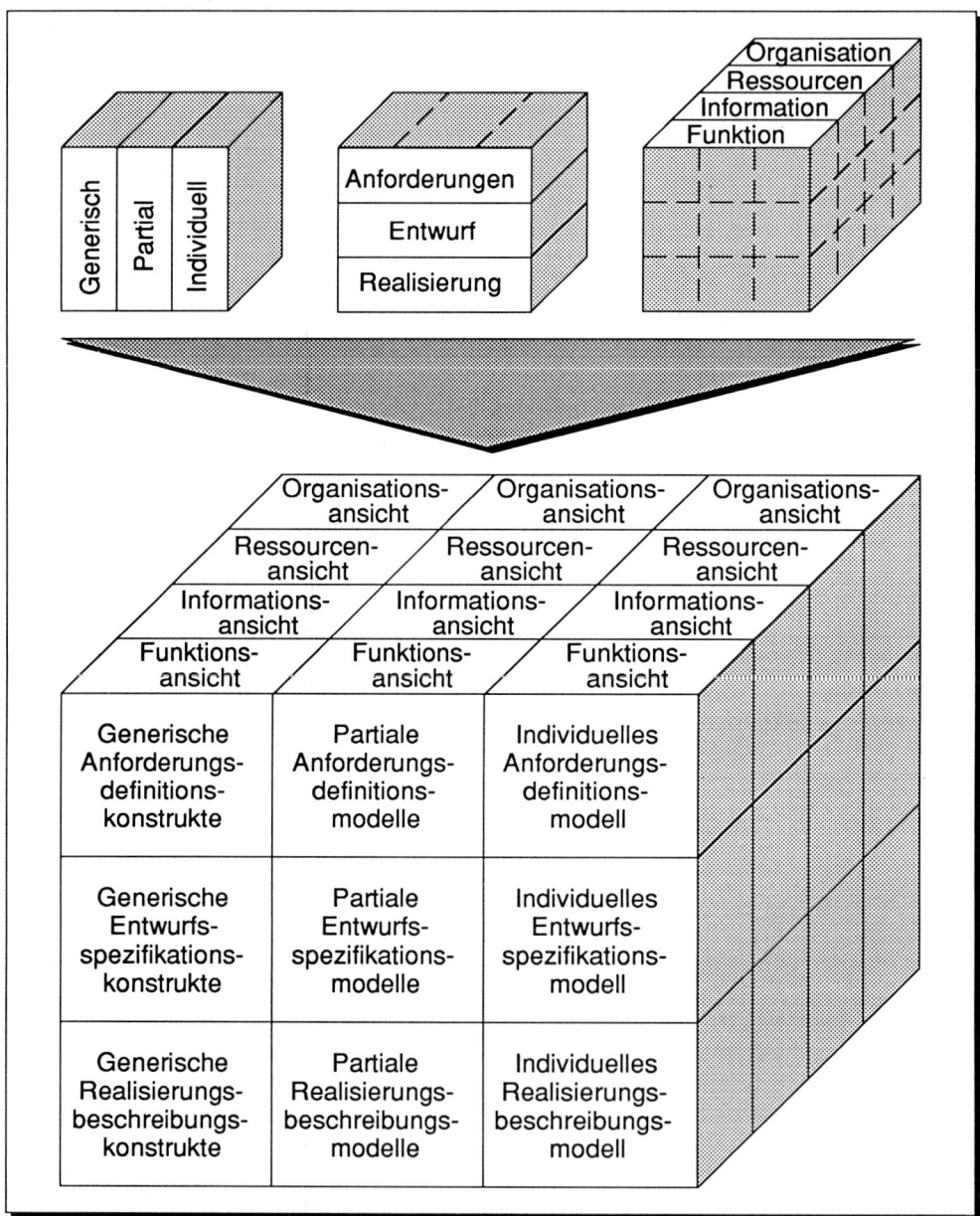

Bild 3.9: Struktur des CIM-OSA-Rahmenwerks

In der Praxis wird sich diese idealisierte Vorgehensweise nicht immer durchführen lassen. Wachsen die Erkenntnisse über das eigene Unternehmen, so kann auch das Unternehmensmodell genauer und detaillierter beschrieben werden. Dies vollzieht sich jedoch nur in einem iterativen Prozeß.

4 Elemente zur Integration von CIM-Komponenten

Trotz aller unterschiedlichen Auslegungen des Begriffs CIM gibt es eine gemeinsame Basis aller CIM-Aktionen. Das Ziel heißt: **EDV-Einsatz und rechnerunterstützter Informationsfluß in allen mit dem Fabrikbetrieb befaßten Bereichen**.

Vor zwanzig Jahren hatte man bereits das Ziel einer Integration verschiedener Bereiche. Eine Realisierung war jedoch nicht möglich, weil die erforderliche Hard- und Software fehlte. Einige CIM-Ketten waren zwar technisch verfügbar, wegen ihrer hohen Kosten jedoch nur in größeren Einheiten wirtschaftlich zu betreiben. Hinzu kam die begrenzte Speicherkapazität der Hardware und die fehlende Dialogmöglichkeit des Benutzers mit dem laufenden Programm. Es war nur der sogenannte Batch-Betrieb möglich. Seit Beginn der achtziger Jahre wurden die Integrationsbestrebungen im Rahmen von CIM durch fortschreitende Entwicklungen auf dem Sektor der Datenverarbeitung ermöglicht.

Neben der eigentlichen **Rechnerhardware** gehören aber zur Realisierung der Integration drei weitere wesentliche Elemente:

*   lokale **Netzwerke**: Sie werden auch als **LAN** (Local **A**rea Network) bezeichnet und bilden die elektronischen Datenwege, über die Informationen transportiert werden. Der Stand der internationalen Normung ist in diesem Bereich relativ weit fortgeschritten, so daß es bereits Standardnetzleitungen gibt, die den Vorteil haben, unterschiedliche Rechnerhardware miteinander zu verknüpfen.
*   **Schnittstellen** oder **Nahtstellen**: Durch sie soll der Datenaustausch zwischen unterschiedlichen Rechnern oder Programmen realisiert werden. Sie beschreiben die Form der codierten Information, damit sie zwischen unterschiedlichen Systemen ausgetauscht werden kann. Auch hier beschäftigen sich zahlreiche nationale und internationale Forschungsprojekte mit der Entwicklung genormter Schnittstellen. Daher sollte man sich nur dann mit speziellen Lösungen behelfen, wenn keine der Norm entsprechende Schnittstelle (z. B. VDAFS für den Austausch von CAD-Freiformflächendaten) verfügbar ist.
*   **Datenbanken**: Mit der Einrichtung einer Datenbank wird ein zentraler Punkt im Unternehmen geschaffen, in dem alle Datenströme logisch zusammenlaufen. Die Datenbank hat damit die Aufgabe, die Datenbasis, auf die alle Anwendungen und Unternehmensbereiche zurückgreifen, zu verwalten. Wichtig ist, daß das Datenbanksystem möglichst unabhängig von bestimmten rechnerunterstützten Anwendungen ist, aber dennoch zu vielen Anwendungen Schnittstellen bereitstellt oder entwickelt werden können.

In weiteren Einzelbänden der Reihe "CIM-Fachmann" werden diese Elemente ausführlich erläutert. Es folgt ein globaler Überblick.

4.1 Rechnertechnik

In **Bild 4.1** wird die Entwicklung in der Rechnertechnik anhand einiger Kennzahlen verdeutlicht. Hervorgerufen durch Fortschritte in der Fertigungstechnologie konnte seit Beginn der Mikroelektronik die Zahl der Bauelemente auf einem Chip alle zwei bis drei Jahre verdoppelt werden. Anfang der sechziger Jahre begann die Technik der Integration von Bauelementen mit weniger als zehn Komponenten pro Chip. Durch die Steigerung der Integrationsdichte wurde es möglich, immer neue Funktionen wirtschaftlich zu realisieren. Heutige hochintegrierte Bauelemente, sogenannte **Very Large Scale Integration** (VLSI)-Elemente, erreichen Packungsdichten von 500.000 Transistoren pro Chip. Bauelemente mit 10^7 Transistoren sind bereits im Gespräch.

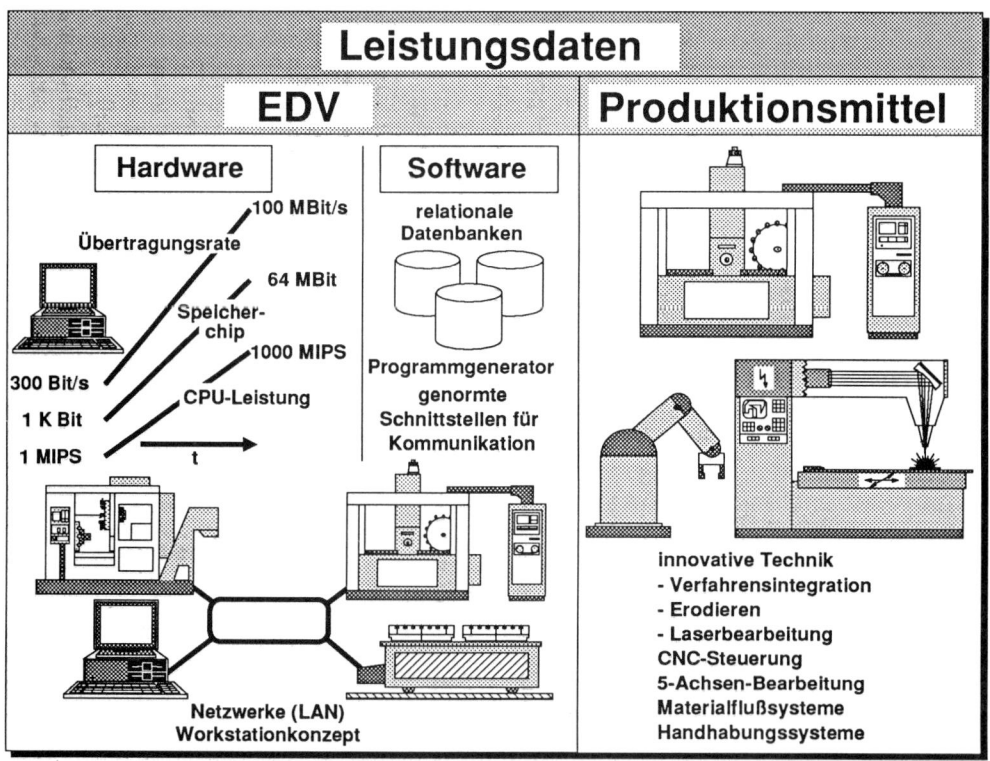

Bild 4.1: Entwicklungsstand von Produktionsmitteln und EDV

Durch die Entwicklung in der Technologie vervielfachte sich die Kapazität der Speicherchips auf 4 MBit, wobei die Leistungsgrenzen noch nicht erreicht sind. Ein Chip mit 64-MBit-Speicher ist bereits in Vorserienproduktion. Infolge der Leistungssteigerung der Speicherchips und Mikroprozessoren erhöhte sich auch die CPU-Rechnerleistung (**CPU** = **C**entral **P**rocessing **U**nit) in wenigen Jahren von 1 MIPS bis zu 1000 **MIPS** (**M**illion **I**nstuctions **p**er **S**econd). Zusätzlich konnten die Herstellkosten pro Funktionseinheit um den Faktor 100 reduziert werden.

Dadurch begünstigt hat geradezu ein explosionsartiger Anstieg der Leistungsfähigkeit von Rechnern stattgefunden. Rechner stehen heute für eine Vielzahl von Aufgaben zur Verfügung. Ihre Leistungsfähigkeit deckt einen breiten Bereich ab. Das Spektrum reicht dabei vom Personal Computer über Workstations, mehrplatzfähigen Mini- und Superminirechnern bis zu Großrechnern ("Mainframes").

Während in den vergangenen Jahren der zentrale Großrechner die Rechnerlandschaft beherrschte, werden heute zunehmend lokale Rechnerkapazitäten für verschiedene Aufgaben benutzt. Diese lokalen Rechner sind dabei so ausgelegt, daß sie die für die spezielle Aufgabe benötigte Leistungsfähigkeit (Verarbeitungsgeschwindigkeit, Speicherfähigkeit, Bildaufbauzeiten und -genauigkeit usw.) erreichen, **Bild 4.2**. Es entsteht so ein Nebeneinander von verschiedenen Rechnertypen und -klassen, wobei eine Vernetzung zum Zwecke des Informationsaustausches erforderlich wird.

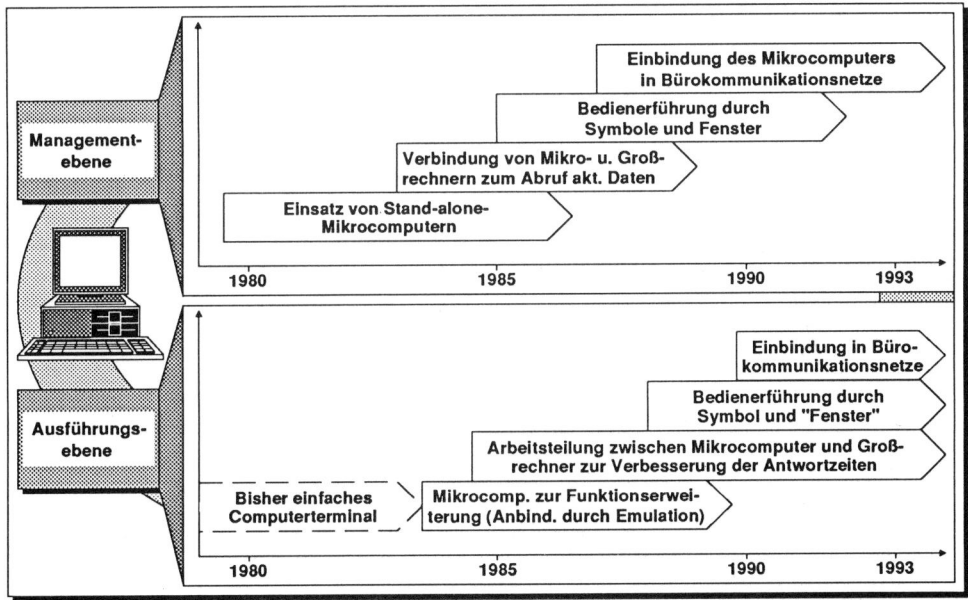

Bild 4.2: Verteilte EDV-Kapazitäten durch die Weiterentwicklung von Mikrocomputern und Datennetzen (nach Diebold)

Für die Vernetzung und Integration von EDV-Systemen wird eine Vielzahl von Konzepten angeboten. Die Erwartungen, die an diese Konzepte gestellt werden, wie z. B. universelle Datennormen und kompatible Hard- und Softwareprodukte, werden allerdings nur unzureichend erfüllt, **Bild 4.3**. Insellösungen, inkompatible Datenkommunikation und hardwareabhängige Lösungen sind heute noch Realität. Die Realisierung universell verwendbarer Konzepte ist eine schwierige Aufgabe, zu der die Lösung vieler Einzelprobleme gehört.

Die Entwicklung der letzten Jahre hat gezeigt, daß vielfach dennoch Lösungen geschaffen werden konnten, die den Erfordernissen der Nutzer in vielen Bereichen entgegenkommen.

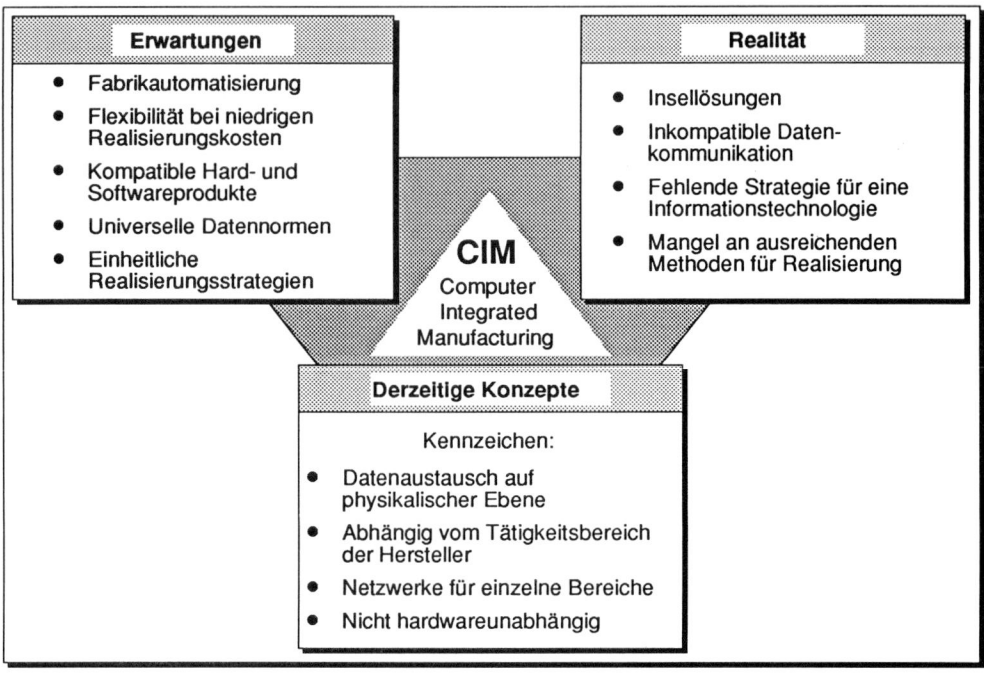

Bild 4.3: Kennzeichen derzeitiger CIM-Konzepte

Bei der Betrachtung der verschiedenen Integrationsgrade und -methoden, **Bild 4.4**, ist zu erkennen, daß eine Integration von EDV-Systemen über die hardwaremäßige Verknüpfung der einzelnen Komponenten hinausgeht. Angefangen bei einer rein organisatorischen Verbindung EDV-technisch unverbundener Systeme reichen die Schritte einer Integration über die Verbindung von Komponenten durch Personal Computer bis zur Programmintegration und damit wechselseitiger Nutzung von Systemfunktionen. Daraus ist ersichtlich, daß bei der Integration von EDV-Systemen vier Stufen unterschieden werden können, **Bild 4.5**:

- 1. hardwaremäßige Verbindung verschiedener Rechnersysteme,
- 2. Datentransfer,
- 3. Implementierung einheitlicher Systemteile (z. B. Datenbanksysteme) und
- 4. Koordination des Informationsflusses.

4.2 Netzwerke

Der Transfer von Daten zwischen verschiedenen Systemen innerhalb eines Betriebes erfordert nicht nur gemeinsame Datenschnittstellen, sondern zunächst eine physikalische Verbindung verschiedener Systemkomponenten. Für diese Kopplung gibt es verschiedene Konfigurationen, **Bild 4.6**. Alle Konfigurationen sind bei Anwendern heute anzutreffen, angefangen von der durchgehenden Systemtrennung und dem Einsatz von dezentralen Kleinrechnern über den Zugriff auf zentrale Großrechner bis hin zu speziel-

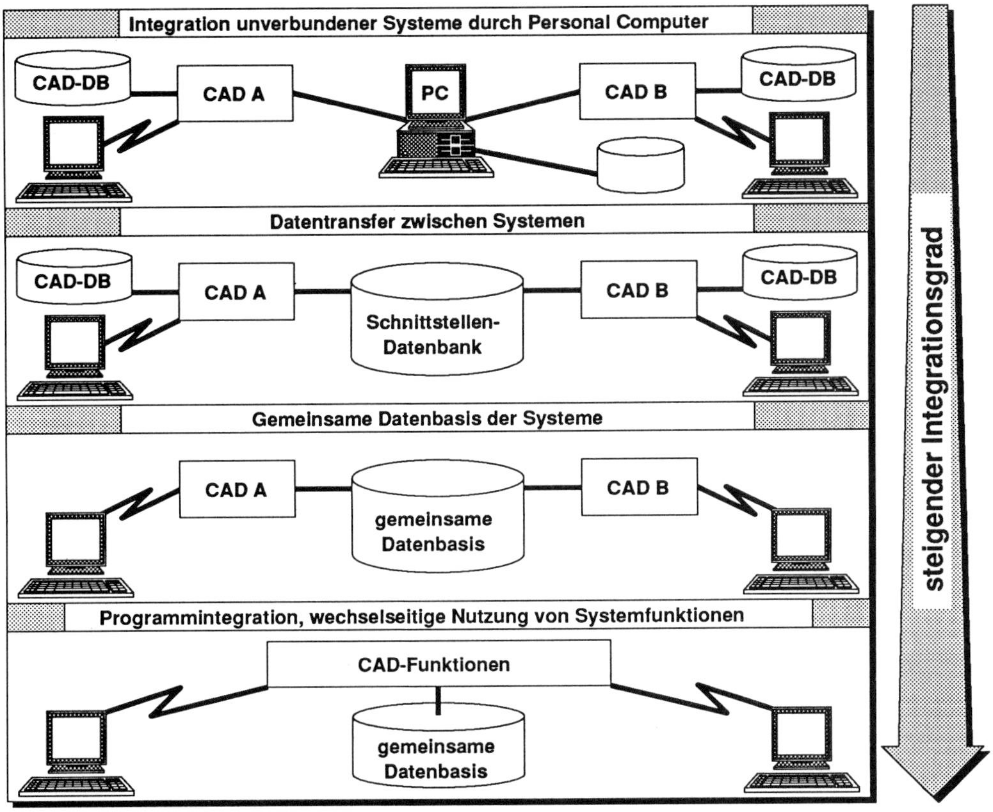

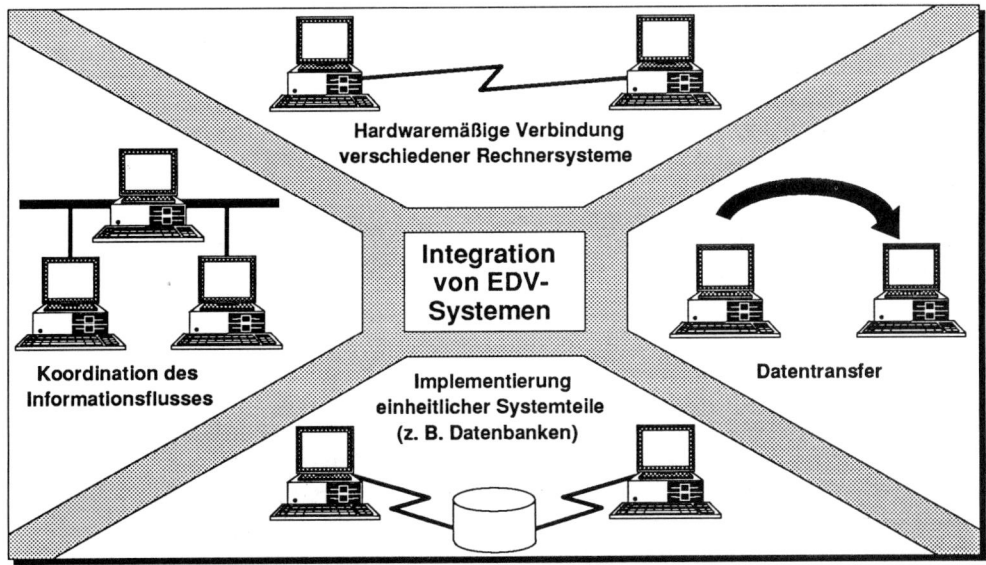

Bild 4.4: Integrationsgrade und -methoden (nach Scheer)

Bild 4.5: Integrationsgrade und -methoden (nach Scheer)

len Rechnern für einzelne Anwendungen, z. B. CAD, und die On-line- oder Off-line-Kopplung an andere Bausteine. Die Entwicklung geht aber zunehmend in die Richtung dezentraler Verbundsysteme. Hierbei werden die verschiedenen Systeme über lokale Netzwerke (LAN) miteinander gekoppelt.

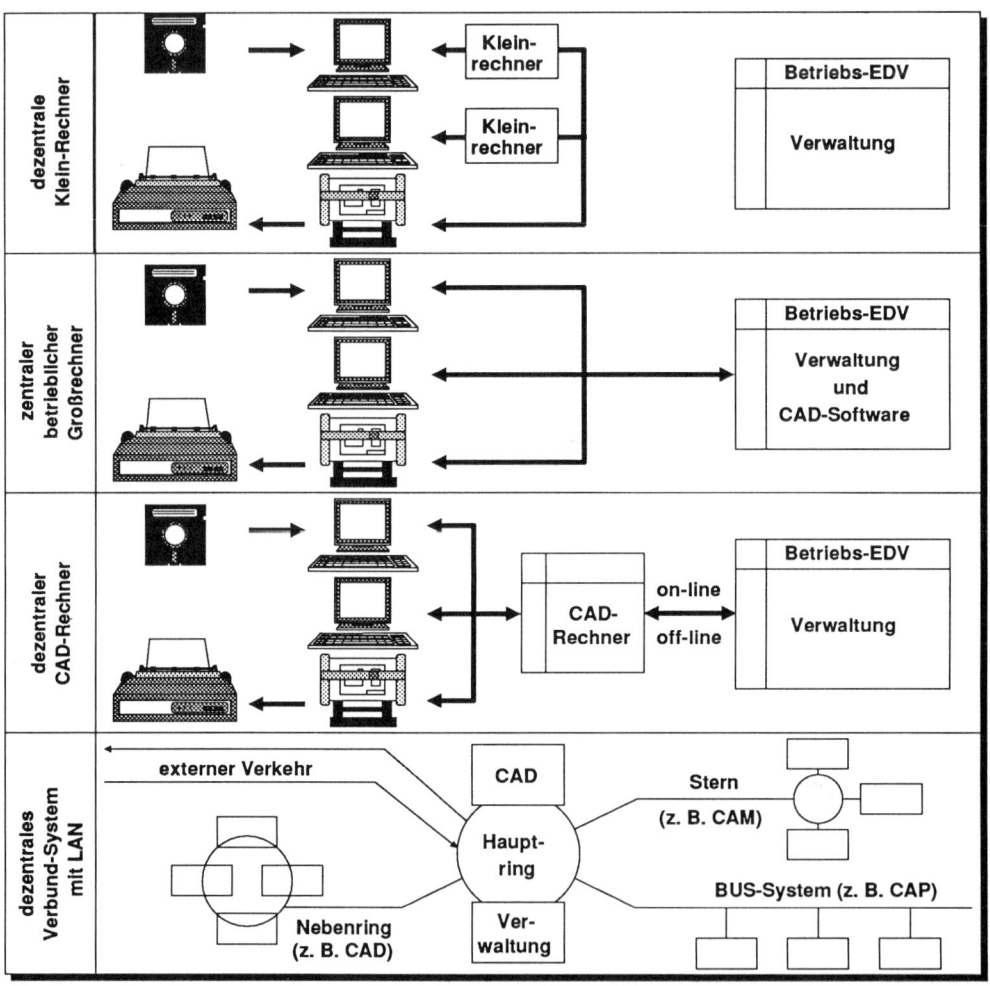

Bild 4.6: Mögliche Rechnerkonfigurationen für CAD-Systeme

Die Kombination verschiedener Automatisierungskomponenten unterschiedlicher Hersteller setzt einheitliche Regeln zur Abwicklung der innerbetrieblichen Datenkommunikation voraus, **Bild 4.7** /AUT,87,2/. In verschiedenen Normungsgremien, Fachverbänden und Forschungsprojekten sind daher auch Bestrebungen im Gange, Normen für eine Vereinfachung der Kopplung von EDV-Systemen zu entwickeln. Dabei sind die Anforderungen der verschiedenen betrieblichen Ebenen, wie Leitebene, Führungsebene, Steuerungsebene und Sensorebene entsprechend zu berücksichtigen.

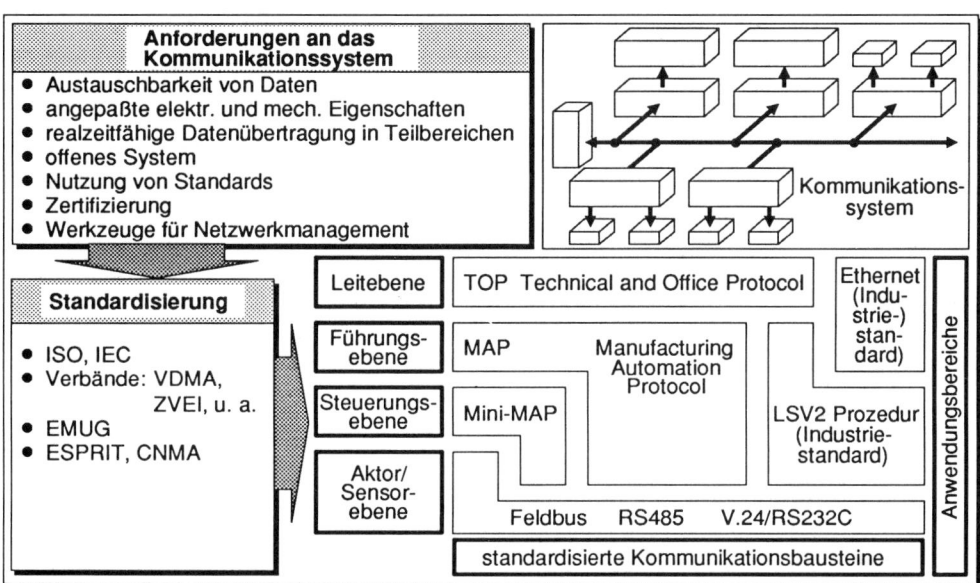

Anforderungen an das Kommunikationssystem
- Austauschbarkeit von Daten
- angepaßte elektr. und mech. Eigenschaften
- realzeitfähige Datenübertragung in Teilbereichen
- offenes System
- Nutzung von Standards
- Zertifizierung
- Werkzeuge für Netzwerkmanagement

Standardisierung
- ISO, IEC
- Verbände: VDMA, ZVEI, u. a.
- EMUG
- ESPRIT, CNMA

Kommunikations-system

Leitebene	TOP Technical and Office Protocol	Ethernet (Indu-strie-) stan-dard)
Führungs-ebene	MAP	Manufacturing Automation Protocol	
Steuerungs-ebene	Mini-MAP	LSV2 Prozedur (Industrie-standard)
Aktor/ Sensor-ebene		
	Feldbus RS485 V.24/RS232C	
	standardisierte Kommunikationsbausteine	

Anwendungsbereiche

Bild 4.7: Standardisierung im Kommunikationsbereich

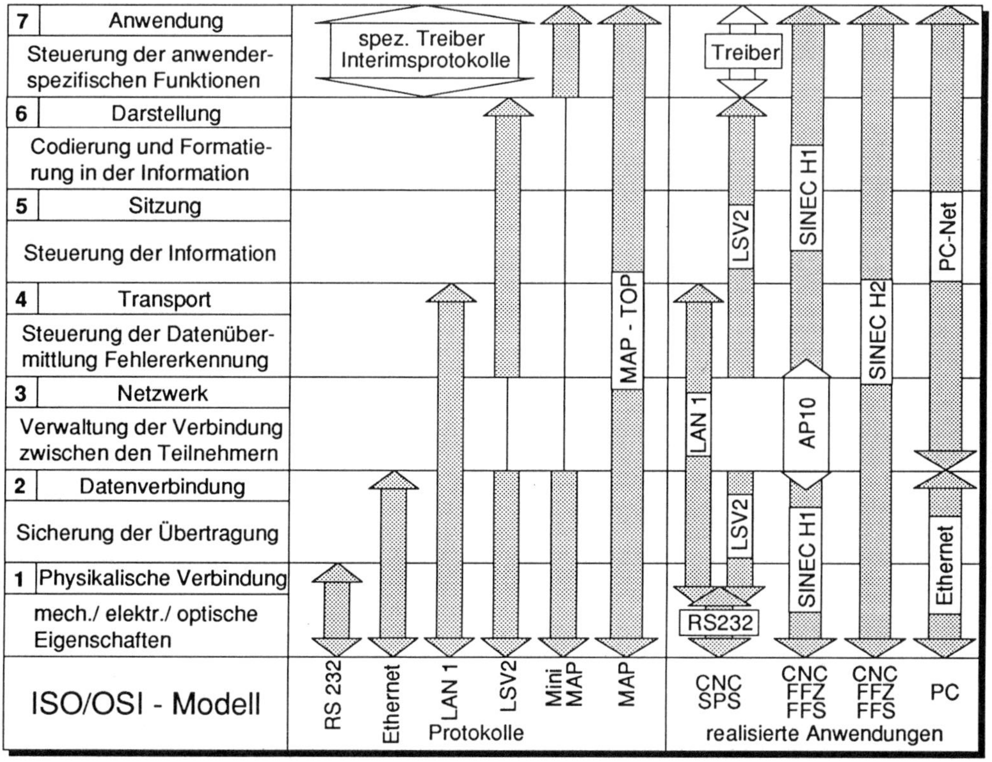

	ISO/OSI - Modell		Protokolle						realisierte Anwendungen			
7	Anwendung								Treiber			
	Steuerung der anwender-spezifischen Funktionen	spez. Treiber Interimsprotokolle										
6	Darstellung											
	Codierung und Formatie-rung in der Information											
5	Sitzung									SINEC H1		PC-Net
	Steuerung der Information							LSV2				
4	Transport						MAP - TOP				SINEC H2	
	Steuerung der Datenüber-mittlung Fehlererkennung								LAN 1	AP10		
3	Netzwerk											
	Verwaltung der Verbindung zwischen den Teilnehmern											
2	Datenverbindung							LSV2		SINEC H1		Ethernet
	Sicherung der Übertragung											
1	Physikalische Verbindung							RS232				
	mech./ elektr./ optische Eigenschaften											
		RS 232	Ethernet	LAN 1	LSV2	Mini MAP	MAP	CNC SPS	CNC FFZ FFS	CNC FFZ FFS	PC	

Bild 4.8: ISO/OSI-MAP-Interimsprotokolle

Leitfaden für die Vernetzung ist die inzwischen zur Philosophie gewordene "offene Systemarchitektur" der einzelnen Komponenten, deren Schnittstelle sich am ISO-Referenzmodell des "**O**pen **S**ystem **I**nterconnection" (OSI) orientiert, **Bild 4.8** /AUT,87,3/.

Die Ergebnisse dieser Bemühungen sollen ihr Ziel in der freizügigen und offenen Kommunikation in jedem Automatisierungsverbund finden und durch kompatible Systemübergänge zur Bürowelt sowie zu den Fernmeldediensten eine offene Systemarchitektur ermöglichen.

Die unterschiedlichen Kommunikationsanforderungen in den einzelnen Ebenen eines Unternehmens finden ihre Berücksichtigung in entsprechenden Normentwürfen, Forschungsprojekten, Kommunikationsstandards und Protokollen. Zu nennen sind hier:

- **TOP** (**T**echnical **O**ffice **P**rotocol) für die Bürowelt,
- **MAP** (**M**anufacturing **A**utomation **P**rotocol) für die Rechnervernetzung im Fertigungsbereich, in abgewandelter Form auch für zeitkritische Anwendungen,
- **CNMA** (**C**ommunications **N**etwork for **M**anufacturing **A**pplication) sowie
- **ISDN** (**I**ntegrated **S**ervices **D**igital **N**etwork) für die inner- und überbetriebliche Kommunikation über ein digitales Fernsprechnetz.

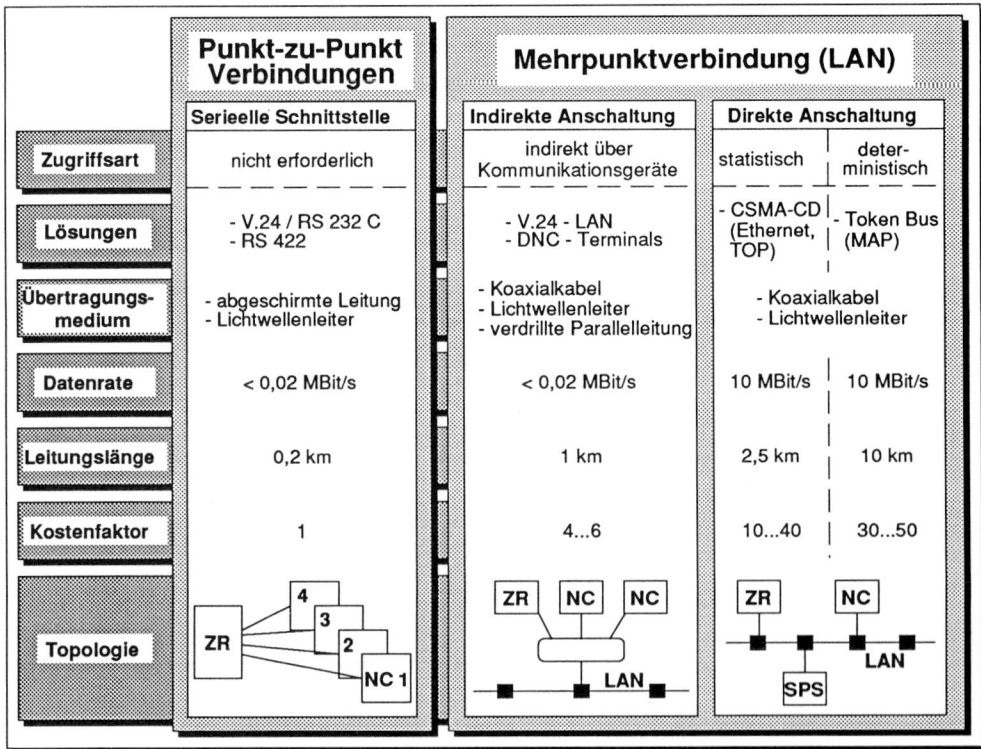

Bild 4.9:   Kommunikationssysteme

Im einfachsten Fall der direkten Rechnervernetzung (Punkt-zu-Punkt-Verbindung) ist an der zusätzlichen Hardware nur die Datenleitung erforderlich, mit der die zu vernetzenden Systeme über die V.24-Schnittstelle verbunden werden, **Bild 4.9**. Die Kommunikation nach außen (Datex-P, Ferndiagnose) kann ebenfalls über diese Schnittstelle abgewickelt werden. Allerdings ist neben technisch bedingten Leistungsgrenzen (Datenrate, Leitungslänge) vor allem die Systemöffnung und Flexibilität eingeschränkt. Der Verkabelungs- und Installationsaufwand steigt mit zunehmender Anzahl an Kommunikationsteilnehmern, wodurch die Ausbaubarkeit beschränkt ist. Die Systemflexibilität ist ebenfalls begrenzt, da nur die Rechner und Steuerungen Daten austauschen können, die direkt miteinander verbunden sind. Daher ist eine gemeinsame Nutzung von Druckern und weiteren Peripheriegeräten nicht möglich.

Neuere Entwicklungen verbinden die Vorteile der verbreiteten V.24-Schnittstelle mit der Technologie lokaler Netzwerke. Es lassen sich mit derartigen Systemen Mehrpunktverbindungen aufbauen, wobei der Übertragungsvorgang selbst weiterhin auf der Basis von V.24 über spezielle Netzwerkschnittstelleneinheiten abgewickelt wird. Als Hardware sind Verbindungskabel, das Übertragungsmedium, wie z. B. Breitbandkabel oder Lichtwellenleiter, sowie Netzwerkeinheiten notwendig.

Die größte Flexibilität zum Aufbau von leistungsfähigen, offenen Kommunikationssystemen bieten lokale Netzwerke mit direkter Anschaltung der einzelnen Teilsysteme, wie Rechner, Steuerungen und Peripheriegeräte, an den Kommunikationskanal, **Bild 4.10**.

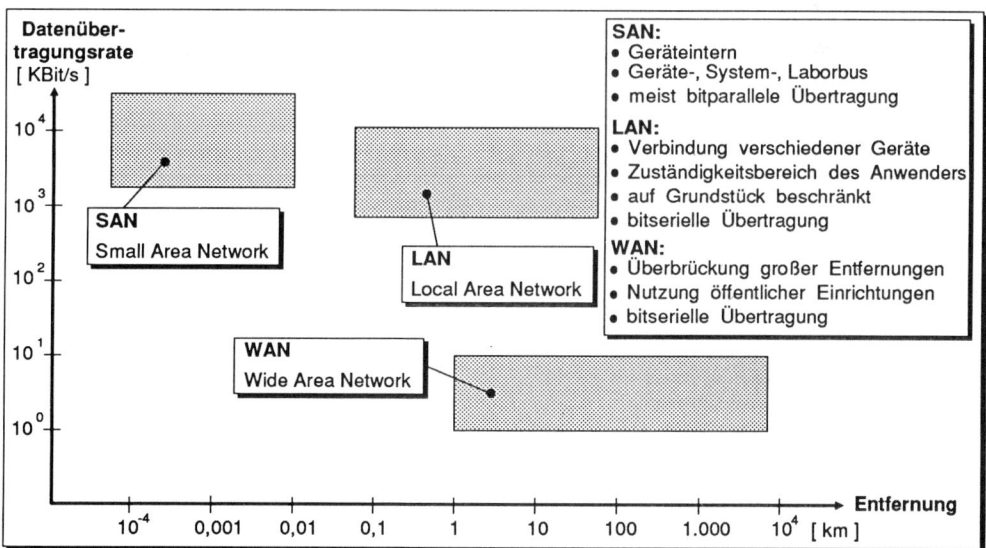

Bild 4.10: Klassifizierung von Netzwerken

Durch die direkte Ankopplung der Systeme an einen Kommunikationsträger wird der Verkabelungsaufwand gegenüber anderen Konzepten in erheblichem Maße verringert. Da die angeschlossenen Geräte nicht direkt miteinander verbunden werden müssen, wird eine Steigerung der Flexibilität bei der Kopplung erreicht. Die zusätzliche Ankopplung weiterer Systeme stellt ebenfalls kein großes Problem mehr dar, da diese Systeme lediglich an das LAN angeschlossen werden müssen und nicht mehr an alle Systeme, mit denen eine Kommunikation erwünscht ist.

Lokale Netzwerke lassen sich nach verschiedenen Kriterien unterteilen und beschreiben. Eine sehr wichtige Unterscheidung ist die Topologie eines lokalen Netzwerkes, **Bild 4.11.** Hier kann grundsätzlich zwischen Stern-, Ring-, Bus- und Maschenstrukturen unterschieden werden. Die zur Zeit gebräuchlichsten Topologien sind dabei die Ring- und Busstruktur.

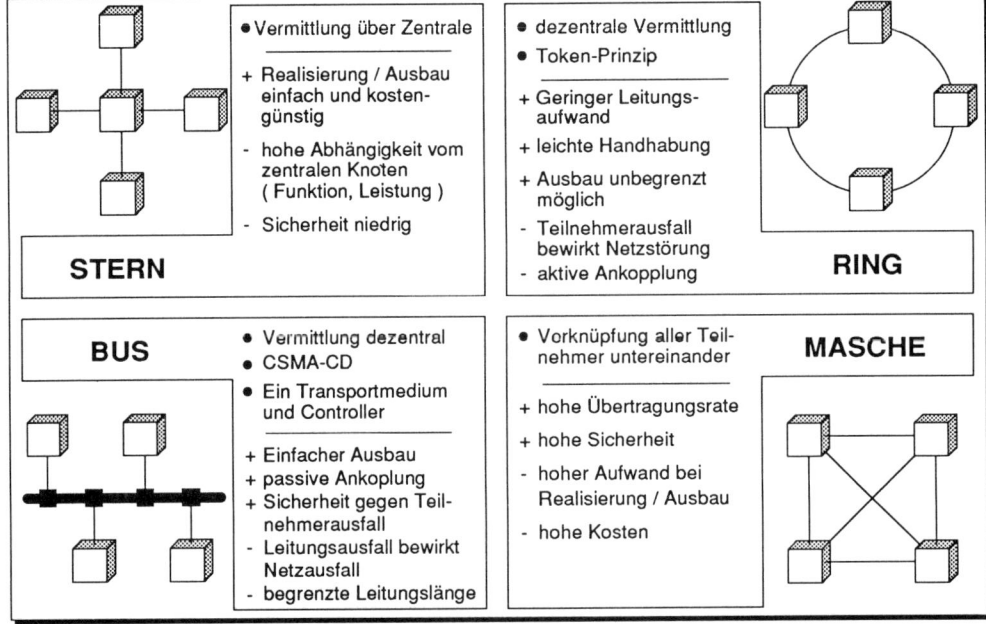

Bild 4.11: Netzwerktopologien

Ein weiteres sehr wichtiges Unterscheidungsmerkmal ist das Zugriffsverfahren, das den Zugang zum Netzwerk für die einzelnen Teilnehmer regelt. Hier können zwei Hauptentwicklungsrichtungen unterschieden werden: das Zugriffsverfahren CSMA-CD (**C**arrier **S**ense **M**ultiple **A**ccess with **C**ollision **D**etection) und das Token-Verfahren.

Beim Zugriffsverfahren CSMA-CD "hört" jeder Nutzer die im Netz ablaufende Kommunikation mit, **Bild 4.12.** Wenn das lokale Netz frei ist, sendet er seine Nachricht und beobachtet ihre Übertragung. Da ein zweiter Nutzer möglicherweise gleichzeitig das freie Netz erkennt und eine Nachricht auf den Weg schickt, kann es zu Kollisionen kommen. Diese Kollisionen werden von den Absendern durch das Mithören erkannt. Nach einer gewissen Zeitverzögerung, die statistisch berechnet wird, kann dann ein erneuter Sendeversuch gestartet werden.

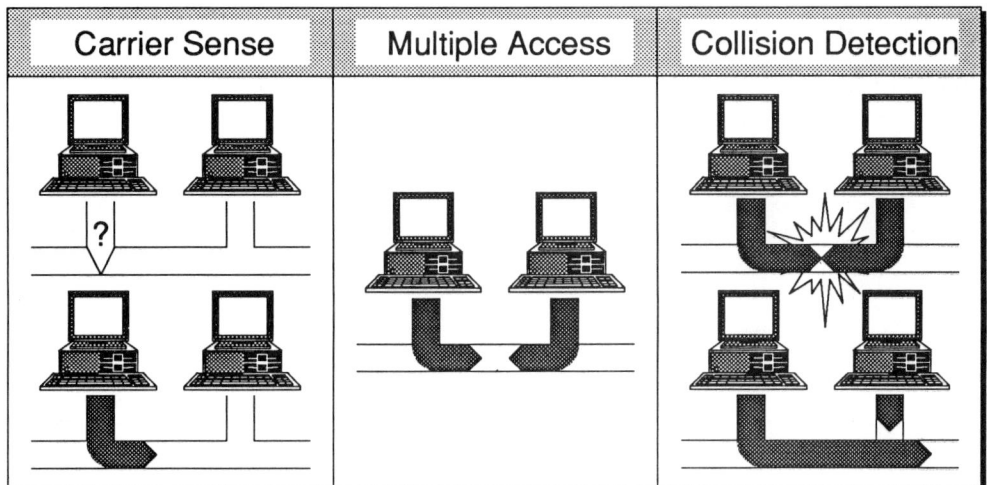

Bild 4.12: Das Zugriffsverfahren CSMA-CD

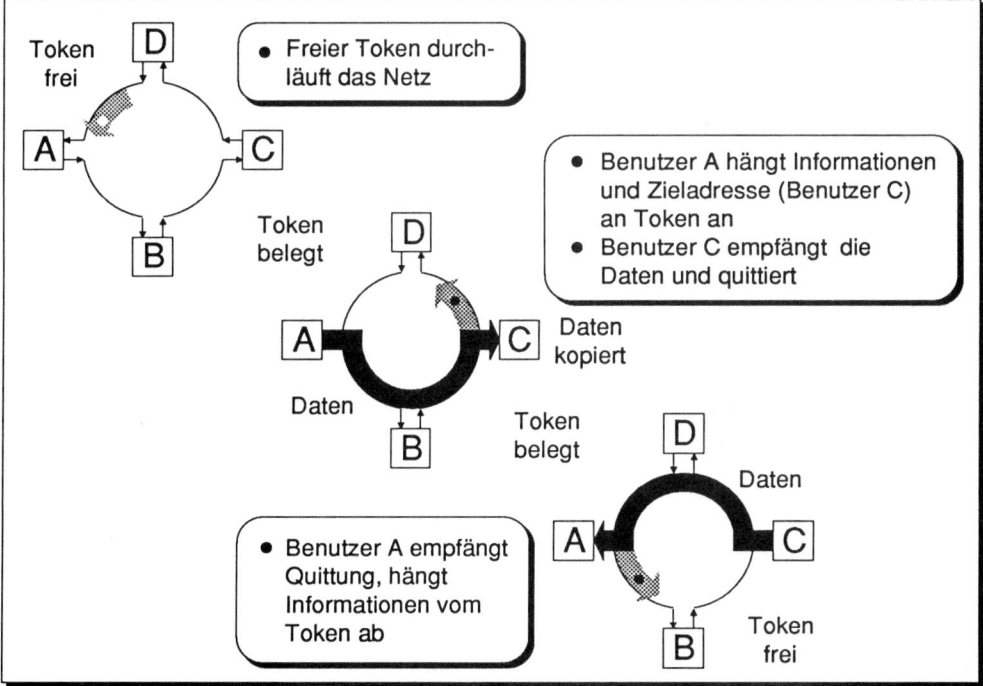

Bild 4.13: Das Token-Ring-Protokoll

Beim Token-Verfahren läuft ein Token ("Datentransporter") durch das Netz, **Bild 4.13**. Dieser Token ist mit einer Kennung versehen, die erkennen läßt, ob er frei oder belegt ist. Der Nutzer muß so lange warten, bis ein freier Token seinen Platz passiert und kann dann seine Nachricht an den Token anhängen. Der Token läuft durch das Netz, bis der

35

Empfänger erreicht ist. Der Empfänger überprüft nun die Nachricht auf Vollständigkeit und schickt sie zur Kontrolle noch einmal an den Absender zurück. Danach kann der nächste Teilnehmer seine Nachricht über das Netz übermitteln.

Netztyp Kriterium	Ethernet	Token Bus	Token Ring
Zugriff	CSMA-CD	Token	Token
Antwortzeit-verhalten	gut bei geringer Last schlecht bei Überlast	abhängig von Teilnehmerzahl	wie Token Bus, aber schneller
Komplexität	gering	mittel	hoch
Normen	IEEE 802.3 ECMA 80,81,82 ISO/DIS/8802/3	IEEE 802.4 ECMA 90 ISO/DIS/8802/4	IEEE 802.5 ECMA 89 ISO/DP/8802/5
Produkte	DEC Net SINEC-H1 IBM-PC net	Vistalan/1 (Allen Bradley) MAP-Network (Motorola) LAN/1 (3M)	Primenet Domain (Apollo) IBM Token Ring

Bild 4.14: Vergleich von Netzwerktypen

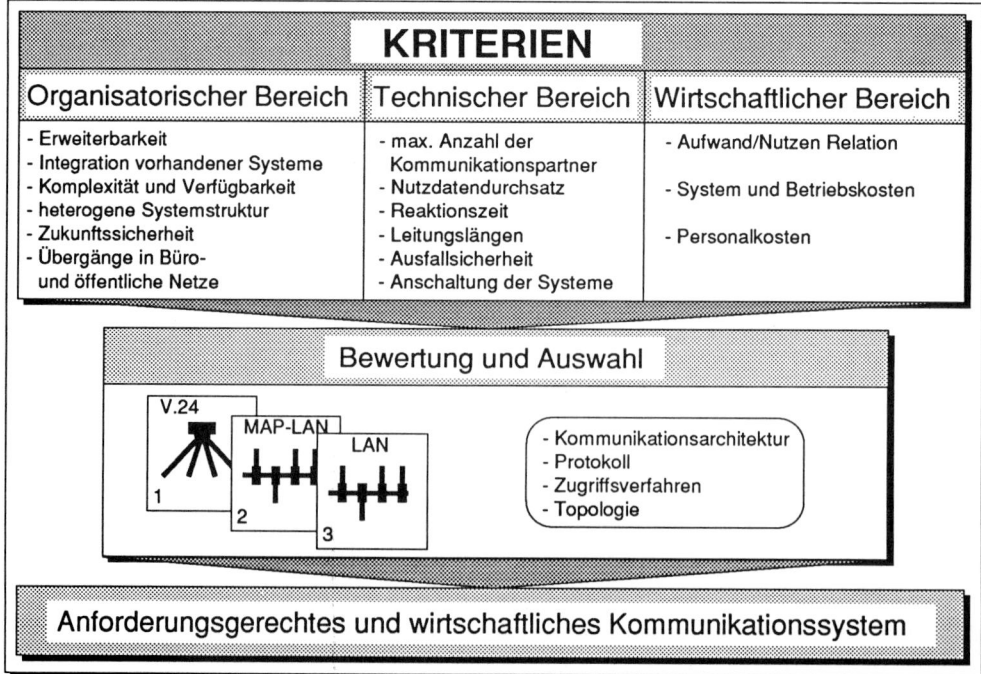

Bild 4.15: Kriterien für den Einsatz fortschrittlicher Kommunikationsnetze

Die unterschiedlichen Zugriffsverfahren können bei verschiedenen Topologien benutzt werden. Es haben sich drei Standardkonfigurationen herausgebildet, **Bild 4.14,** das sogenannte Ethernet als Kombination von CSMA-CD mit der Bus-Topologie, der Token-Bus und der Token-Ring. Der Einsatz dieser drei Netztypen hängt sehr stark vom jeweiligen Einsatzgebiet ab. Allgemeingültige Aussagen können dabei nicht getroffen werden.

Die Auswahl eines Kommunikationssystems muß immer auf einen speziellen Anwendungsbereich zugeschnitten sein, da es ein universelles System für alle Anwendungsfälle nicht geben kann. Zur Realisierung eines anforderungsgerechten und wirtschaftlichen Kommunikationssystems sind deshalb eine Reihe von Kriterien zu berücksichtigen, **Bild 4.15** /AUT.87,2/.

4.3   Schnittstellen

Seit einigen Jahren gibt es Entwicklungen, die Übertragbarkeit von digitalen Daten zwischen verschiedenen Systemen über genormte Schnittstellen zu ermöglichen, **Bild 4.16.**

Schnittstelle	Bereich	Land	Normung
AIS	CAD-CAD	USA	
APT	CAP-CAM	USA	ISO/TC184/SC3, DIN 66246
CAD*I	CAD-CAD, CAD-sonst.	Europa	ISO/TC184/SC4
CAD-NT	CAD-Normteildatei	D	
CGI	Grafik	international	ISO DP
CGM	Grafik	international	ANSI X3.122, ISO 8632
CLDATA	CAP-CAM	USA	ISO 4343, DIN 66215
DXF	CAD-CAD, CAD-sonst.	USA	
EDIF	Elektronik	USA	IEEE/ANSI-Standard Nr. 548
ESP	CAD-CAD, CAD-sonst.	USA	
FEMDAT	CAD-CAD	USA	
GKS	Grafik	international	ISO, DIN 66252
GKS-3D	Grafik	international	ISO DIS 8805
GKSM	Grafik	international	Teil in ISO 8632 (CGM)
IGES	CAD-CAM, CAD-sonst.	USA	ANSI Y 14.26 M
IRDATA	CAP-CAM	D	VDI 2863
MAP	Kommunikation	USA	
PDES	CAD-CAD, CAD-sonst.	USA	ISO/TC 184/SC4
PHIGS	Grafik	USA/internat.	ISO DP 9592/1-198n(E)
SET	CAD-CAD, CAD-sonst.	F	ANFOR Z68-300
SQL	Datenbank	USA	ISO DIS 9075
STEP	CAD-CAD, CAD-sonst.	international	ISO/TC184/SC4/WG1
TOP	Kommunikation	USA	IEEE 802.3
VDAFS	CAD-CAD, CAD-sonst.	D	DIN 66301
VDAIS	CAD-CAD, CAD-sonst.	D	VDA/VDMA-Einheitsblatt 66319
VDAPS	CAD-CAD	D	DIN 66304

Bild 4.16:   Normungsbestrebungen für Schnittstellen

Eine Übersicht über den Stand der laufenden Bestrebungen zur weiteren Vereinheitlichung von Schnittstellen gibt **Bild 4.17.** Es ist festzustellen, daß trotz vorhandener

Normen Anpassungen für den Datenaustausch zwischen einzelnen Systemen notwendig sind. In den meisten Fällen muß mit Eigenleistungen der Anwender gerechnet werden, da durch Schnittstellenstandardisierung nicht das gesamte Spektrum an Unternehmensanforderungen abgedeckt werden kann.

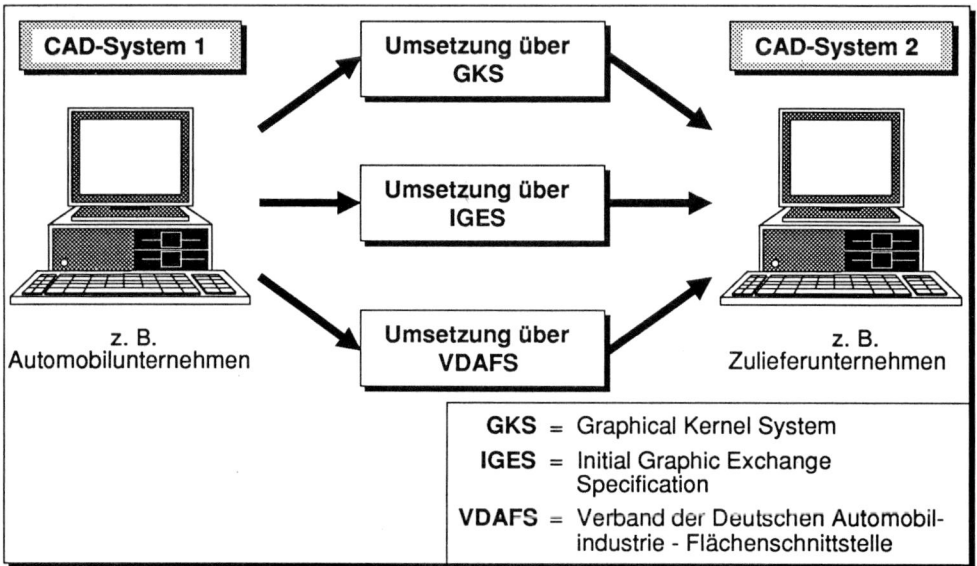

Bild 4.17: Schnittstellenempfehlungen zur Übernahme digitaler Daten

Bei der Datenübertragung im CAD-Bereich, in dem die meisten genormten Schnittstellen existieren, lassen sich zwei Hauptrichtungen erkennen:

1. Normung einer grafischen Bilddatei, **GKS** (Graphical Kernel System),

2. Standardisierung eines allgemeinen Übertragungsformats zum Austausch von Modellen und Produktdaten, z. B.,

- **IGES** (Initial Graphic Exchange Specification),
- **VDAFS** (Verband der deutschen Automobilindustrie-Flächenschnittstelle),
- **SET** (Standard d'Exchange et de Transfer)
- **STEP** (Standard for the Exchange of Product Model Data).

Die Bilddateispezifikation umfaßt im wesentlichen Vorschläge zum grafischen Datenaustausch zwischen grafischen Anwendungssystemen.

Demgegenüber wird in der zweiten Entwicklungsrichtung das Ziel verfolgt, den Austausch von Produktdaten zu standardisieren. Dabei ist es unerheblich, ob der Datenaustausch zwischen unterschiedlichen Systemen im eigenen Haus oder zwischen verschiedenen Unternehmen, z. B. Automobilunternehmen und Zulieferer, erfolgt.

Bis zum heutigen Zeitpunkt sind die Schnittstellen IGES (Version 3.0), SET und VDAFS (Version 2.0) in der Praxis eingesetzt und erprobt.

Schwerpunktmäßig arbeitet man heute an der Definition eines internationalen Standards für den Datenaustausch STEP.

Die USA wollen ihre zunächst unabhängig entwickelte Schnittstelle **PDES** (**P**roduct **D**ata **E**xchange **S**pecification) in den international angestrebten Standard STEP einbringen. Langfristig soll über diese Schnittstelle der Austausch aller produktdefinierenden Daten erfolgen.

Die Informationsverteilung innerhalb der verschiedenen Bereiche des Produktionsprozesses stellt heute einen wichtigen unternehmerischen Faktor dar. Obwohl bei der Integration und Vernetzung von EDV-Systemen noch einige Fragen ungeklärt sind, sollte eine Vernetzung nicht hinausgezögert werden. Es stehen leistungsfähige EDV-Komponenten und Kommunikationsmöglichkeiten sowie vielfältige Standards zur Verfügung, so daß eine Vernetzung und Integration wirtschaftlich realisierbar ist.

4.4 Datenbanken

Das vorrangige Ziel eines CIM-Konzeptes besteht darin, alle Teilbereiche eines Unternehmens informationstechnisch zu verbinden. Aus diesem Anspruch heraus ergibt sich die Notwendigkeit, **sehr große Datenmengen** zwischen den einzelnen Unternehmensbereichen und CIM-Insellösungen zu transferieren. Die Daten müssen dabei nicht nur beherrscht sondern auch **effizient verwaltet** werden. In der bisher vorherrschenden Aufbau- und Ablaufstrukturierung eines Produktionsbetriebes mit seiner funktionalen Arbeitsteilung werden alle Informationen zwischen den einzelnen Abteilungen ständig hin- und herbewegt und meist selbstständig verwaltet. Dies führt zu Konsistenzproblemen bezüglich der Datenhaltung, zu langen Durchlaufzeiten sowie zur Mehrfachspeicherung gleicher Datenbestände in den unterschiedlichen Betriebsbereichen. Abhilfe schafft die Datenintegration der einzelnen Abteilungen über gemeinsame Datenbanken, auf die mit Systemprogrammen dezentral zu jedem Zeitpunkt zugegriffen werden kann.

Obwohl bereits in den sechziger Jahren an **Datenbanken** gearbeitet wurde und auch schon leistungsfähige Datenbanksysteme existierten, dauerte es bis zur Mitte der siebziger Jahre, bis Unternehmen in Bereichen, in denen bereits Datenverarbeitung eingesetzt wurde, die konventionelle Datenhaltung umstrukturierten. Konventionelle Datenhaltung bedeutet, alle existierenden Programme verfügen über ein eigenes Dateisystem, wobei sich deren Inhalte überschneiden können, **Bild 4.18**. Diese Organisationsform hat erhebliche Nachteile:

- Redundanz,
- Mehrfachspeicherung der Daten, die Speicherplatz kostet,
- Datenänderungen in einem Dateisystem bewirken nicht automatisch die Änderung in anderen Dateisystemen und
- Übertragungsmechanismen zum Datenaustausch aufeinander aufbauender Programme sind umständlich.

Die Lösung dieser Probleme führt zu dem Grundkonzept der Datenbank. Alle Daten der verschiedenen Programme werden in einer gemeinsamen Datenbasis gespeichert. Dadurch werden gleiche Daten für verschiedene Anwendungen gleichzeitig nutzbar, **Bild 4.18**.

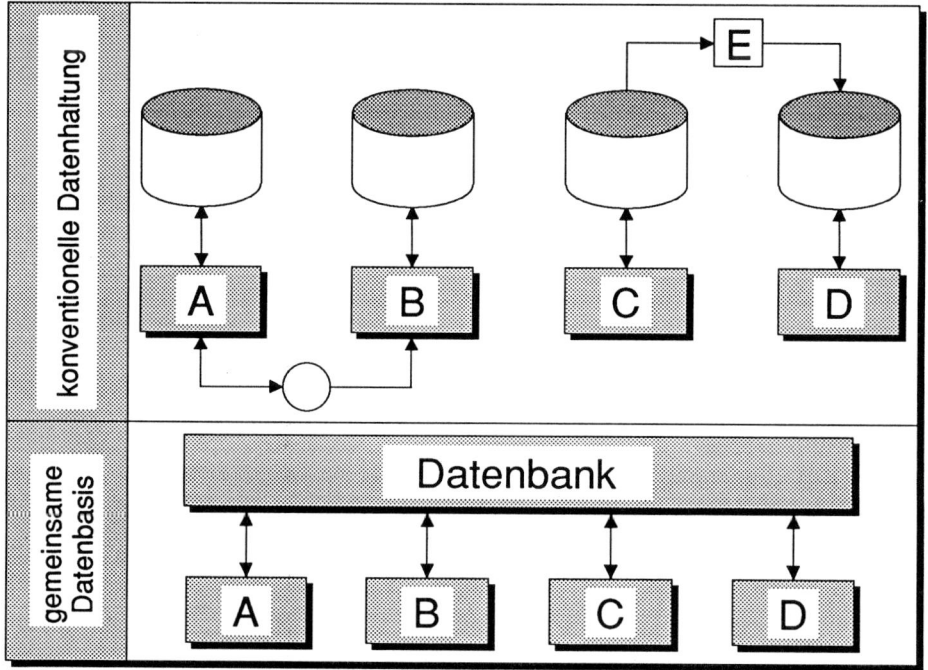

Bild 4.18: Datenzugriffsverfahren

Die wesentlichen Kennzeichen einer Datenbank sind:

- kontrollierte Redundanz,
- inhaltlicher Zusammenhang der Daten und
- Unabhängigkeit von Daten und Programmen.

Ein Datenbanksystem besteht aus der Datenbank und der entsprechenden Verwaltungssoftware. Die Verwaltungssoftware eines Datenbanksystems hat verschiedene Aufgaben zu erfüllen. Das DBMS (**D**atenbank **M**anagement **S**ystem) muß dem Datenbankbenutzer Hilfsmittel und Werkzeuge zur Auswahl seiner applikationsabhängigen Daten zur Verfügung stellen. Weiterhin muß es die physikalische Verarbeitung, d. h., die Speicherung auf einem entsprechenden Medium, wie Diskette oder Festplatte, vornehmen.

Damit sich aus den abgespeicherten Daten nutzbringende Informationen herausfiltern lassen, müssen sie nicht nur leicht auffindbar, sondern auch vielfältig miteinander verknüpfbar sein. Aufgrund dieser Forderung haben sich drei **Datenbankmodelle** herausgebildet:

- Das hierarchische Datenbankmodell,
- das Netzwerk-Datenbankmodell und
- das relationale Datenbankmodell.

Das **hierarchische Datenbankmodell** geht von einer Baumstruktur aus, **Bild 4.19**. Dieses Konzept eignet sich für Beziehungen, bei denen sich aus einem Oberbegriff viele Unterbegriffe ableiten lassen. Allerdings können bei dieser Struktur keine direkten Beziehungen zwischen einzelnen in verschiedenen Ebenen abgespeicherten Daten hergestellt werden. Ein weiteres Problem der hierarchischen Datenbank besteht darin, daß der Anwender die Struktur sehr genau kennen muß, z. B. wenn er ein bestimmtes Objekt finden will. Ihre Struktur ist starr und unflexibel, da alle Informationen von Anfang an festgelegt sind. Ein weiterer Nachteil liegt in der großen Redundanz der Daten.

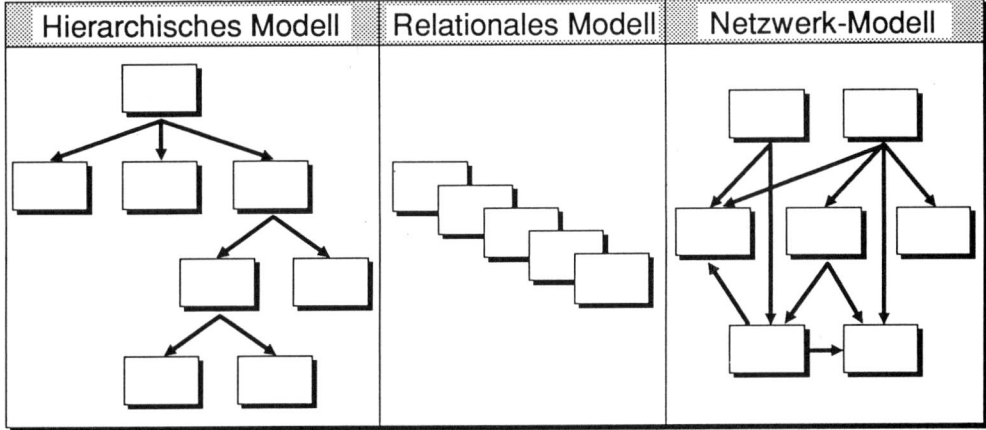

Bild 4.19:   Datenbankmodelle

Die Nachteile des hierarchischen Modells vermeidet das **Netzwerkmodell**. Im Prinzip entspricht es dem hierarchischen Modell mit dem Unterschied, daß eine Datei zu mehreren Hierarchien gehören kann. Beziehungen zwischen den Daten sind in horizontaler und vertikaler Richtung möglich. Dies führt jedoch zu komplexen und unüberschaubaren Strukturen. Ähnlich wie beim hierarchischen Datenbankmodell muß der Benutzer beim Abrufen von Informationen einen der möglichen Zugriffspfade kennen. Dabei muß der Zugriffspfad immer exakt angegeben werden, da die Beziehungen in der Struktur nicht immer eindeutig sind.

Die neueste Entwicklung und das im Zusammenhang mit CIM am meisten diskutierte und verwendete Modell ist das **relationale Datenbankmodell**. Dieses Modell geht auf die von E. F. Codd /COD,70,1/ Anfang der siebziger Jahre beschriebene "relationale Algebra" zurück. Im Gegensatz zu den bereits beschriebenen Modellen, bei denen die Datenbank von vornherein aus verbundenen Dateien besteht, sind es bei dem relationalen Datenbankkonzept nur noch verbindbare Dateien.

Dadurch können die vorhandenen Dateien zu den unterschiedlichsten Auswertungs-
möglichkeiten kombiniert werden. Somit verringert sich im Vergleich zum hierarchischen Datenbankmodell die Redundanz. Während sich beim Relationenmodell für den
Menschen der Handhabungskomfort erhöht, steigen die Anforderungen an den Rechner in erheblichem Maße. Bei den beiden vorhergehend beschriebenen Systemen sind
die Zugriffspfade über feste Strukturen vordefiniert, beim Relationenmodell sind die
Beziehungen nur über Datenwerte in Tabellen definiert. Dies kann bei einer Abfrage die
Durchsuchung sämtlicher Tabellen erforderlich machen.

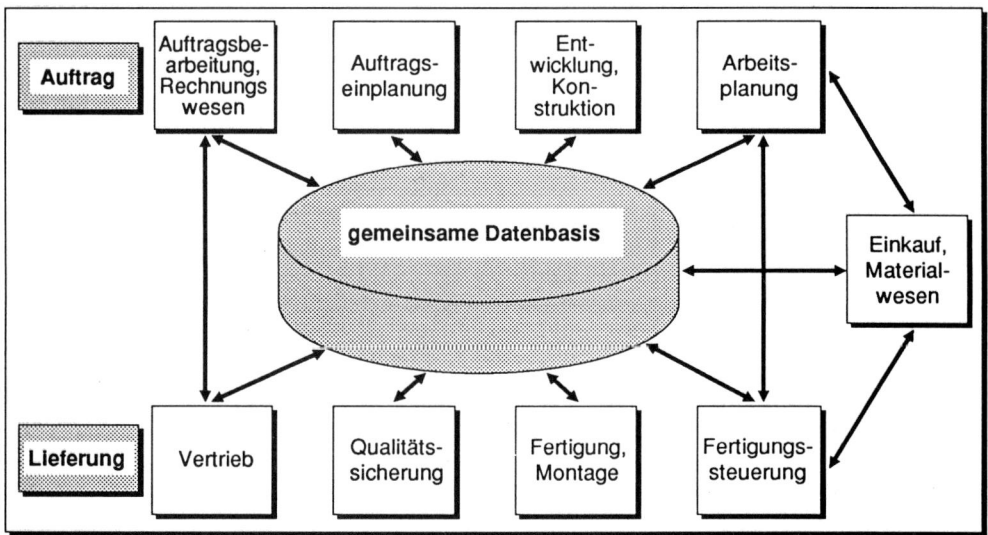

Bild 4.20:   CIM-Datenbasis

Aufbauend auf einer gemeinsamen Datenbasis wird bei CIM der Rechnereinsatz in
Konstruktion, Arbeitsplanung, Produktionsplanung und -steuerung, Fertigung, Qualitätssicherung und weiteren Unternehmensbereichen integriert. Kern der Integration
sind einheitliche, von allen Bereichen nutzbare Datenbestände, die in einem Datenbanksystem abgespeichert sind, **Bild 4.20** /NOR,86,1/. Als Datenbankmodell bietet das
relationale Modell für die meisten Anwendungsbereiche Vorteile, da es flexibler und für
den Menschen leichter handhabbar ist. Zukunftsweisend für CIM ist der Einsatz verteil-
ter Datenbanksysteme, die auf dem Relationenmodell basieren. Darunter wird die
Einrichtung von Datenbanken über mehrere Rechner hinweg verstanden. Somit ist es
möglich, Datenbestände aufzubauen, die Großrechner, Abteilungsrechner und PC's
integrieren. Die verteilte Datensammlung wird von einem übergeordneten System zu
einer logischen Datenbank zusammengefaßt. Für den Benutzer entsteht somit der
Eindruck einer einzigen großen Datenbank.

5 Rechnereinsatz vom Entwurf bis zur Konstruktion

5.1 Rechnerunterstützte Konstruktion

Gerade im CAD-Bereich wurde in den letzten Jahren stark investiert, **Bild 5.1**. Ende 1986 waren in der Bundesrepublik Deutschland bereits über 20.000 CAD-Systeme installiert, wovon über 60% für die mechanische Konstruktion eingesetzt wurden. Weitere Einsatzbereiche sind die Elektronik und die Elektrotechnik. Auch für die nächsten Jahre ist noch mit hohen Umsatzsteigerungsraten zu rechnen, wenn auch mit abnehmender Tendenz.

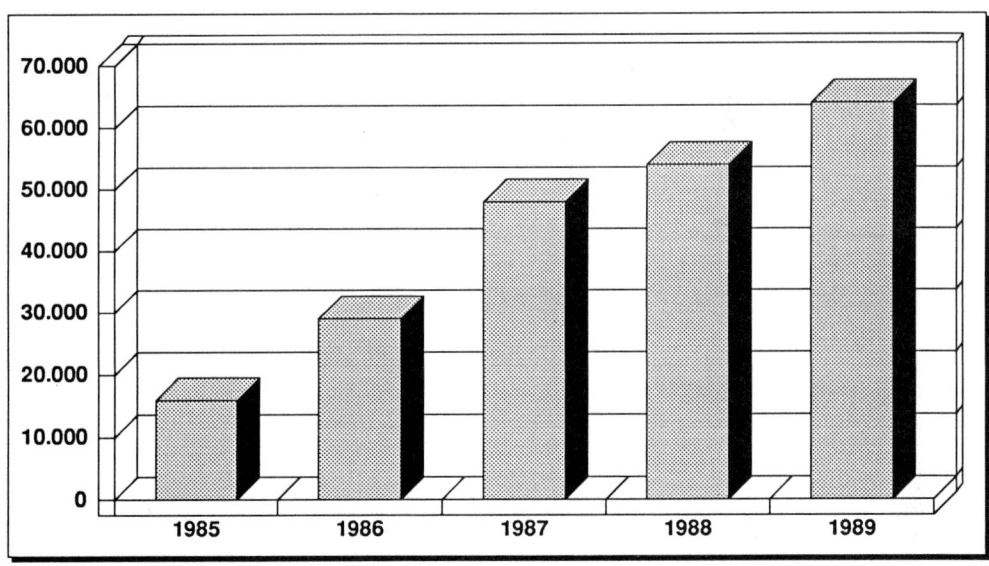

Bild 5.1:   CAD-Arbeitsplätze in der Bundesrepublik Deutschland (nach Dataquest)

Die Gründe für diese Entwicklung liegen darin, daß mit steigendem Leistungsumfang der Systeme heute ein Stand erreicht ist, mit dem sie die Anforderungen der o. g. Anwendungsbereiche weitgehend erfüllen. Als Anforderung an ein CAD-System ist neben der hohen Datenverarbeitungsgeschwindigkeit der hohe Speicherplatzbedarf für auf dem Rechner abgelegte "Zeichnungen" zu nennen. In einem Unternehmen existiert in der Regel eine Vielzahl unterschiedlicher Zeichnungen, wobei jede einzelne Zeichnung einen hohen Speicherplatzbedarf benötigt.

Die wesentlichen Elemente einer CAD-Hardware-Konfiguration sind in **Bild 5.2** dargestellt. Hierbei wurde eine Konfiguration zugrundegelegt, wie sie etwa für einen Minirechner mit mehreren Arbeitsplätzen eingesetzt wird.

43

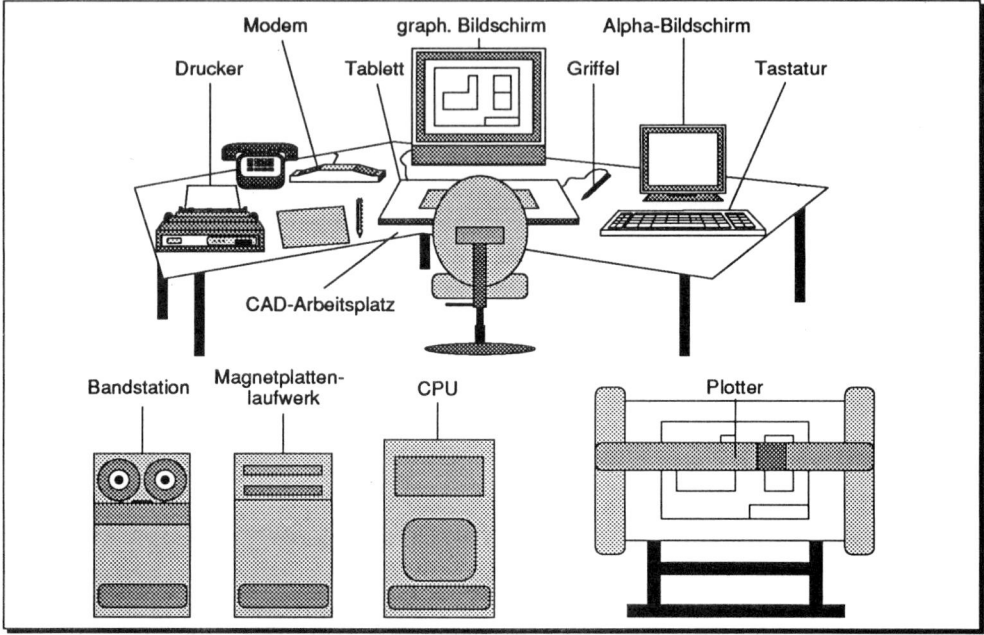

Bild 5.2:   Hardware-Konfiguration eines CAD-Arbeitsplatzes

Steigende Rechnerleistungen bei gleichzeitig sinkenden Hardwarekosten haben auch im CAD-Bereich zu einer Verbreitung des Einsatzes von Personal Computern (PC) für einfachere CAD-Anwendungen geführt, **Bild 5.3**. Diese sogenannten Low-Cost-Systeme ermöglichen insbesondere Klein- und Mittelbetrieben den Einstieg in die CAD-Technik. Hier ist die "Workstation" als Mittel der Zukunft zu erwähnen.

Eine Workstation unterscheidet sich von einem PC durch einen Plattenspeicher höherer Kapazität (PC: 80 - 200 MByte, Workstation: 120 - 600 MByte) durch einen größeren Arbeitsspeicher und durch eine höhere Datenverarbeitungsgeschwindigkeit. Die höhere Leistungsfähigkeit einer Workstation bietet vor allem Vorteile für die Verarbeitung umfangreicher Datenmengen, wie sie z. B. bei der 3D-Anwendung entstehen. Workstations sind heute von der RISC-Architektur der Prozessoren und vom UNIX-Betriebssystem als kompatible Software-Basis geprägt und weisen bei einem nahezu unveränderten Preisgefüge ein verbessertes Preis/Leistungverhältnis auf. Die PC-basierenden Grafiksysteme stehen ihnen im Preis/Leistungsverhältnis in nichts nach /MAI,90,1/.

Ausgereifte CAD-Systeme gestatten heute dem Anwender, Angebots-, Detaillierungs- und Zusammenbauzeichnungen sowie Schema- und Werkzeugpläne mit Unterstützung durch Rechnerprogramme zu erstellen. Zur Zeit liegt der Schwerpunkt der Rechneranwendung eindeutig in der Detaillierungsphase. Dabei steht dort die Zeichnungs- und Stücklistenerstellung im Vordergrund. Diese rechnerunterstützten Aktivitäten reichen ohne scharfen Übergang bis in die Entwurfsphase, wo insbesondere Zusammenstellungszeichnungen und Auslegungsberechnungen von Maschinenelementen sowie die Strukturanalyse mit der Finite Elemente Methode zu nennen sind.

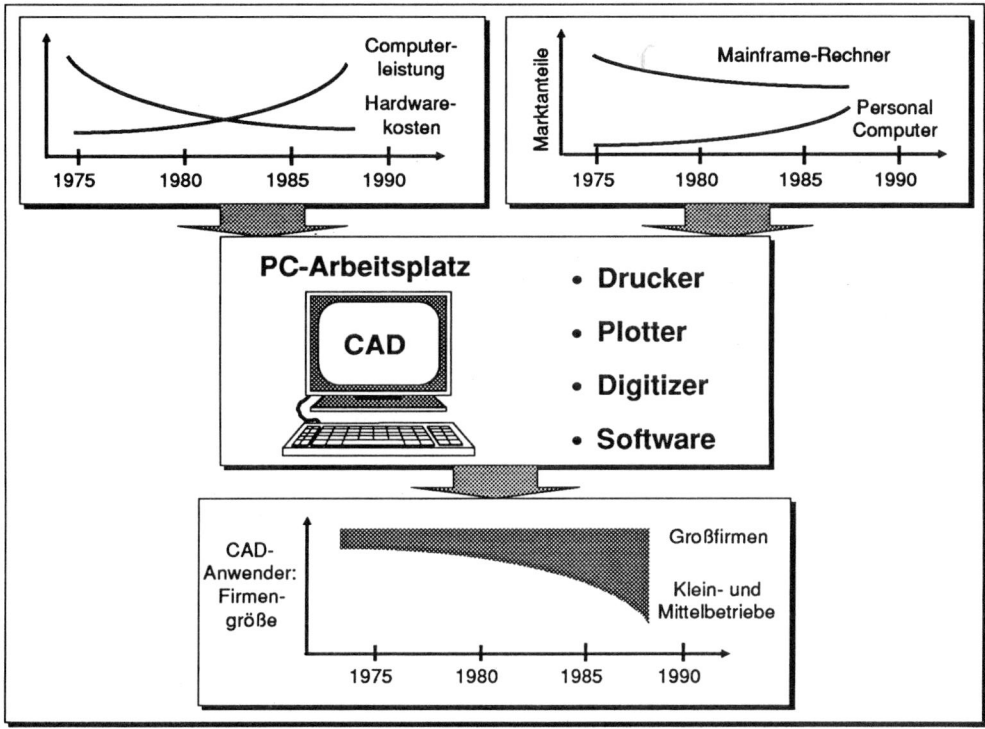

Bild 5.3:   Gründe für die Einführung von Low-Cost-CAD-Systemen

Die wesentlichen Vorteile dieser CAD-Anwendungen lassen sich in drei Punkten zusammenfassen:

- Reduzierung der Erstellungszeit,
- leichte Wiederverwendung vorhandener Lösungen und
- integrierte, quasi fehlerfreie Informationsverarbeitung.

CAD-Systeme können neben der Erzeugung der Produktgeometriedaten auch für die Lösung von spezifischen Aufgabenstellungen verwendet werden. Ein immer wichtigerer Anwendungsbereich für 3D-Systeme ist die Bewegungssimulation. Hiermit ist es möglich, Vorgänge in der Fertigung und Montage zunächst einmal auf dem Bildschirm zu simulieren, um eventuelle Fehler frühzeitig zu erkennen und anschließend zu beheben.

Die Anwendungs- und Erweiterungsmöglichkeiten von CAD-Systemen werden wesentlich von der Softwarestruktur bestimmt. Die Systemsoftware sollte modular aufgebaut sein, d. h. die problemspezifischen Bausteine (z. B. Zeichnungserstellung oder Berechnungen) sind durch eindeutige Schnittstellen von den problemneutralen Systemteilen, wie z. B. Kommunikation und rechnerinterne Darstellung (RID), zu trennen, **Bild 5.4**. Bei den problemspezifischen Systembausteinen ist die Auslegung für die geforderten Funktionen unumgänglich und hat aufgrund ihrer großen Vielfalt unterschiedliche Lösungswege in den vorhandenen CAD-Systemen zur Folge. Aber auch die problem-

45

unabhängigen Systemelemente variieren teilweise erheblich und können daher zur Kennzeichnung von Systemen herangezogen werden.

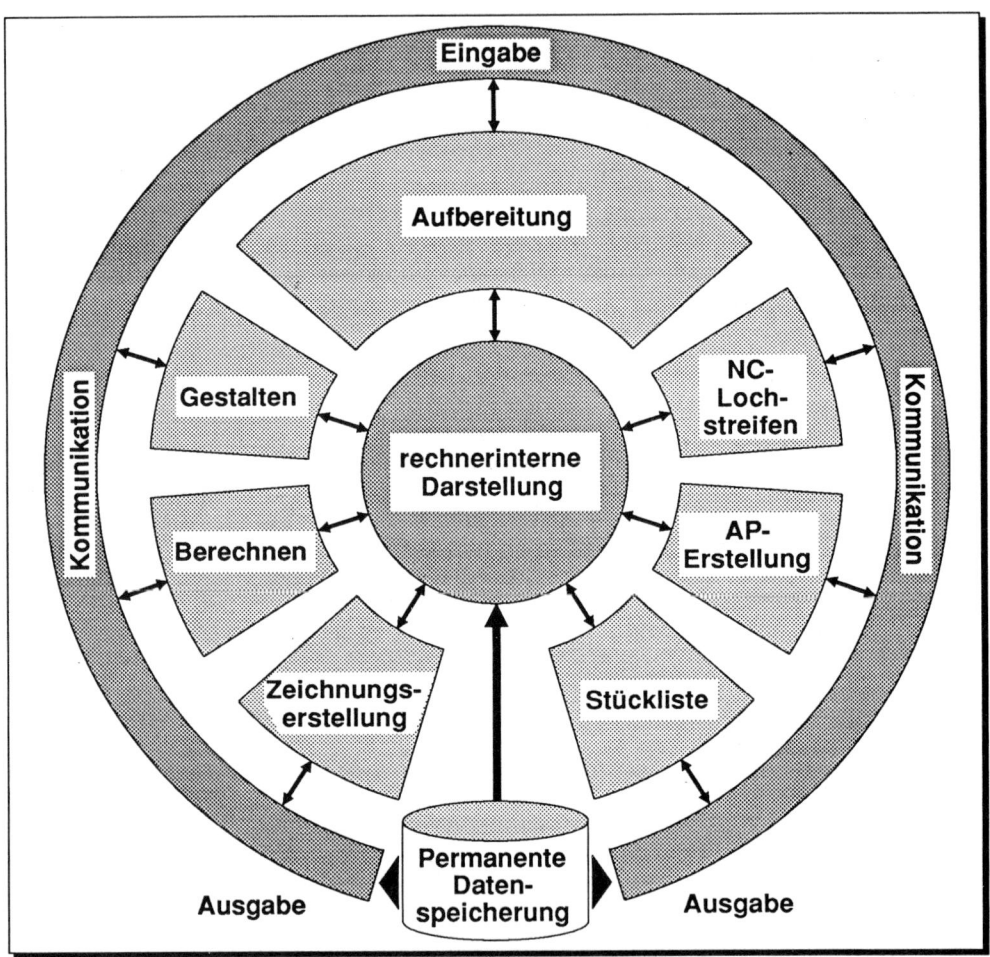

Bild 5.4: Grundsätzlicher Aufbau eines CAD/CAP-Softwaresystems

Den Kern eines CAD-Systems bildet das Modell, mit dem das Objekt rechnerintern dargestellt wird, **Bild 5.5**. Die einfachste Form der internen Darstellung ist durch das 2D-Modell gegeben, bei dem lediglich die sichtbaren Kanten der einzelnen Ansichten rechnerintern gespeichert werden. Die umfangreichste Information über das Objekt und damit die zur vollständigen Beschreibung und Darstellung der Teile notwendigen Daten können dagegen in einem Volumenmodell gespeichert werden. Zusätzlich zu den Geometriedaten ist aber auch die Speicherung technologischer und organisatorischer Daten erforderlich. Weiterhin sind von der rechnerinternen Darstellung die Algorithmen zur Sichtbarkeitsklärung sowie die Funktionen abhängig, die zur Manipulation des Objektes (z. B. Drehen des Objektes, perspektivische Darstellungen, Schnittlegung) herangezogen werden können.

46

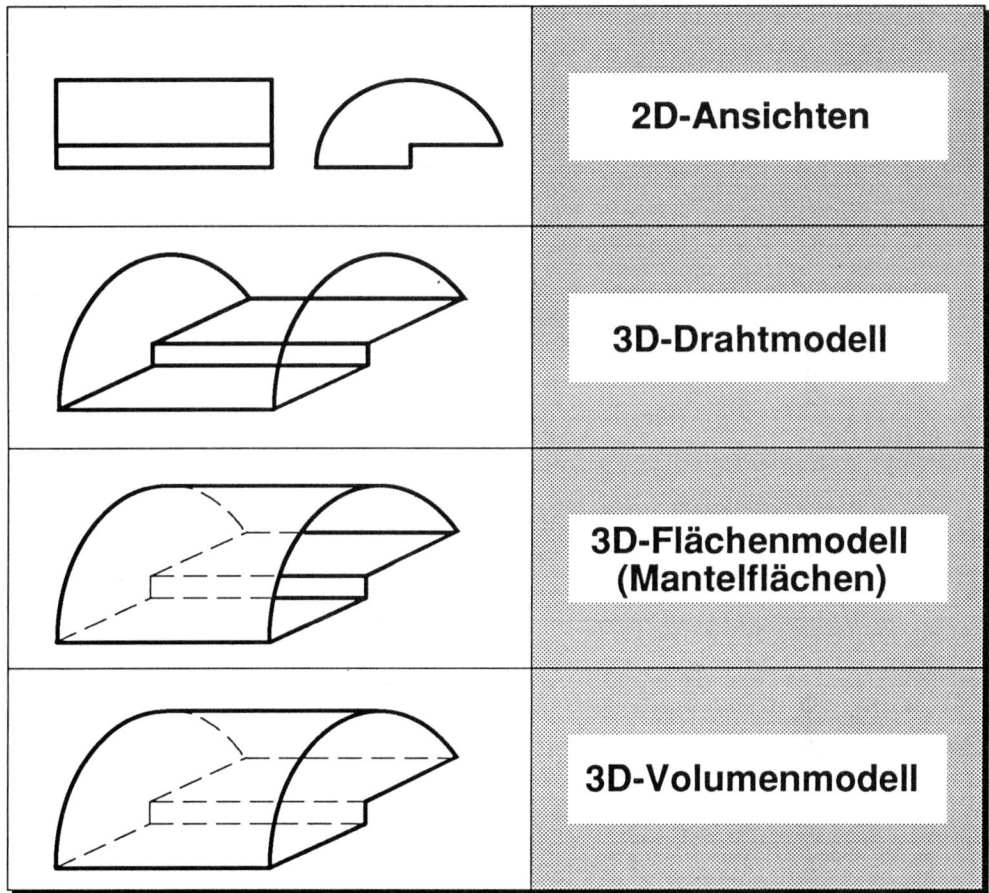

Bild 5.5: Gegenüberstellung unterschiedlicher rechnerinterner Darstellungen

Ebenfalls abhängig von der Art der rechnerinternen Darstellung (RID) ist der Umfang der Daten, die verarbeitet werden müssen, **Bild 5.6**. Im Vergleich zu 2D-Modellen benötigen 3D-Modelle erheblich mehr Speicherplatz, wodurch hohe Anforderungen an die Speichermöglichkeit sowie an die Verarbeitungsgeschwindigkeit der verfügbaren Hardware gestellt werden.

Je nach Objektart unterscheiden sich die Werkstückbeschreibungsverfahren, die für eine effiziente Eingabe der Werkstückgeometrie genutzt werden können. Hierbei muß berücksichtigt werden, daß eine Beschreibung mit komplexen Elementen (Komplexteil- oder Makroverfahren) den Eingabeaufwand sehr gering hält und sich somit positiv auf die Wirtschaftlichkeit des Systems auswirkt. Für den Einsatz dieser Verfahren sind umfangreiche Werkstück- und Häufigkeitsanalysen erforderlich, die entsprechende Variantenteile und deren Ausprägung aufzeigen und die Anwendung dieser Beschreibungsverfahren erst ermöglichen.

3D-Systeme verfügen über spezielle Eingabeverfahren. Bei Volumenmodellen können mit Hilfe von Boole'schen Operationen mengenmäßige Verknüpfungen von Volumina vorgenommen werden. Ein weiteres Beschreibungsverfahren im Bereich der 3D-Anwendung ist das Profillinienverfahren. Hierbei wird das Profil des Körpers mit Grundelementen wie Linien, Kreisbögen usw. beschrieben und die erzeugte Kontur anschließend durch Translation oder Rotation in einen 3D-Körper überführt.

2-D Modell		3-D Modell
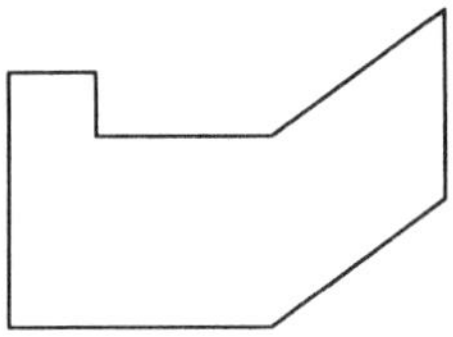	Werkstückbeschreibung	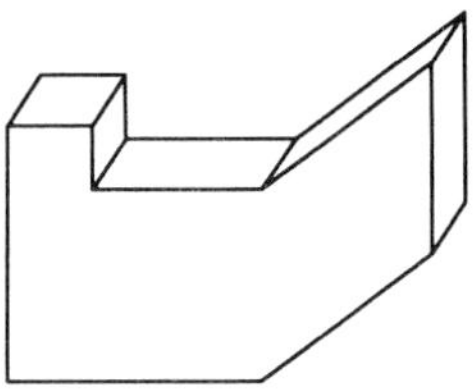
	8 KE	8 KE	
	rechnerinterne Darstellung	
	8 KE	10 F	
	9 P	24 KE	
		18 P	
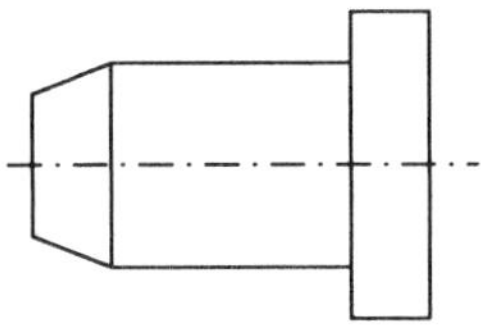	Werkstückbeschreibung	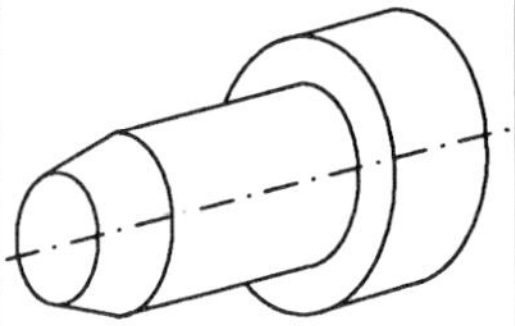
	6 KE	3 VE	
	rechnerinterne Darstellung	
	6 KE	6 F	
	7 P	5 KE	
		4 P	
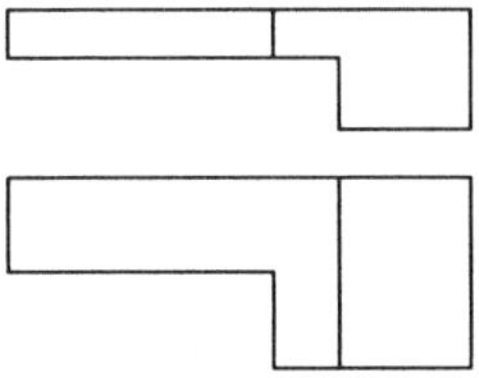	Werkstückbeschreibung	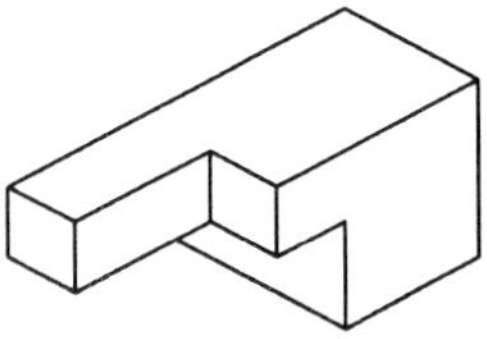
	14 KE	3 VE	
	rechnerinterne Darstellung	
	14 KE	10 F	
	16 P	24 KE	
		16 P	

F = Flächen, KE = Konturelemente, P = Punkte, VE = Volumenelemente

Bild 5.6: Unterschiede zwischen 2D- und 3D-Modellen

Anwendungsmöglichkeiten für 3D-Systeme erstrecken sich u. a. auf die Erstellung von Einzelteilzeichnungen, perspektivische Werkstückdarstellung, Explosionszeichnungen und Schnittdarstellungen.

Der erforderliche Eingabeaufwand für die Zeichnungserstellung wird wesentlich durch den Komfort von Hilfsfunktionen, z. B. für die Manipulation und Bemaßung der Objekte bestimmt. Als weiteres Hilfsmittel verfügen die meisten Systeme über eine sogenannte Layertechnik, mit deren Hilfe Teile der Zeichnung auf unterschiedlichen Ebenen abgelegt werden können. Diese Ebenen sind vergleichbar mit Folien, die man sowohl übereinander als auch getrennt betrachten kann. Dieses Verfahren findet u. a. bei der

Erstellung von Baugruppenzeichnungen und der Einzelteildetaillierung Anwendung. Des weiteren legt das System alle nicht geometrischen Zeichnungselemente (Bemaßung, Schraffur) auf getrennte Layer, so daß sie bei Wiederverwendung der Geometrie leicht ausgeblendet werden können.

Neben den technischen Kriterien sind bei der Bewertung der CAD-Systeme natürlich auch Betrachtungen über die Nutzung beim späteren Einsatz erforderlich. Erfahrungen von Firmen, die CAD bereits seit mehreren Jahren einsetzen, zeigen, daß eine Zeitreduzierung insbesondere bei der Ähnlichkeits- und Variantenkonstruktion möglich ist, ebenso eine Erhöhung der Konstruktionskapazität.

Die Erfahrungen zeigen aber auch, daß eine weitere Steigerung des Rationalisierungspotentials nur durch eine Integration der einzelnen EDV-Komponenten in den unterschiedlichen Abteilungen zu einem integrierten Gesamtsystem im Rahmen eines CIM-Konzepts zu erreichen ist.

5.2   Rechnerunterstützte Entwicklung, Berechnung und Auslegung

Der Begriff des **CAE** (**C**omputer **A**ided **E**ngineering) beinhaltet die rechnerunterstützten Ingenieuraufgaben von der Entwicklung über die Berechnung bis zur Auslegung eines Produktes. Die Zusammenarbeit der Entwicklungs- und Konstruktionsabteilung ist daher naturgemäß sehr eng. Aus diesem Grund wird in vielen Fällen CAE auch der Konstruktion zugeordnet. Diese Sichtweise von CAD/CAE findet sich auch in der Struktur einiger CAD-Systeme wieder. Dort bilden die rechnerunterstützte Dimensionierung und Simulation integrierte Softwaremodule. CAE umfaßt sowohl die Berechnung und Auslegung eines Funktionselementes oder Bauteils als auch einer gesamten Maschine bzw. Anlage. Der besondere Vorteil liegt in der Möglichkeit zur Simulation der Funktion bzw. der Überprüfung des zugehörigen physikalischen Vorgangs.

Aus der vorgenannten Begriffsbestimmung leiten sich daher für CAE-Systeme folgende **Aufgaben** ab:

- Gliederung der zu untersuchenden technischen Systeme durch die Definition von Systemkomponenten und deren Nahtstellen,
- Reduktion der Problemstellung auf die jeweiligen Systemkomponenten,
- Auswahl eines geeigneten Berechnungverfahrens,
- Festlegung und Variation der Randbedingungen,
- Darstellung und Bewertung der Ergebnisse,
- Optimierung der Einzelkomponenten,
- Zusammenfügen der Einzelkomponenten zum Gesamtsystem und
- Simulation und Überprüfung der Funktion des Gesamtsystems unter variierten Betriebsbedingungen.

Diese Arbeitsschritte werden nicht nacheinander abgearbeitet, sondern es werden in der Regel einzelne oder mehrere Arbeitsschritte wiederholt durchlaufen, um eine Optimierung des Konstruktions- und Berechnungsvorganges zu erreichen.

Die Aufgabe des "Freischneidens", d. h. der Definition der Einzelkomponenten innerhalb des Gesamtsystems, bildet die Ermittlung des funktionalen und technologischen Zusammenhanges zwischen Einheiten, Baugruppen oder Bauteilen. Bei technischen Anlagen wird dabei häufig die geometrische Anordnung einzelner Elemente, stoffliche Eigenschaften oder das Wirkprinzip zugrunde gelegt /PAH,77,1/.

Die Reduktion der Problemstellung auf das Bauelement oder speziell auf Einzelteile ist ein weiterer, wichtiger Arbeitsschritt, in dem Eingangs- und Ausgangsgrößen festgelegt und spezifiziert werden. Dies können z. B. bei einem Fertigungsvorgang Kräfte und Momente an einem Werkstück sein. Hierbei sind die Randbedingungen von besonderer Bedeutung, denn sie gehen u. U. unmittelbar in das Berechnungs- oder Simulationsverfahren ein.

Die Reduktion des technischen Zusammenwirkens auf ein einzelnes Bauteil geht meist der eigentlichen Nachrechnung der Festigkeit bzw. der Berechnung von verfahrensspezifischen Kenngrößen voran. Mit Hilfe von empirischen oder analytischen Vorgehensweisen, für die heute bereits Software in großem Umfang verfügbar ist, wird die Leistungsfähigkeit der Einheit beurteilt.

In unmittelbarem Zusammenhang mit der Bewertung einer Konstruktion sind die Randbedingungen zu variieren und die Sicherheit der Systemkomponente bzw. des Gesamtsystems bei unterschiedlichen Betriebsbedingungen zu überprüfen.

Für diese vielfältigen, hier nur typischerweise dargestellten Aufgaben ist die Integration von CAD-, CAE- und CAM-Systemen von entscheidender Bedeutung. Die Kopplung dieser CIM-Bausteine muß eine gemeinsame Basis sowohl der speziellen Werkstückdaten als auch der allgemeinen Fertigungs- und Planungsdaten gewährleisten. Darüberhinaus ist eine einheitliche Benutzeroberfläche zur Dateneingabe, -manipulation und -darstellung anzustreben.

Die **Anwendungen** von CAE-Systemen lassen sich im wesentlichen den Gruppen
- der statischen und dynamischen Festigkeitsberechnungen,
- der Prozeß- und Verfahrensmodelle sowie
- der Simulation kinematischer Systeme

zuordnen.

Der Einsatz von CAE-Systemen im Bereich der Konstruktion zur Durchführung von statischen und dynamischen Festigkeitsberechnungen ist stark von den branchenspezifischen Anforderungen und Einsatzgebieten abhängig. So erfordert z. B. die Konstruktion im Stahlbau andere Berechnungs- und Optimierungsalgorithmen als in der Blechumformung, im Bereich der Automobilindustrie oder der EDV-Gehäusefertigung. Einige CAE-Systeme sind daher nur für spezielle Aufgaben einsetzbar und unterliegen aufgrund der dort eingesetzten Verfahren festen Randbedingungen.

Besonders bei komplexeren Berechnungen wird deutlich, daß ein CAE-System nicht die Erfahrung des Ingenieurs, Berechnungsergebnisse zu interpretieren und sie auf das Problem zu beziehen, ersetzen kann. Für eine gezielte Anwendung dieser Erfahrungen ist eine übersichtliche, graphische Darstellung der auf das Wichtige reduzierten Berechnungsergebnisse durch das CAE-System notwendig.

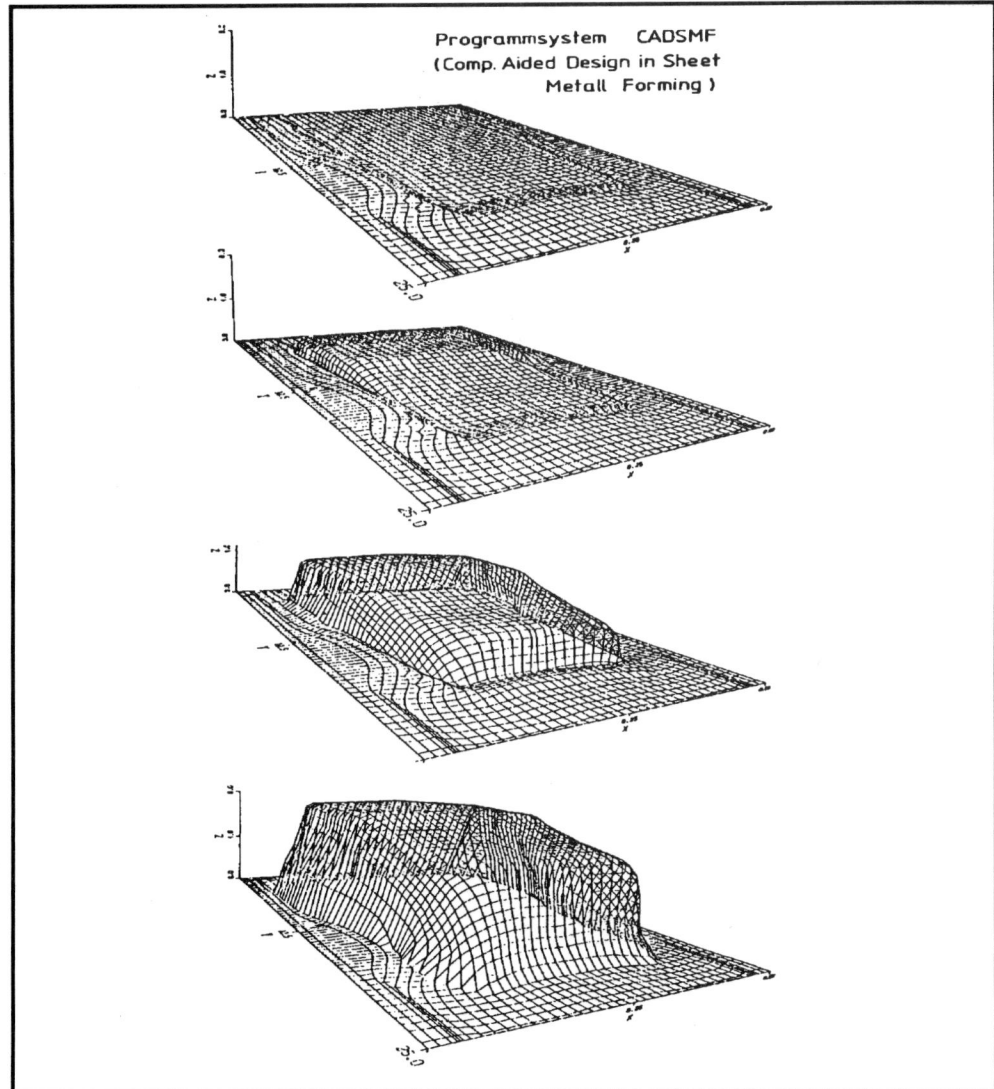

Bild 5.7: FEM-Simulation eines Tiefziehteiles (nach Lange)

Die CAE-Unterstützung des Ingenieurs bei der Optimierung einer Werkstückgeometrie läßt sich am Beispiel eines Ziehteils für eine Kfz-Karosserie darstellen, **Bild 5.7**. Dabei wird die endgültige Form des Werkstücks nicht allein vom Designer festgelegt, sondern auch durch die Verfahrensgrenzen des eingesetzten Fertigungssystems und durch weitere Faktoren, wie insbesondere den verfügbaren Werkstoffen, bestimmt. Damit

51

fließen in den Problemlösungsprozeß die speziellen Fachkenntnisse des Designers, Konstrukteurs und Fertigungstechnikers und deren Unterstützung durch integrierte CAD-, CAE- und CAM-Systeme ein /LAN,87,1/.

Im Bereich der Festigkeitsberechnung im allgemeinen Maschinenbau, Stahl- und Anlagenbau ermöglicht die Normung der Bauelemente und Einzelteile nicht nur eine wesentliche Erleichterung der rechnerunterstützten Konstruktion, sondern auch die Standardisierung der Berechnungsverfahren und eine einheitliche Beschreibung der Randbedingungen. Ein Beispiel aus dem konstruktiven Bereich ist das numerische Rechenverfahren der **FEM (Finite Elemente Methode)** /ARG,86,1/, mit dem Spannungen und Dehnungen oder Temperaturfelder auch im Inneren eines Bauteils berechnet werden können. Dabei sind hinsichtlich der Bauteilgeometrie oder seiner Stoffeigenschaften nahezu keine Grenzen gesetzt, so daß sich Festigkeitsberechnungen sowohl an kleinen Kunststoff-Spritzgußteilen als auch an Pkw-Achsschenkeln oder an Maschinengestellen durchführen lassen, **Bild 5.8.**

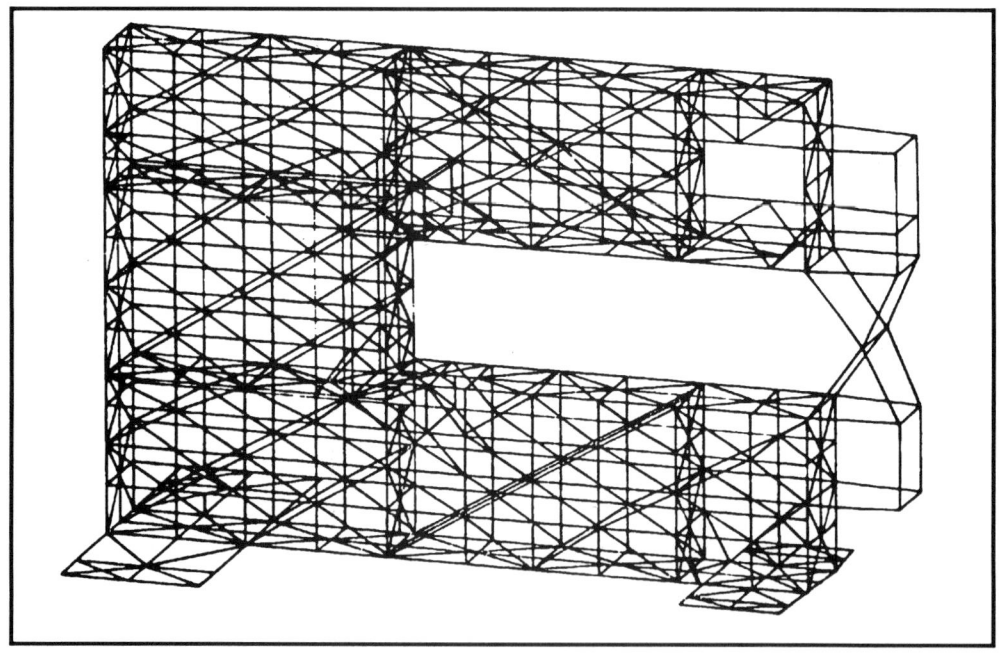

Bild 5.8:   FEM-Berechnung eines Pressenrahmens

Die Kopplung von CAD/CAE-Systemen mit CAM-Systemen insbesondere zur automatischen CNC-Programmierung stellt einen wesentlichen Integrationsansatz dar. Die Fertigung des mittels CAD konstruierten Werkstücks wird durch Rechnerprogramme simuliert und auf dem Bildschirm grafisch dargestellt. Dabei können nicht nur die Werkzeugbewegung im voraus berechnet oder Kollisionsbetrachtungen durchgeführt werden, sondern auch der CNC-Steuerdatensatz mit Hilfe von Pre- und Postprozessoren zur Anpassung der Daten an die Geometrie der Maschine bestimmt werden.

Ergeben sich die CNC-Daten nicht unmittelbar aus der Geometrie von Werkstück, Werkzeug und Maschine, muß eine Verfahrenssimulation für die Berechnung der Steuerdaten z. B. unter Berücksichtigung des elasto-plastischen Werkstoffverhaltens oder der elastischen Maschinenauffederung durchgeführt werden.

Als Beispiel für Simulationsrechnungen sei hier der Bereich der Umformtechnik angeführt. Hier muß die Werkzeugbewegung meist aus der Gestalt und dem elasto-plastischen Verhalten des Halbzeugs sowie dem Maschinenverhalten während des Fertigungsprozesses berechnet werden.

Den Einsatz einer solchen CAE-Prozeßsimulation für ein Biegeumformverfahren zeigt **Bild 5.9** /FIN,88,1/. Im Mittelpunkt steht dabei die Berechnung der Rückfederung und der Biegekräfte, um daraus die Daten für die CNC-Steuerung und ein Diagnosesystem abzuleiten.

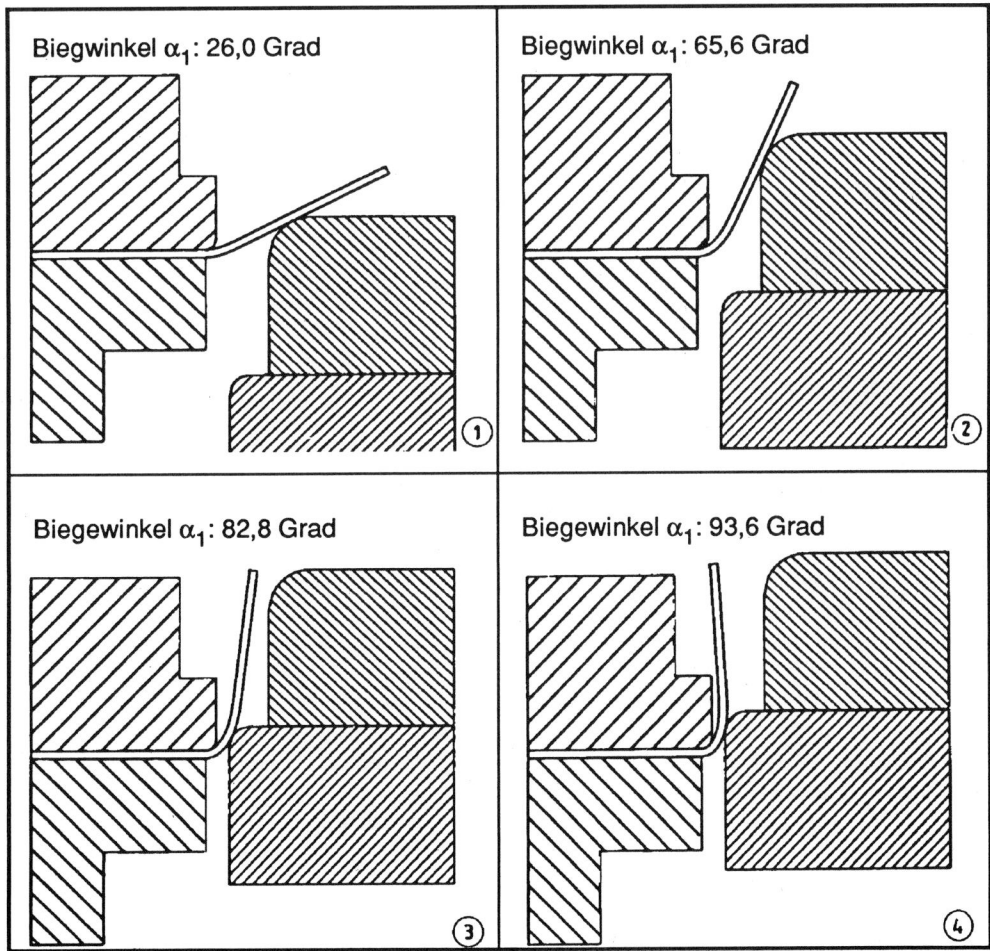

Biegwinkel α_1: 26,0 Grad   Biegwinkel α_1: 65,6 Grad

Biegewinkel α_1: 82,8 Grad   Biegewinkel α_1: 93,6 Grad

Bild 5.9:   Simulation des U-Gesenkbiegens

Ein wichtiger Aufgabenbereich der Simulation kinematischer Systeme ist die Programmierung von Industrierobotern und die Erstellung von Anwenderprogrammen mit für den Produktionsbereich möglichst flexiblen Randbedingungen, **Bild 5.10**. Diese Randbedingungen legen die Orientierungsvektoren der Roboter fest und verketten letztlich die einzelnen kinematischen Modelle. Die Bewegungssimulation stellt daher ein wichtiges Hilfsmittel zur Auswahl der zur Verfügung stehenden Werkzeuge des Roboters dar und dient weiterhin zur Überprüfung z. B. auf Kollision oder dynamische Genauigkeit und zur Erstellung von Steuerprogrammen /TED,88,1/.

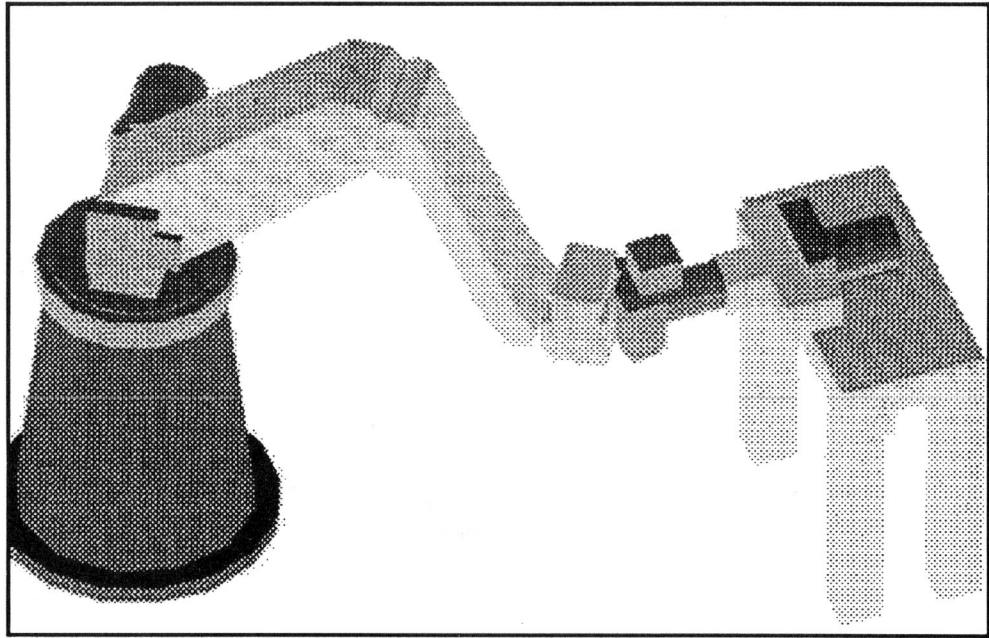

Bild 5.10:   Simulation einer Roboterkinematik

Im Rahmen der Weiterentwicklung von CAE werden zukünftig in besonderem Maße technische Datenbanken und wissensbasierte Systeme ("Expertensysteme") zur Wissenserfassung, -speicherung und -auswertung eingesetzt werden.

Weiterhin werden mit großem Forschungs- und Entwicklungsaufwand CAE-Systeme erarbeitet, die Strukturanalyseverfahren, Berechnungen mit Finiten Elementen (FEM) und Boundary Elementen (BEM) und Simulationstechniken zu vielseitig einsetzbaren Universalsystemen miteinander verbinden.

5.3 Schnittstellen zu anderen CIM-Komponenten

Allen CIM-Komponenten liegt die Verwirklichung folgender Integrationsidee zugrunde: "EDV-Einsatz und rechnerunterstützter Informationsfluß in allen mit dem Fabrikbetrieb befaßten Bereichen."

Eines der wichtigsten Kennzeichen dieser Integrationsidee ist der durchgängige Informationsfluß zwischen den einzelnen produktionstechnischen Abteilungen sowie den administrativen Bereichen.

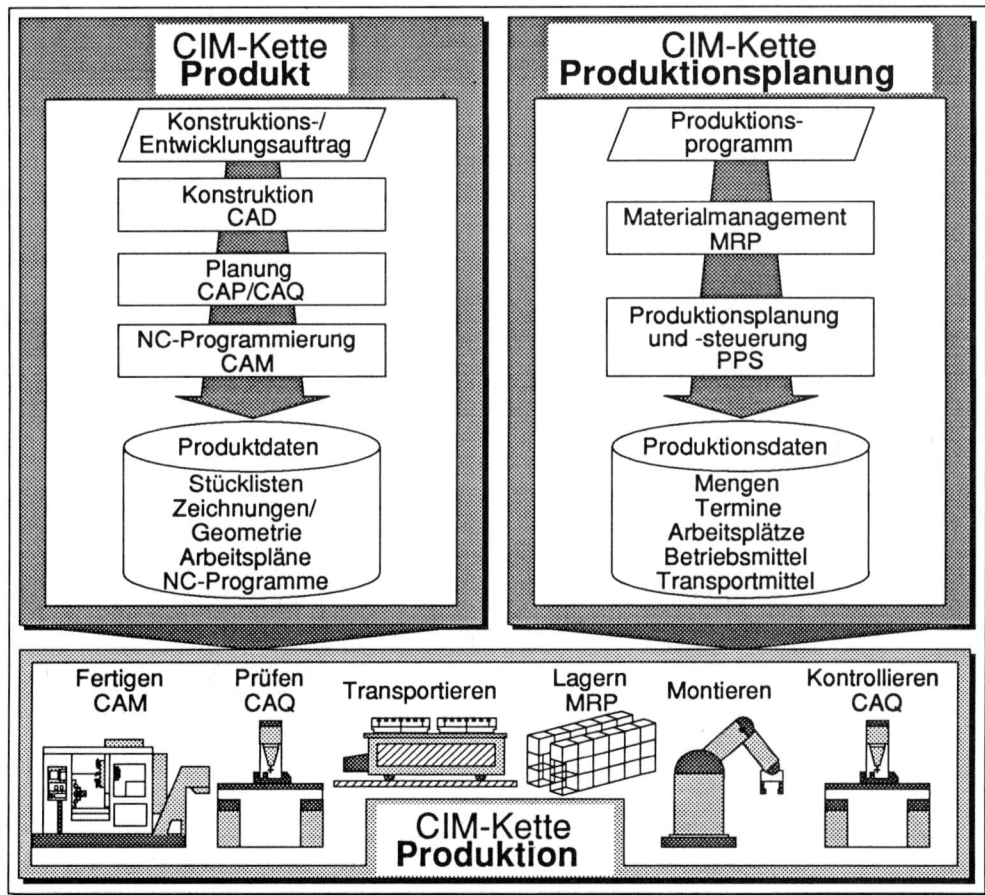

Bild 5.11: Schwerpunkte des rechnerunterstützten Informationsflusses

Ein Schwerpunkt des rechnerunterstützten Informationsflusses liegt dabei zwischen den Abteilungen, die die Produktdaten aufbereiten und für die Produktion zur Verfügung stellen, **Bild 5.11** /AUT,87,1/. In dieser CIM-Kette "Produkt" werden zwischen den CAD-, CAP- und CAM-Systemen vorwiegend Grafikinformationen ausgetauscht. Die

Datenübertragung zwischen den Systemen ist im Vergleich zur Datenverarbeitung nicht zeitkritisch.

Im Gegensatz dazu müssen in den CIM-Ketten "Produktionsplanung" und "Produktion" wegen der Real-Time-Anforderungen des Produktionsprozesses die meist alphanumerischen Daten sehr schnell übertragen und verarbeitet werden. Nur so kann auf Ablaufstörungen unmittelbar reagiert werden. Viele Produktionsplanungs- und -steuerungssysteme stoßen dabei an ihre derzeitigen Grenzen.

Die koordinierte Planung des Unternehmensablaufs erfordert jedoch, daß für alle Unternehmensbereiche eine geeignete Termin- und Kapazitätsplanung durchgeführt wird, also z. B. auch für die Konstruktion, deren Ablauf heute in der Regel nicht geplant wird.

Neben einer bereichsübergreifenden Termin- und Kapazitätsplanung ist eine Verbesserung oder Vereinfachung der einzelnen Planungstätigkeiten möglich durch die Datenübergabe von CAD-Systemen an PPS-Systeme oder an eine gemeinsame Datenhaltung. So lassen sich Vorteile, wie Verringerung des Eingabeaufwandes oder des Speicherbedarfs, erzielen, **Bild 5.12**.

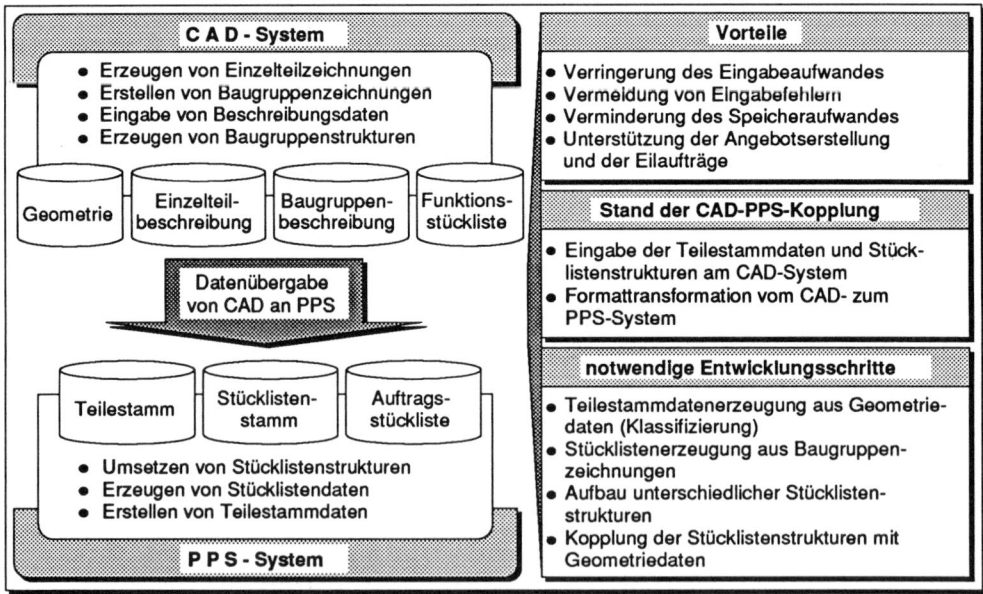

Bild 5.12: Optimierung der betriebswirtschaftlichen Planung durch die Kopplung von CAD - PPS

Die zur Zeit verfügbaren Kopplungen bieten eine Datentransformation aus dem CAD-Datenspeicher in die PPS-Datenbank an. Jedoch müssen die ausgetauschten Daten, wie Stücklisten und Teilestämme, im CAD-System zuvor eingegeben werden. Daher sollten in Zukunft geeignete Programme entwickelt werden, die z. B. die Erzeugung der Teilestammdaten aus der Einzelteilgeometrie ermöglichen.

Bei einer gemeinsamen Datenhaltung sollten die Anforderungen der einzelnen Unternehmensbereiche Berücksichtigung finden. Dabei wird für die Konstruktion eine Stücklistenstruktur nach funktionalen Gesichtspunkten und für die Produktionsplanung und -steuerung eine Struktur nach dispositiven Gesichtspunkten gespeichert. Gemeinsam sind beiden Strukturen die Einzelstammdaten.

Betrachtet man die Fabrik von morgen, so ist die ganzheitliche Koordinierung der betrieblichen EDV-Aktivitäten ein unbedingtes Muß. Die Überwindung eines stark bereichsorientierten Denkens ist notwendig, um die integrierte technische Auftragsabwicklung zu ermöglichen. Hierbei ist insbesondere der Aspekt einer engeren Verzahnung von CAD- und CAP-Funktionalität zu behandeln.

In zukünftigen CAP-Systemen wird der Planungsprozeß mit graphisch-interaktiven Techniken unterstützt werden. Dadurch wird es dem Planer ermöglicht, fertigungstechnisch bedingte Änderungen am Bauteil vorzunehmen, Bearbeitungsbereiche abzugrenzen oder Simulationen durchzuführen. Zielsetzung ist es, dem CAP-System die hierzu notwendigen Funktionen von CAD-Systemen zur Verfügung zu stellen. Dies bedingt zum einen eine rein geometrisch orientierte Werkstückdarstellung, **Bild 5.13**.

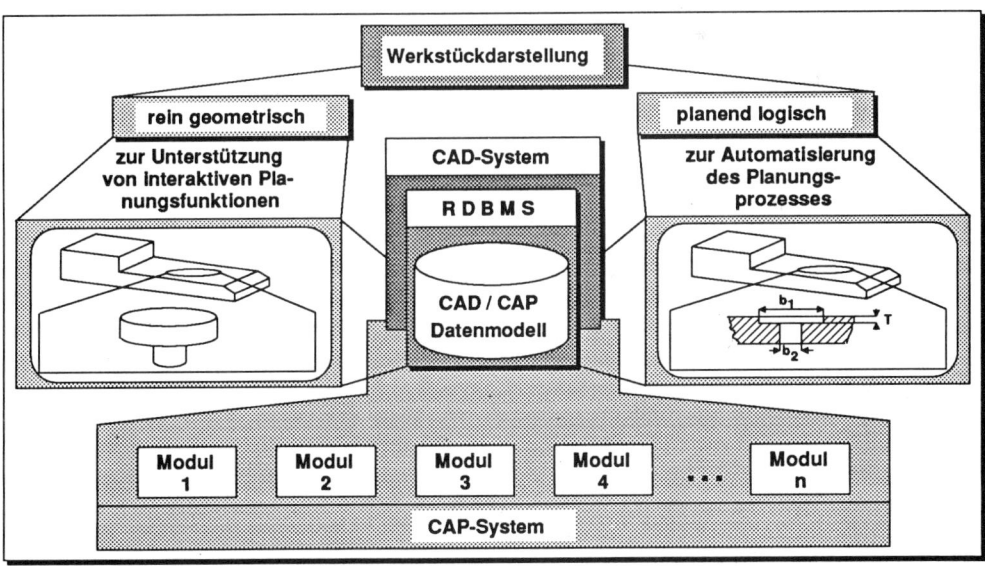

Bild 5.13: Struktur eines zukünftigen CAP-Systems

Auf der anderen Seite muß die Werkstückdarstellung bestimmte Strukturelemente bereitstellen, damit Planungsregeln angekoppelt werden können und eine Automatisierung des Planungsprozesses möglich wird. Diese technologisch orientierten Elemente sind z. B. Bohrungen, Funktionsflächen, die über bestimmte Parameter beschrieben werden. Durch das Vorhandensein dieser Strukturelemente entfällt die aufwendige Interpretation der rein geometrisch vektoriell orientierten Werkstückdarstellung.

Da aber die CAD-Funktionalität integrierter Bestandteil von CAP-Systemen wird, ist es notwendig, die geometrisch orientierte Beschreibung mit der technologischen dauerhaft zu verknüpfen. Bei graphisch-interaktiven Aktionen/Manipulationen ist somit jederzeit die Beziehung zur planerisch logischen Darstellungskomponente ablesbar, damit eine Regelverarbeitung innerhalb der CAP-Funktionen angeschlossen werden kann.

Einen weiteren wichtigen Baustein innerhalb der informationstechnischen Verknüpfungen stellt der CAD/CAM-Bereich dar, d. h. die Rechnerunterstützung von der Konstruktion über die Arbeitsplanung bis zur NC-gesteuerten Fertigung.

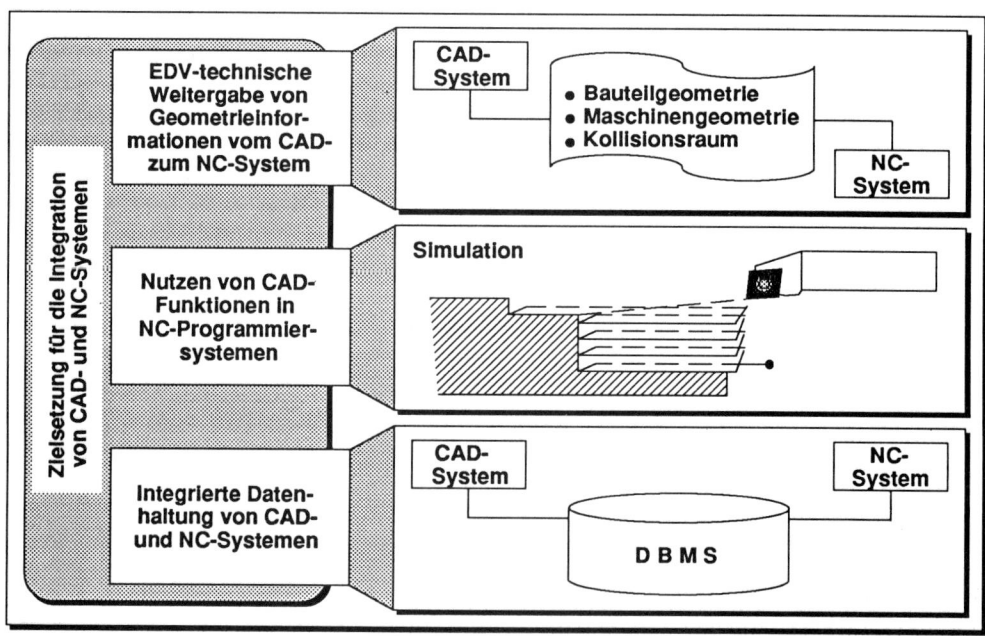

Bild 5.14: Zielsetzungen für die Integration von CAD- und NC-Systemen

Die werkstattnahe NC-Programmierung ist gekennzeichnet durch die Nutzung von Geometriemakros und einer manuellen Eingabe von Technologiedaten, die gegebenenfalls automatisch überprüft werden kann. Hingegen erfolgt bei der maschinellen Programmierung eine automatische Verfahrweggenerierung, basierend auf einer getrennten Roh- und Fertigteilbeschreibung. Dazu kommt - je nach Ausbaustufe - eine mehr oder weniger weitgehende Automatisierung bei der Verarbeitung der Technologiedaten. Die Kopplung mit CAD- und CAM-Systemen führt zu integrierten CAD/CAP/CAM-Lösungen, deren Leistungsgrenze von der Übernahme von Geometriedaten bis zur Weitergabe der Programme unter Kontrolle einer Fertigungssteuerung reichen kann.

Die Verbindung eines CAD-Systems mit der NC-Programmierung kann verschiedene Zielsetzungen und damit eine unterschiedliche Leistungsbreite umfassen, **Bild 5.14**. Eine Lösung ist die Kopplung der beiden Systeme durch eine definierte Schnittstelle, über die bestimmte Daten übertragen werden können. Vorteilhaft ist hierbei, daß in der Regel die beiden Systeme unabhängig voneinander optimal gestaltet werden können. Dem steht gegenüber, daß nur begrenzt Daten übertragen werden können.

Die Integration von CAD- und NC-Funktionalität in einem System zeigt einen anderen Weg auf. Die Nutzung einer gemeinsamen Datenbasis stellt hierbei einen großen Vorteil dar, ebenso die Möglichkeit der vollen CAD-Leistungsbreite für die NC-Programmierung, z. B. zur Durchführung graphischer Simulation.

Bild 5.15 gibt einen Überblick über die Möglichkeiten der Datenübertragung zwischen einem CAD-System und der NC-Programmierung. Am einfachsten ist diese natürlich in einem integrierten System zu lösen, da der Datenaustausch zwischen gleichartig strukturierten Modulen eines Systems erfolgt. Die Übertragung kann auch über eine angepaßte Schnittstelle - die dann systemspezifisch ist - erfolgen. Einen dritten Weg bietet die Nutzung eines universellen Kopplungsmoduls, der die Ankopplung verschiedener CAD-Systeme an ein NC-Programmiersystem ermöglicht.

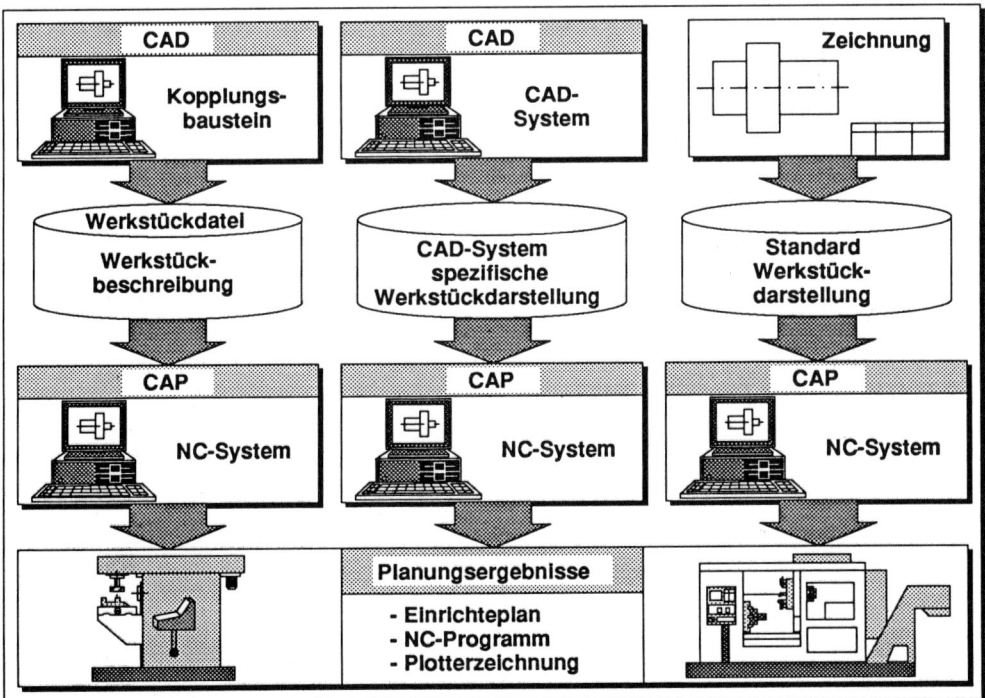

Bild 5.15:   Möglichkeiten der internen Werkstückdatenübernahme

Im Bereich der CAD-CAQ-Kopplung gibt es heute verschiedene Systemlösungen zwischen marktgängigen CAD-Systemen und Meßsystemen. Die integrierte Nutzung einer CAD-Werkstückbeschreibung für die Programmierung von CNC-Mehrkoordinaten-Meßgeräten ist jedoch aufgrund der beim NC-Messen besonders gelagerten Problemstellung, wie z. B. Rückfluß und Auswertung der Daten nach dem Messen, noch problematisch.

Sowohl der Datenaustausch zwischen verschiedenen CAD-Systemen als auch die Bestrebungen der Integration von bislang unabhängig voneinander betriebenen EDV-Systemen für unterschiedliche Aufgabenstellungen setzen geeignete Datenschnittstellen voraus. Hierbei ist zwischen spezifischen Lösungen, die auf die Kopplung bestimmter Systeme zugeschnitten sind, und Schnittstellen auf der Basis von Normen und Industriestandards zu unterscheiden. Automobilunternehmen und große Automobilzulieferfirmen, die bezüglich des EDV-Einsatzes im technischen Bereich eindeutig eine Vorreiterrolle übernommen haben, konnten entsprechende Datenschnittstellen durch vorwiegend spezifische Lösungen in den Bereichen der Karosserieentwicklung und -verarbeitung, der mechanischen Konstruktion und der Autoelektrik realisieren.

6 Rechnereinsatz in der Arbeitsplanung

Unter **CAP** (**C**omputer **A**ided **P**lanning) werden im allgemeinen Aufgaben und Tätigkeiten der Arbeitsplanung subsummiert, die rechnerunterstützt ausgeführt werden. Die Arbeitsplanung umfaßt alle einmalig auftretenden Planungsmaßnahmen, die dem Zusammenwirken von Mensch und Betriebsmittel zur Erfüllung einer Produktionsaufgabe nach wirtschaftlichen Kriterien dienen. Die Arbeitsplanung ist eines der Subsysteme der Arbeits- oder Fertigungsvorbereitung /HAN,69,1/.

Der steigende Konkurrenzdruck zwischen den Produktionsunternehmen setzt für kurzfristige Marktreaktionen eine hohe Planungsflexibilität voraus.

Ziel der Arbeitsplanung ist es, bei der Fertigung von Erzeugnissen ein Optimum aus Aufwand und Arbeitsergebnis zu erreichen. Insbesondere der zunehmende Anteil der Kleinserienfertigung macht eine Rechnerunterstützung der Arbeitsplanung erforderlich, um auch hier die Vorteile einer detaillierten Planungsdurchführung auszuschöpfen, denn der hohe Kapitaleinsatz bei automatischen Fertigungseinreichtungen erfordert eine hohe Planungsqualität und die rechtzeitige, vollständige und genaue Bereitstellung von Unterlagen und Informationen /EVE,80,1; SPU,84,1/.

Kennzeichen der rechnerunterstützten Arbeitsplanung ist die Ausführung von Routinetätigkeiten und Bereitstellung von Informationen durch die Datenverarbeitungsanlage. Dem Arbeitsplaner wird dadurch eine Möglichkeit geboten, seine kreativen und schöpferischen Fähigkeiten verstärkt zu nutzen. Ebenso können durch die große Verarbeitungsgeschwindigkeit von Datenverarbeitungsanlagen verschiedene Lösungsalternativen untersucht und Optimierungsvorgänge durchgeführt werden.

Grundlage für den Arbeitsplanungsvorgang ist ein in der Konstruktion definiertes technisches Objekt, für das unter Berücksichtigung der zur Verfügung stehenden Betriebsmittel die für die Fertigung benötigten Fertigungsunterlagen hergestellt werden. Der Arbeitsplanungsprozeß setzt sich aus heuristischen und algorithmierbaren Teilvorgängen zusammen /SPU,73,1/.

Die Entwicklung auf dem Gebiet der rechnerunterstützten Arbeitsplanung bietet inzwischen ein weitgefächertes Spektrum an Systemen für die rechnerunterstützte Arbeitsplanerstellung und die rechnerunterstützte NC-Programmierung. Auch Systeme zur Erstellung von Montage- und Prüfarbeitsplänen existieren bereits. Neben der Einführung von werkzeugmaschinenintegrierten Programmiersystemen werden verstärkt die Aufgaben bei der Programmierung numerisch gesteuerter Meßmaschinen und freiprogrammierbarer Handhabungsgeräte (Industrieroboter) berücksichtigt.

Durch die rasche Entwicklung auf dem Hardware-Sektor werden immer weitere Gebiete für den Einsatz der Datenverarbeitung erschlossen. Daraus resultieren verstärkte Anforderungen an einen integrierten betrieblichen Informationsfluß, um die Vorteile und

Möglichkeiten der Datenverarbeitung, vor allem durch Mehrfachverwendung von ein-gegebenen Informationen, voll zu nutzen. Weitere Entwicklungen auf dem Gebiet der rechnerunterstützten Arbeitsplanung befassen sich verstärkt mit der Kopplung und Integration von Systemen innerhalb der Arbeitsplanung sowie von Arbeitsplanungssy-stemen mit der rechnerunterstützten Aufgabenbearbeitung vor- und nachgeschalteter Betriebsbereiche. Im Vordergrund der weiterführenden Arbeiten an Arbeitsplanungssy-stemen steht die Erweiterung des Einsatzbereiches sowie die Erhöhung der Anwen-derakzeptanz und Vereinfachung der Systembedienung.

6.1 Die Arbeitsplanung

Die Tätigkeiten der Arbeitsplanung sind in kurzfristige und langfristige Aufgaben geglie-dert /EHR,85,1; EVE,80,1/. Während innerhalb der kurzfristigen Tätigkeiten die wirt-schaftliche Auftragsabwicklung in den Bereichen Fertigung und Montage geplant und festgelegt wird, ist das Ziel der langfristigen Planungsaufgaben, geeignete Maßnahmen für eine wirtschaftliche Gestaltung und Auslegung dieser Bereiche zu entwickeln, **Bild 6.1** /EVE,80,1/.

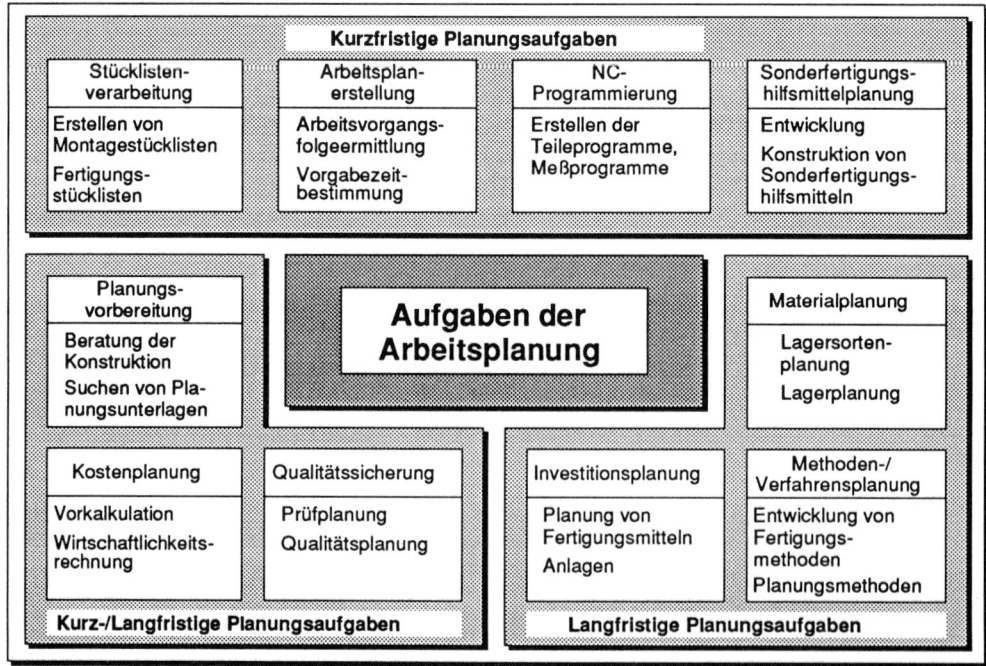

Bild 6.1: Aufgaben der Arbeitsplanung

Im Rahmen der Arbeitsplanung werden die in der Konstruktion erstellten Zeichnungen und Stücklisten hinsichtlich einer fertigungs- und montagegerechten Ausführung überprüft und geändert. Zusätzlich lassen sich mit Hilfe einer Grobplanung z. B. die für eine Arbeitsplanerstellung erforderlichen Planungsunterlagen zusammenstellen sowie die Wiederverwendung vorhandener Arbeitspläne überprüfen.

Durch die frühzeitige Beurteilung der Fertigungsaufgabe erkennt man die Notwendigkeit des Einsatzes von Sonderfertigungsmitteln, so daß diese u. a. rechtzeitig in Auftrag gegeben werden können. Da die Entwicklung, die Konstruktion und die Herstellung von Sonderfertigungshilfsmitteln vielfach für den Fertigungsbeginn terminbestimmend sind, kommt diesen Aufgaben eine große Bedeutung zu.

		Planungsunterlagen zur Arbeitsplanerstellung		
Funktionen der Arbeitsplanerstellung	Ausgangs-teil-bestimmung	Materialkatalog	Berechnungshilfen z.B. Aufmaßermittlung beim Schleifen: $d_{roh} = d + 0.5$ mm	
	Arbeitsvorgangs-folge-ermittlung	ähnliche Werkstücke ⟺	vergleichbare Arbeitsvorgangs-folge auf ähnlichem Arbeitsplan	Standardarbeitsplan
	Maschinen-auswahl	Verzeichnis der Maschinen - Nr. / Ausweichmaschine / Kostenstelle / Art der Entlohnung / Lohngruppe - Arbeitsraumabmessungen / Drehzahlen / Vorschübe / Genauigkeit / Einsatzschwerpunkte		
	Fertigungs-hilfsmittel-zuordnung	Kataloge mit Angaben von Art und Kenndaten für - Werkzeuge - Vorrichtungen - Meßmittel		
	Vorgabezeit-bestimmung	Nomogramm Zeitrichtwerttabelle Diagramm		

Bild 6.2: Planungsunterlagen zur Arbeitsplanerstellung

Ein Schwerpunkt der Planungsaufgaben ist die Erstellung der Arbeitspläne für die Bereiche Fertigung und Montage, die auftragsbezogen oder auftragsneutral sein können. Zur Unterscheidung werden die auftragsneutralen Arbeitspläne häufig als Basis-arbeitspläne bezeichnet. Kennzeichen für den auftragsbezogenen Arbeitsplan sind die vorhandenen Daten über Termin, Stückzahl und Auftragsnummer. Der Arbeitsplan enthält die logische und wirtschaftliche Reihenfolge und Beschreibung der Bearbei-tungsschritte, um ein Werkstück oder eine Baugruppe von einem Ausgangszustand in einen vorgesehenen Endzustand zu überführen, **Bild 6.2** /WIE,76,1/.

Entsprechend sind zum Erstellen eines Arbeitsplans die folgenden Schritte erforderlich:

- Bestimmung der kostenoptimalen Form und Abmessung für das Ausgangsteil,
- Festlegung der wirtschaftlichen Arbeitsvorgangsfolge,
- Zuordnung der notwendigen Fertigungshilfsmittel und
- Bestimmung der Ausführungszeiten je Arbeitsvorgang.

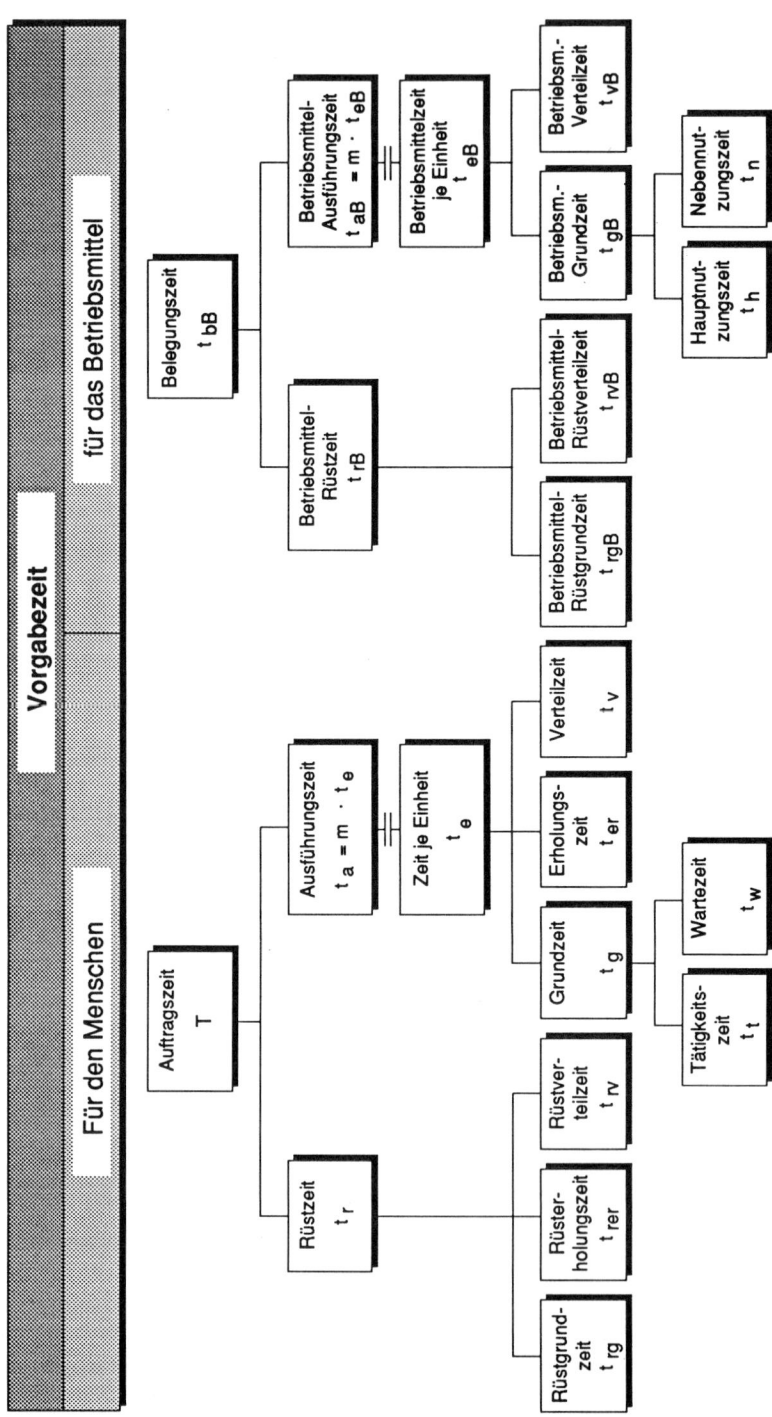

Bild 6.3: Gliederung der Vorgabezeit (nach REFA)

Zu den wesentlichen Aufgaben der Arbeitsplanerzeugung gehört auch die Zeitermittlung für die im Arbeitsplan festgehaltenen Arbeitsvorgänge. Sie dient der Kostenrechnung, Entlohnung und Kapazitätsterminierung. Die detaillierte Ermittlung der Vorgabezeiten ist aufwendig und zeitraubend und wird von subjektiven Einflüssen bezüglich Genauigkeit, Zuverlässigkeit und Wiederholbarkeit beeinträchtigt. In der Einzel- und Kleinserienfertigung ist ein hoher Genauigkeitsgrad der Vorgabezeiten aus Kapazitäts- und Wirtschaftlichkeitsgründen meist nicht möglich. Von besonderer Bedeutung ist sie bei der Serien- und Massenfertigung, da die Bestimmung der Taktzeit und die damit verbundene Investitionsplanung davon abhängt. Die Vorgabezeit setzt sich aus mehreren Zeiten zusammen wie Rüst-, Haupt-, Neben-, Grund- und Verteilzeit, **Bild 6.3** /REF,71,1/.

Der einzige mit mathematischen Gesetzmäßigkeiten errechenbare Zeitanteil ist die Hauptzeit t_h. Die anderen Zeiten werden durch empirische Formeln, Messungen oder Erfahrungen ermittelt.

Die Kostenplanung und Qualitätssicherung sind ebenfalls eng mit der Arbeitsplanerstellung verknüpft. Dabei werden die bei der Herstellung erforderlichen Vorrichtungen, Werkzeuge und Meßmittel geplant und konstruiert.

Ergänzend zu den Arbeitsplänen für die Fertigung werden immer häufiger Arbeitspläne auch für den Bereich der Instandhaltung erzeugt.

Kommt für die Herstellung eines Werkstücks eine numerisch gesteuerte Werkzeugmaschine zum Einsatz, wird im Rahmen der NC-Programmierung die erforderliche Steuerinformation für die Maschine erstellt. Diese liegen dann in einer steuerungs- und maschinenspezifischen Codierung vor.

Gegenüber den zuvor betrachteten Aufgabenbereichen beinhalten die Investitions-, Methoden- und Materialplanung sowie Teilbereiche der Kostenplanung, Planungsvorbereitung und Qualitätssicherung eine mittel- bis langfristige Zielsetzung.

6.2   Rechnerunterstützte Arbeitsplanerstellung

Im kaufmännischen Bereich eines Unternehmens wird mit Hilfe der elektronischen Datenverarbeitung im großem Umfang Listenverarbeitung durchgeführt. Durch Übertragung dieser dort schon sehr früh eingesetzten Methoden wurden zunächst rechnerunterstützte Arbeitsplanverwaltungssysteme realisiert.

Kennzeichnend für Arbeitsplanverwaltungssysteme ist das Speichern von Daten unter Verwendung von Kodier- und Klassifizierungsvorschriften und deren Ausgabe in gewünschter Form. Voraussetzung dafür ist, daß für das zu fertigende Werkstück bereits ein auftragsneutraler Arbeitsplan vorliegt und eine entsprechende Auftragssituation, die durch die Losgröße gekennzeichnet ist. Eine Generierung von Planungsdaten findet bei der Arbeitsplanverwaltung nicht statt /SPU,84,1/. Den Ablauf der rechnerunterstützten Arbeitsplanverwaltung zeigt **Bild 6.4 a)** /ARN,80,1/.

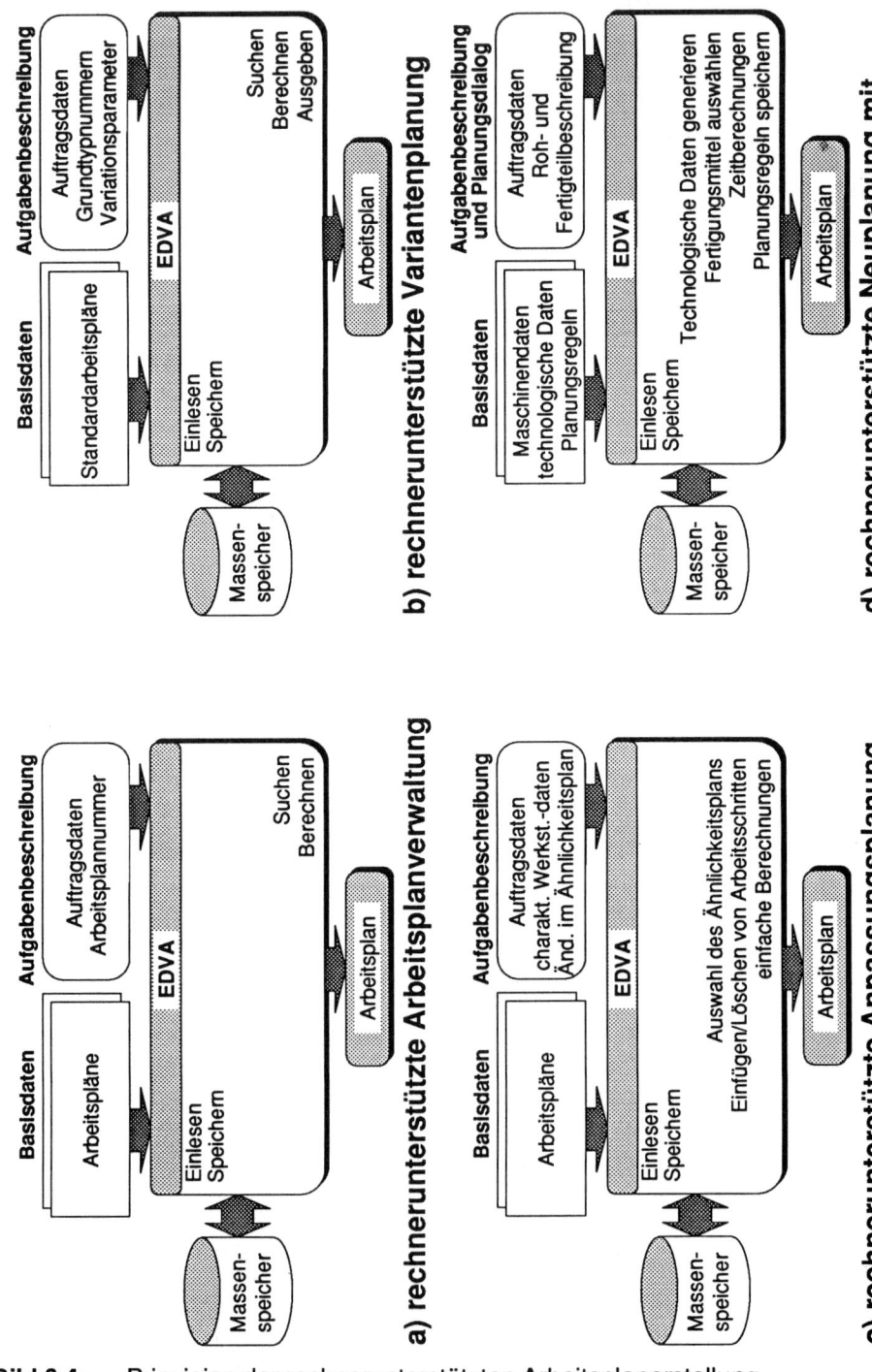

Bild 6.4: Prinzipien der rechnerunterstützten Arbeitsplanerstellung

Die rechnerunterstützte Arbeitsplanung kann in drei verschiedene Prinzipien unterteilt werden, **Bild 6.4 b-d)**.

Die Grenze der Arbeitsplanverwaltung ist durch die Wiederholhäufigkeit der zu fertigenden Werkstücke bestimmt. Bei dem Variantenplanungsprinzip wird für ein Werkstück, das keine vollständigen und wiederverwendbaren Planungsunterlagen besitzt, zunächst ein auftragsneutraler Arbeitsplan, auch Standardarbeitsplan genannt, erstellt. Diese Pläne stellen vollständige Arbeitspläne für alle Varianten jeweils einer Teilefamilie dar. Die Funktionsbereiche der Variantenplanung, die rechnerunterstützt ausgeführt werden, sind in **Bild 6.4 b)** dargestellt.

Eine wesentlich größere Flexibilität als die zuvor beschriebenen Systeme weisen Anpassungsplanungssysteme auf. Ihre Funktionsbereiche sind, wie in **Bild 6.4 c)** dargestellt ist, das Einlesen und Speichern von Arbeitsplänen sowie das Auswählen des Ähnlichkeitsplans, Einfügen bzw. Löschen von Arbeitsschritten und das Durchführen einfacher Berechnungen.

Voraussetzung für den Einsatz derartiger Systeme ist ebenfalls das Vorliegen bereits erstellter Arbeitspläne. Diese werden durch Ändern einzelner Arbeitsschritte der Planungsaufgabe angepaßt. Für eine optimale Anwendung dieses Planungsprinzips ist es zweckmäßig, die Suche von ähnlichen Plänen durch ein Arbeitsplanverwaltungs- und Klassifizierungssystem zu unterstützen. Anpassungsysteme bieten im Gegensatz zu den vorher genannten Planungssystemen die Möglichkeit, mit Rechnerhilfe neue Planungsdaten zu erzeugen. Das kann durch die Anwendung eines Planungsalgorithmus oder durch Dialogeingabe des Bearbeiters erfolgen.

Den größten Automatisierungsumfang bei der rechnerunterstützten Arbeitsplanerstellung weisen Neuplanungssysteme auf. Sie basieren auf dem Generierungsprinzip, das bedeutet, daß aus den jeweils direkt eingegebenen Daten ein vollständiger Arbeitsplan erzeugt wird. Der allgemeine Planungsablauf einer rechnerunterstützten Neuplanung ist in **Bild 6.4 d)** wiedergegeben.

Demzufolge erfordern Systeme zur Neuplanung mit vollständiger Roh- und Fertigteilbeschreibung Algorithmen zur automatisierten Zuordnung von Arbeitsoperationen zu Elementen der Werkstückgeometrie. Arbeitsplansysteme, die von einer vollständigen Werkstückbeschreibung ausgehen, sind für die Einbeziehung in CAD-Systeme zur integrierten Informationsverarbeitung gut geeignet, da sie eine Übernahme von Werkstückgeometriedaten aus dem Konstruktionsbereich ohne umfangreiche Datenanpassung und Datenergänzung erlauben.

Neben den Bestrebungen, die Arbeitsplanerstellung für die Teilefertigung durch den Einsatz rechnerunterstützter Arbeitsplanungssysteme zu rationalisieren, sind entsprechende Bestrebungen auch auf dem Gebiet der rechnerunterstützten Montageplanerstellung bekannt. In der Teilefertigung wird ein Werkstück mit Hilfe geeigneter Bearbeitungsverfahren durch schrittweise Veränderung der Form vom Rohzustand in den fertigen Zustand überführt. Die Montage läßt sich dagegen als ein Prozeß kennzeichnen, in dem Einzelteile und Baugruppen mit Hilfe von Montagefunktionen und Montagehilfsmitteln zum fertigen Produkt zusammengefügt werden. Die wesentlichen zur

Montageplanerstellung verwendeten charakteristischen auftragsneutralen Planungsunterlagen sind in **Bild 6.5** /EVE,78,1/ den Teilfunktionen der Montagearbeitsplanerstellung zugeordnet.

		Planungsunterlagen zur Montageplanerstellung		
Teilfunktionen der Montagearbeitsplanerstellung	Montagearbeits-vorgangsfolge-ermittlung	Montage-ablaufpläne	Standardisierte Arbeitsvorgangsfolgen	Standard-Montagearbeitsplan
	Montageplatz-zuordnung	Verzeichnis der Montageplätze - Nr. / Ausweichplatz / Kostenstelle / Art der Entlohnung / Lohngruppe - Beschreibung der möglichen, auszuführenden Montagetätigkeiten		
	Montage-hilfsmittel-zuordnung	Verzeichnis Montagehilfsmittel	Montagevorschriften	Kraglageplan und technische Daten der Hebezeuge
	Vorgabezeit-berechnung	Nomogramme Tabellen Diagramm (t_r = f (Gewicht))		
	Ermittlung der Arbeits-anweisung	Textdatei Text = f (Montagearbeitsvorgangsnummer)		Standardtext und variable Angaben

Bild 6.5:   Planungsunterlagen zur Erstellung von Montagearbeitsplänen

In Analogie zur Arbeitsplanerstellung lassen sich auch bei der Montageplanung die

- Wiederholplanung,
- Variantenplanung,
- Anpaßplanung und
- Neuplanung

unterscheiden.

Zur Rationalisierung der Montagearbeitsplanerstellung wurden Systeme entwickelt, mit
denen die Montageabläufe sowohl in der Einzel-, Kleinserien- und Massenfertigung
rechnerunterstützt erstellt werden können, **Bild 6.6** /HIR,78,1/.

Umfang und Detaillierungsgrad der Montageplanung variieren in Abhängigkeit vom
Fertigungstyp. In der Einzelfertigung erfolgt die Montage derzeit noch weitgehend
manuell, während in der Massenfertigung in großem Umfang Montagehilfsmittel eingesetzt und Montageoperationen automatisiert werden /HEL,87,1/. Mit dem Einsatz von
Industrierobotern wird die Umstellung auf ein neues Produkt möglich, ohne daß die
gesamte Montage umgestellt werden muß. In Zukunft erscheint es deshalb möglich,
daß zur Produktumstellung lediglich Programmierarbeiten durchzuführen sind
/HAR,85,1/.

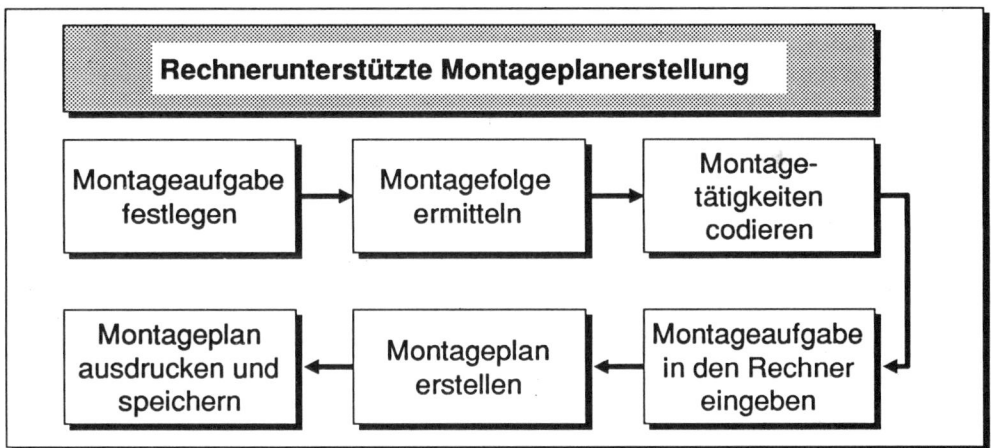

Bild 6.6:   Rechnerunterstützte Montageplanerstellung

6.3 Verfahren zur Programmierung numerisch gesteuerter Maschinen

Der wirtschaftliche Einsatz von NC-Werkzeugmaschinen wird bei der Erfüllung aller technischen und organisatorischen Voraussetzungen im wesentlichen durch ihre Programmierung bestimmt. Das Fertigungssystem kann somit in enger Verbindung mit der Informationserstellung betrachtet werden. Die Informationserstellung umfaßt alle Arbeitsoperationen einer Werkzeugmaschine, die zu einem unmittelbaren oder mittelbaren Arbeitsfortschritt bei der Umwandlung eines Werkstückes vom Rohzustand in den Fertigzustand beiträgt. Die rechnerunterstützte Ermittlung des Arbeitsablaufes beinhaltet die Bestimmung von Art und Reihenfolge dieser Operationen. Darin sind die Ermittlung der optimalen Zuordnung der Werkzeugmaschine, Werkzeuge und Spannmittel zur Fertigungsaufgabe eingeschlossen /SPU,84,1/.

Die Verfahren der rechnerunterstützten NC-Programmierung, die einen Teilbereich der Arbeitsplanung auf EDV-Anlagen (CAP) darstellen, sind in **Bild 6.7** /KIE,90,1/ nach unterschiedlichen Gliederungsaspekten aufgelistet.

Mit dem Einsatz von Datenverarbeitungsanlagen lassen sich Routinearbeiten rechnerunterstützt durchführen, so daß der Programmierer dadurch stark entlastet wird.

Die Leistungsfähigkeit moderner CNC-Systeme erlaubt es benutzerfreundliche Programmierhilfen zu integrieren. Sie verfügen heute über Dialogbetrieb, komfortable Benutzeroberflächen, eine Überwachung auf Eingabefehler, Parallelprogrammierung sowie die grafische Simulationsmöglichkeit des Fertigungsprozesses. Dies führte in den letzten Jahren zur werkstattorientierten Programmierung (WOP), bei der der Maschinenbediener die beschriebenen Hilfsmittel und sein Fachwissen zur kompletten NC-Programmerstellung nutzt. Gleichzeitig erfolgte damit auch eine stärkere organisatorische Ausrichtung auf den Fertigungsbereich /KIE,90,1; KRA,89,1/.

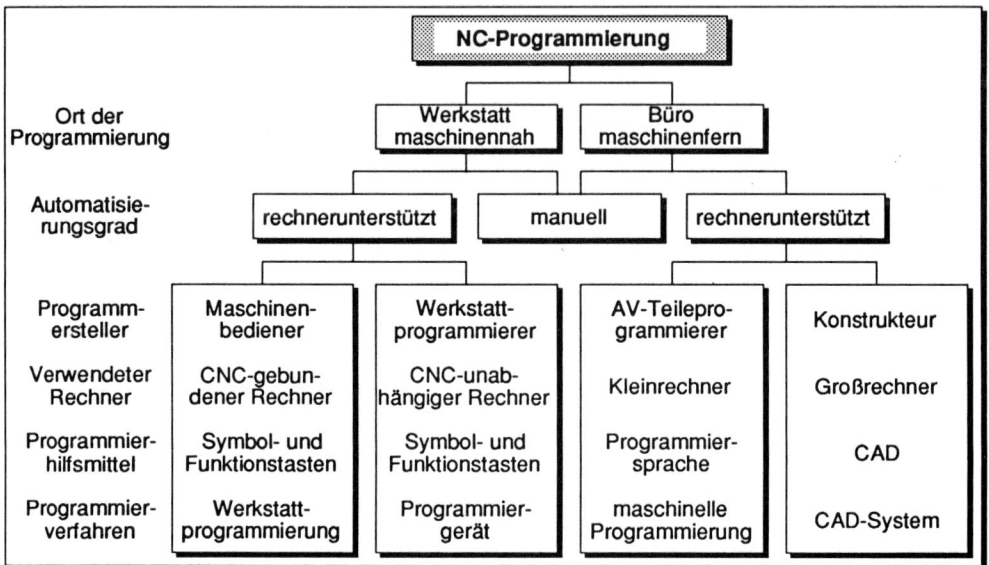

Bild 6.7: Gliederungsaspekte der NC-Programmierverfahren

Programmiergeräte sind rechnerunterstützte Einrichtungen, die aufgrund ihrer geringen Abmessungen und ihrer eigenständigen Funktionsfähigkeit entweder der CNC-Steuerung vorgeschaltet oder separat genutzt werden können. Sie ermöglichen eine maschinenunabhängige Programmierung während der Bearbeitungszeit sowie die Verwendung der erzeugten NC-Programme auf mehreren NC-Maschinen. Die Übertragung der Programme erfolgt entweder per Datenträger oder direkt per Datenleitung. Der Programmierkomfort und die visuelle Kontrolle der erzeugten Daten über grafisch-dynamische Bildschirmdarstellungen ermöglichen einen hohen Grad an Zuverlässigkeit und Sicherheit für den Programmierer.

Die zuvor genannten Verfahren dienen überwiegend der Optimierung und der Modifizierung der NC-Programme im werkstattnahen Bereich.

Die maschinelle Programmierung mit einem NC-Programmiersystem ist das Programmierverfahren, das in CIM-Systemen zur Erstellung von NC-Programmen mit CAD-Systemen gekoppelt wird. Innerhalb des Programmiersystems wird entsprechend dem Ergebnis der Arbeitsablaufermittlung ein auf das Fertigungssystem bezogenes Fertigungsprogramm erstellt. Es umfaßt alle Schalt-, Weg- und Hilfsfunktionen, die zur Steuerung des Fertigungssystems Werkzeugmaschine erforderlich sind. Der Ablauf der maschinellen Programmierung ist in **Bild 6.8** /EIG,85,1/ zu sehen.

Die Eingabedaten für ein NC-Programmiersystem werden als Teileprogramm bezeichnet. Es beschreibt den Fertigungsprozeß vom Roh- zum Fertigteil, der in einzelne Schritte gegliedert ist. In einem Programmiersystem erfolgt die Beschreibung der Bearbeitungsaufgabe mittels einer entsprechenden Programmiersprache wie z. B. APT

(DIN 66246), EXAPT und COMPACT2. Die Generierung der NC-Steuerdaten, die in DIN 66025 genormt sind, erfolgt üblicherweise in **zwei** getrennten Rechnerläufen.

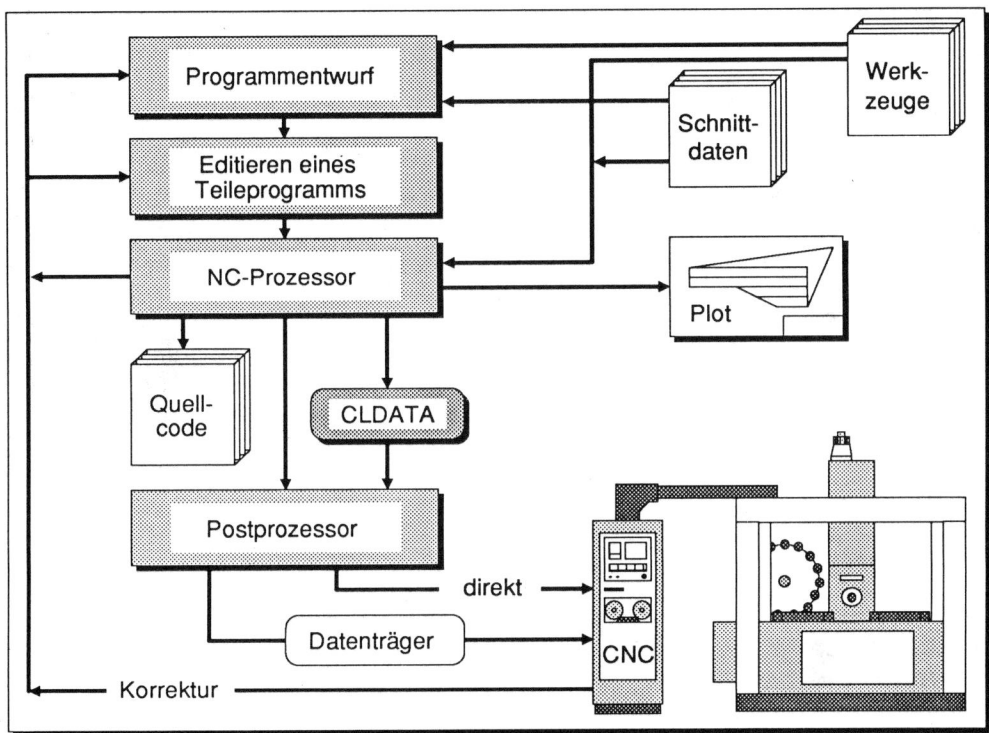

Bild 6.8: Prinzipien der maschinellen Programmierung

Im ersten Durchlauf entsteht durch den NC-Prozessor ein standardisiertes, nach DIN 66215 genormtes Zwischenergebnis, auch als **CLDATA** (Cutter Location **Data**, deutsch: Schnittverlaufsdaten) bezeichnet. Im zweiten Rechnerlauf wird dieses Zwischenergebnis mit Hilfe des Postprozessors in ein NC-Programm für die ausgewählte NC-Werkzeugmaschine umgesetzt. Da die Bearbeitungsaufgaben nicht maschinengebunden, sondern problemorientiert programmiert werden, wird angestrebt, das gleiche Teileprogramm zur Generierung von NC-Steuerdaten für unterschiedliche NC-Maschinen heranzuziehen. Es können dann bei Ersatz einer NC-Maschine durch eine andere mit einer unterschiedlichen Steuerung erhebliche Umstellungskosten der vorhandenen NC-Programme vermieden werden, wenn die NC-Steuerdaten in CLDATA-Programmen abgespeichert sind. Maschinelle NC-Programmiersysteme weisen heute in der Regel Benutzeroberflächen auf, bei denen die Eingabe der Geometrie grafisch-interaktiv erfolgt und die erzeugten Werkzeugwege grafisch angezeigt werden. Es entfällt die textuelle Programmierung der Werkzeugwege in einer der zuvor genannten Programmiersprachen, denn der Quelltext wird dabei parallel generiert /EIG,85,1; HIL,83,1; HUG,83,1; KRA,89,1; SAU,85,1; SPU,84,1/.

Der Programmierung von Industrierobotern stehen vergleichbare Verfahren wie der Programmierung von NC-Maschinen zur Verfügung, **Bild 6.9** /PRA,83,1/.

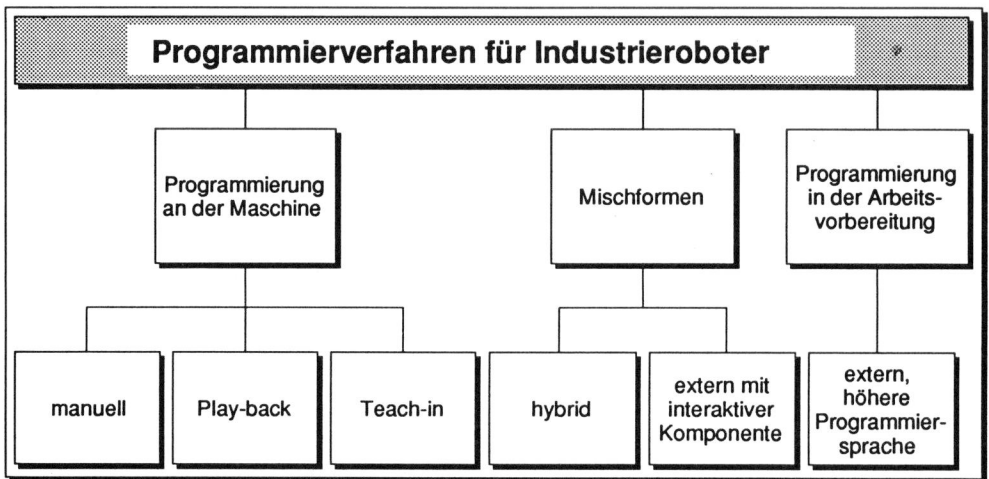

Bild 6.9:   Gliederung der Programmierverfahren für Industrieroboter

Verbreitet ist derzeit noch das Teach-in-Verfahren. Der Roboter wird hier mit Hilfe eines Handbediengerätes vom Bediener on-line in den jeweiligen Arbeitspunkt verfahren. Dieser Punkt wird dann in der Steuerung abgespeichert. Neben den geometrischen Informationen muß der Bediener noch Verfahrgeschwindigkeiten, Beschleunigungen und auch beispielsweise Greiffunktionen über Tasten am Handbediengerät einprogrammieren.

Andere Programmierverfahren, bei denen der IR während der Programmierung weiterhin für den Produktionsprozeß eingesetzt werden kann, werden als Off-line-Programmiersysteme bezeichnet. Diese Programmierart wird in steigendem Maße eingesetzt. Bei der Off-line-Programmierung werden die Bewegungen des Industrieroboters textuell erstellt oder mit Hilfe von Simulationsprogrammen auf grafischer Basis ermittelt und später auf die IR-Steuerung übertragen /BAS,90,1; HAR,88,1; ZÜH,83,1/. Die Schwierigkeiten bei der Roboterprogrammierung liegen darin begründet, daß die Bewegung des Roboters im Raum definiert werden muß, wobei nicht nur Kollisionsbetrachtungen durchzuführen, sondern auch zulässige Geschwindigkeiten und Beschleunigungen zu beachten sind. Für entsprechende Kinematikstudien können 3D-CAD-Systeme eingesetzt werden, mit deren Hilfe die Bewegungen simuliert werden können /SPU,85,1/. Der zunehmende Einsatz von Robotern führt zu einer Erweiterung der Greifer- und Sensorperipherie, die ebenfalls in ihrem logischen und zeitlichen Zusammmenwirken programmiert werden muß.

Neben On-line- und Off-line-Programmierung sind noch kombinierte Verfahren bekannt. Hier erstellt der Programmierer weite Teile des Programms Off-line und speichert die vom Roboter anzufahrenden Punkte in Parameterform ab. In der folgenden On-line-

Programmierphase werden die Punkte mit dem Roboter angefahren und die Koordinaten in das Programm übernommen. Diese Verfahren werden auch als hybride Programmierung bezeichnet. Beispiele für den Einsatz unterschiedlicher Programmierverfahren für Industrieroboter zeigt **Bild 6.10.**

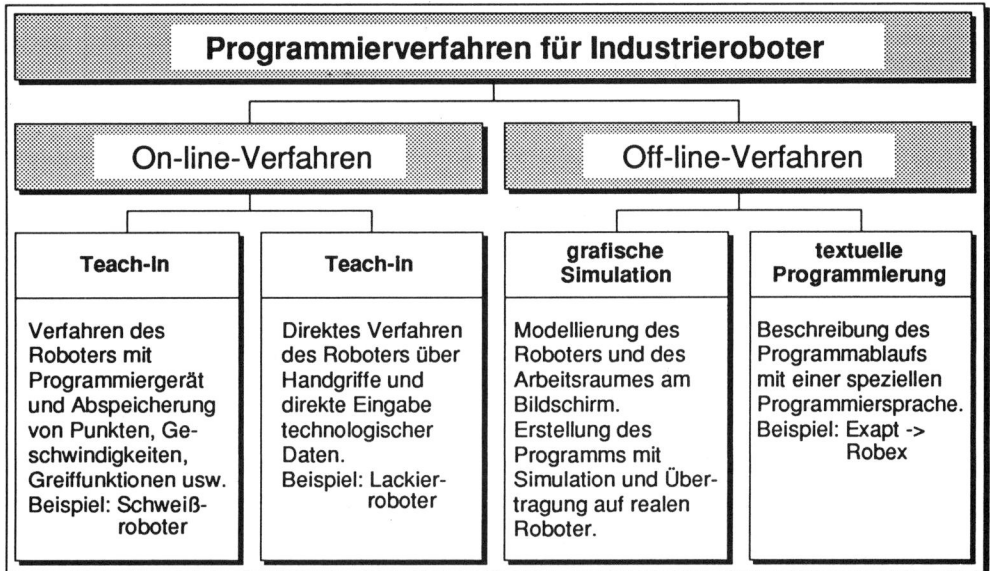

Bild 6.10: Beispiele für die Programmierung von Industrierobotern

Die Off-line-Programmierung von Industrierobotern ist, wie die NC-Programmierung von Werkzeugmaschinen Aufgabe der rechnerunterstützten Planung /SCH,90,1/. Die On-line-Programmierung von Industrierobotern ist mit der Werkstattprogrammierung von NC-Maschinen vergleichbar und gehört somit zum Bereich der rechnerunterstützten Fertigung.

Eine spezielle Form der NC-Maschinen stellen Koodinatenmeßmaschinen dar, auf denen Längenmessungen durchgeführt werden können. Für diese Maschinen werden ebenfalls abgestimmte Programmiersysteme entwickelt, die die Beschreibung der Teilegeometrie, die Festlegung von Meßpunkten, die Optimierung von Meßreihenfolgen, die Ermittlung der Taster-Verfahrwege und die Auswertung der gewonnenen Meßdaten ermöglichen /PFE,79,1/.

6.4 Kopplung zu weiteren CIM-Komponenten

Eine Integration der verschiedenen CAx-Komponenten liegt jeder CIM-Struktur zugrunde. Dabei ist das wichtigste Kennzeichen der durchgängige Informationsfluß zwischen den an der Produktion beteiligten Bereichen.

Im Bereich der Arbeitsplanung existieren Kopplungen zur Konstruktion mit CAD-Systemen, die den Austausch von Geometriedaten zur Unterstützung der Planungsprozesse der Vorrichtungs- und Sonderwerkzeugkonstruktion und der Generierung von NC-Programmen in CAP-Systemen dienen, **Bild 6.11** /NED,85,1/.

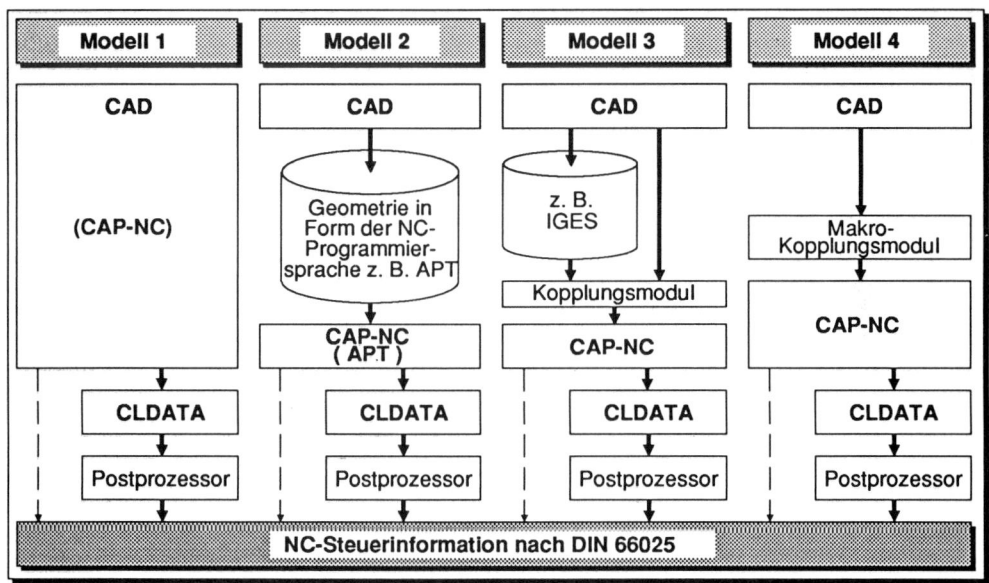

Bild 6.11: Möglichkeiten der Integration bzw. Kopplung von CAD- und NC-Programmiersystemen

Bei einer Änderung einer Bauteilgeometrie kann dann durch die Kopplung von CAD und CAP über Schnittstellen wie IGES, VDAFS oder Kopplungsmodule eine entsprechende Korrektur der NC-Programme in dem NC-Programmiersystem vorgenommen werden.

Die Kopplung zwischen CAP- und PPS-Systemen bewirkt eine Übergabe von Daten, die im PPS-System mit den Auftragsdaten verbunden werden. Dazu zählen z. B. die Arbeits- und Montageplandaten sowie die entsprechenden Steuerdaten der NC-Werkzeugmaschinen und der Industrieroboter.

Ein Datenaustausch der rechnerunterstützten Arbeitsplanung mit der Fertigung (CAM) findet über den Bereich der Produktionsplanung und -steuerung (PPS) statt, die die Aufträge mit den relevanten Daten und Programmen aus dem CAP-Bereich an die Fertigung überträgt, so daß diese dort ausgeführt werden können.

Die Kopplung von CAP und CAQ sieht einen Austausch von Daten zur Qualitätssicherung vor. Dazu zählen Daten für die Prüfplanung, die die Aufgabe hat, aus den in der Qualitätsplanung festgelegten Qualitätsmerkmalen einen Prüfplan abzuleiten.

7 Rechnereinsatz in der Fertigung

7.1 Rechnerunterstützte Fertigung

Der Begriff **CAM** (**C**omputer **A**ided **M**anufacturing, deutsch: rechnerunterstützte Fertigung) bezeichnet die Steuerung bzw. Koordination von rechnerunterstützten Produktionsmaschinen, Transport- und Lagereinrichtungen im Fertigungsbereich. CAM umfaßt somit die Bereiche NC-Technik und die Rechnerunterstützung bzw. die Rechnersteuerung von Transport-, Lager- und Montagesystemen /SCH,90,1/.

In flexibel automatisierten Fertigungseinrichtungen sind Informations- und Materialfluß miteinander zu koordinieren. Bei einem automatisierten Betrieb der Fertigung erfüllt der Fertigungsleitrechner diese Aufgabe. Auf der Seite des Informationsflusses sind folgenden Aufgaben zu erfüllen, **Bild 7.1**:

- Verwalten und Verteilen der NC-Programme,
- Verwalten der Werkzeugbestände,
- Fertigungsfeinplanung,
- Roh- und Fertigteiltransport,
- Werkzeugtransport und
- Späneentsorgung.

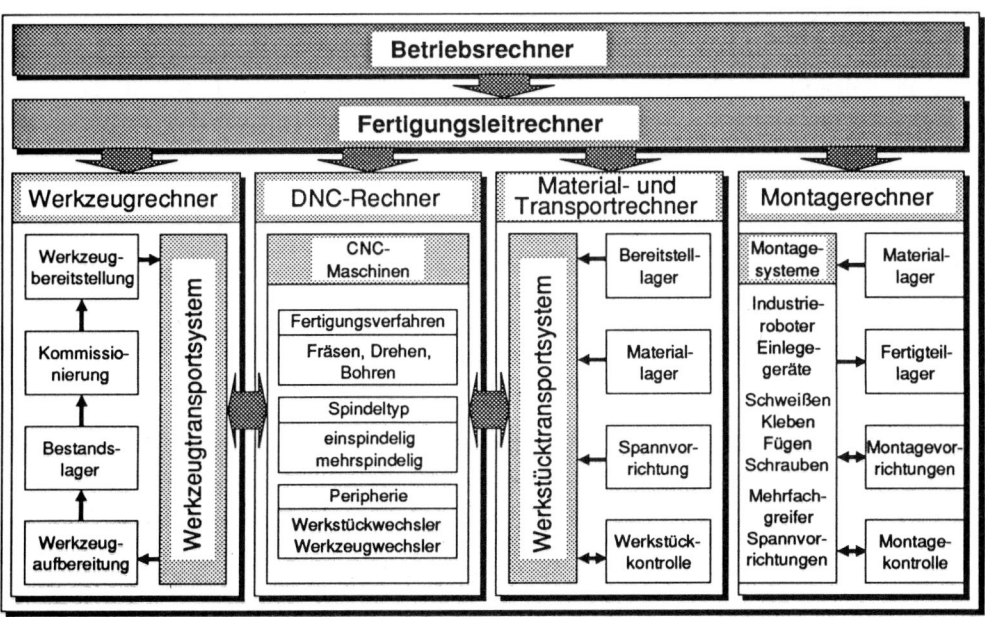

Bild 7.1: Informations- und Materialfluß in einem komplexen CAM-System

Zum **Verwalten und Verteilen der NC-Programme** verfügt der Fertigungsleitrechners über alle NC-Programme, die zur Fertigung des aktuellen Produktspektrums nötig sind.

Gemäß den Vorgaben aus der Fertigungsfeinplanung werden diese Programme auf die jeweiligen Maschinensteuerungen übertragen (siehe Kapitel 7.2.2).

Zur **Verwaltung der Werkzeugbestände** gehören werkzeugspezifische Daten wie Werkzeugnummer, Geometrie, Position im Werkzeuglager, Werkstoffkennwerte, Standzeiten, Einstellmaße. Eine auftragsbezogene Zusammenstellung von Werkzeugsätzen (Kommissionierung) ist ebenso zu leisten, wie die Veranlassung einer Werkzeugaufarbeitung nach abgelaufener Standzeit. In komplexen CAM-Systemen werden diese Aufgaben einem Werkzeugrechner übertragen.

Bei der **Fertigungsfeinplanung** bezieht der Fertigungsleitrechner die Produktionseckdaten aus dem übergeordneten PPS-System und führt die Auftragsterminierung und Maschinenbelegungsplanung durch.

Auf der Seite des Materialflusses sind drei wesentliche Aufgaben zu lösen. Der Werkstücktransport (**Roh- und Fertigteiltransport**) vom Rohteil- zum Fertigteillager muß gemäß der Bearbeitungsfolge koordiniert werden. Typische Transportsysteme sind:

- fahrerloses Transportsystem (FTS),
- Rollenförderer und
- Hängebahnen.

In großen Systemen, in denen eine Vielzahl von Werkstücken zu transportieren ist, wird ein eigener Materialflußrechner eingesetzt.

Ein automatisierter **Werkzeugtransport** ist gegenwärtig nur sehr selten realisiert. Ansätze für eine Automatisierung bieten sich jedoch an, da moderne Werkzeugmaschinen in der Regel über einen automatischen Werkzeugwechsel verfügen. Weiterhin müssen Werkzeugaustausch, Werkzeugvoreinstellung und Kommissionierung von Werkzeugsätzen in ein Automatisierungskonzept einbezogen werden.

Gerade im personalarmen Schichtbetrieb ist die vollautomatische **Späneentsorgung** von größter Bedeutung für den störungsfreien Betrieb der Fertigungseinrichtung.

Der Fertigungsleitrechner initiiert in Abhängigkeit vom zu bearbeitenden Auftrag Transportvorgänge wie Werkstücktransport, Werkzeugbereitstellung, Spannmittelbereitstellung und die Verteilung der NC-Programme und Arbeitspläne. Zur Überwachung bzw. zur Durchführung der Fertigungsaufgaben bedarf der Fertigungsleitrechner ständiger Rückmeldungen über Fertigungsfortschritt und Störungen im Betrieb. Die Erfassung dieser Daten wird unter dem Begriff **BDE** (Betriebsdatenerfassung) bzw. **MDE** (Maschinendatenerfassung) zusammengefaßt. Die BDE bzw. MDE ist somit im CAM-Bereich im Hinblick auf die Schnittstellen zu anderen CIM-Bausteinen von zentraler Bedeutung.

7.2   Die flexible Fertigung

Der Einsatz flexibler Fertigungseinrichtungen wie

- CNC-Maschine,
- Bearbeitungszentrum (BAZ),
- flexible Fertigungszelle (FFZ),
- flexible Fertigungsinsel (FFI),
- flexibles Fertigungssystem (FFS) und
- flexible Transferstraße

ist seit ihrer ersten Einführung in den siebziger Jahren erheblich gestiegen. So hat sich ihre Anzahl in der Bundesrepublik Deutschland von 1983 bis Ende 1985 verdoppelt. Anfang 1986 waren rund 200 flexible Fertigungszellen und knapp 100 Mehrmaschinen-systeme in Betrieb, wobei sich deutlich ein Trend zur flexiblen Fertigungszelle erkennen läßt /FLE,87,1/.

Ein erhöhter Bedarf an derartigen Einrichtungen ist in der nächsten Zeit ebenfalls zu erwarten. So betrug der Anteil an CNC-Maschinen 1987 nicht mehr als 8% /SCH,87,3/. Der weiteren Durchdringung mit flexiblen Anlagen wirkt ein großer Teil noch nicht abgeschriebener oder abgeschriebener jedoch technisch noch genutzter Investitions-güter entgegen.

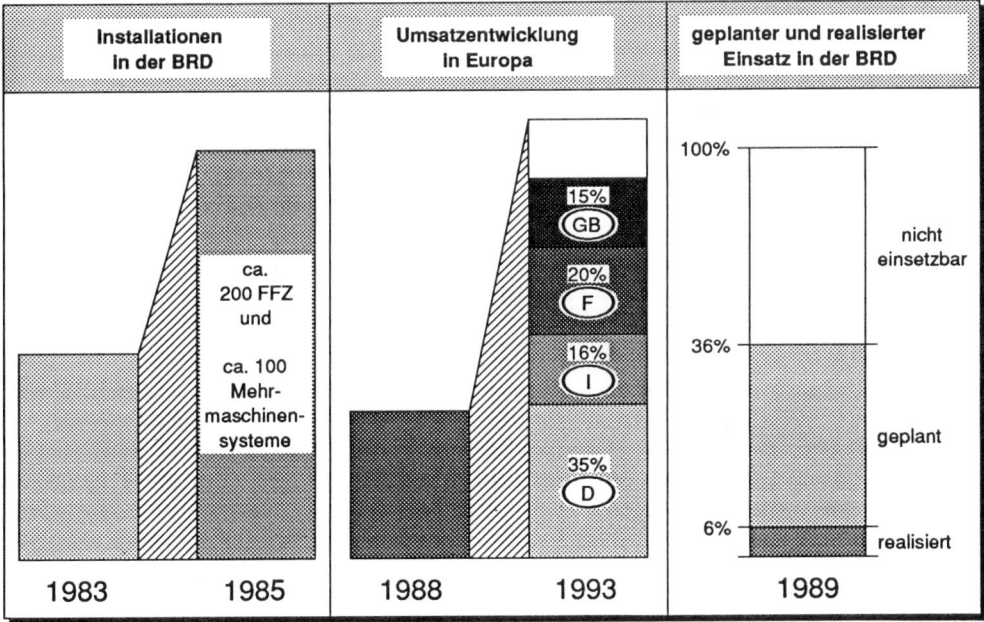

Bild 7.2: Entwicklungstendenzen beim Einsatz flexibler Fertigungseinrichtungen

Die Aussichten zur Einführung flexibler Fertigungseinrichtungen werden sehr positiv eingeschätzt. Während vorsichtige Schätzungen von einer Verdreifachung des Umsat-zes für flexible Systeme in den nächsten fünf Jahren in Europa sprechen /ERK,88,1/, wird von anderen ein Bedarf an Systemen gesehen, der in der BRD um den Faktor fünf höher liegt als zur Zeit /STA,89,1/, **Bild 7.2**. Gerade im Bereich der klein- und mittel-ständischen Industrie zeigt sich ein Trend zur CNC-Technik und flexiblen Fertigung.

Wenn von flexibler Fertigung die Rede ist, dann wird dies heute im Zusammenhang mit CIM gesehen, d. h. autonome flexible Fertigungsanlagen müssen an den durchgängigen innerbetrieblichen Informationsfluß angebunden sein. So einfach diese Forderung auch sein mag, sie beinhaltet die Überwindung vielfältiger Schnittstellenprobleme im Bereich der Maschinen- und Rechnerhardware, Software und betrieblichen Organisation, die bereits bei der Planung eines Systems beginnen muß.

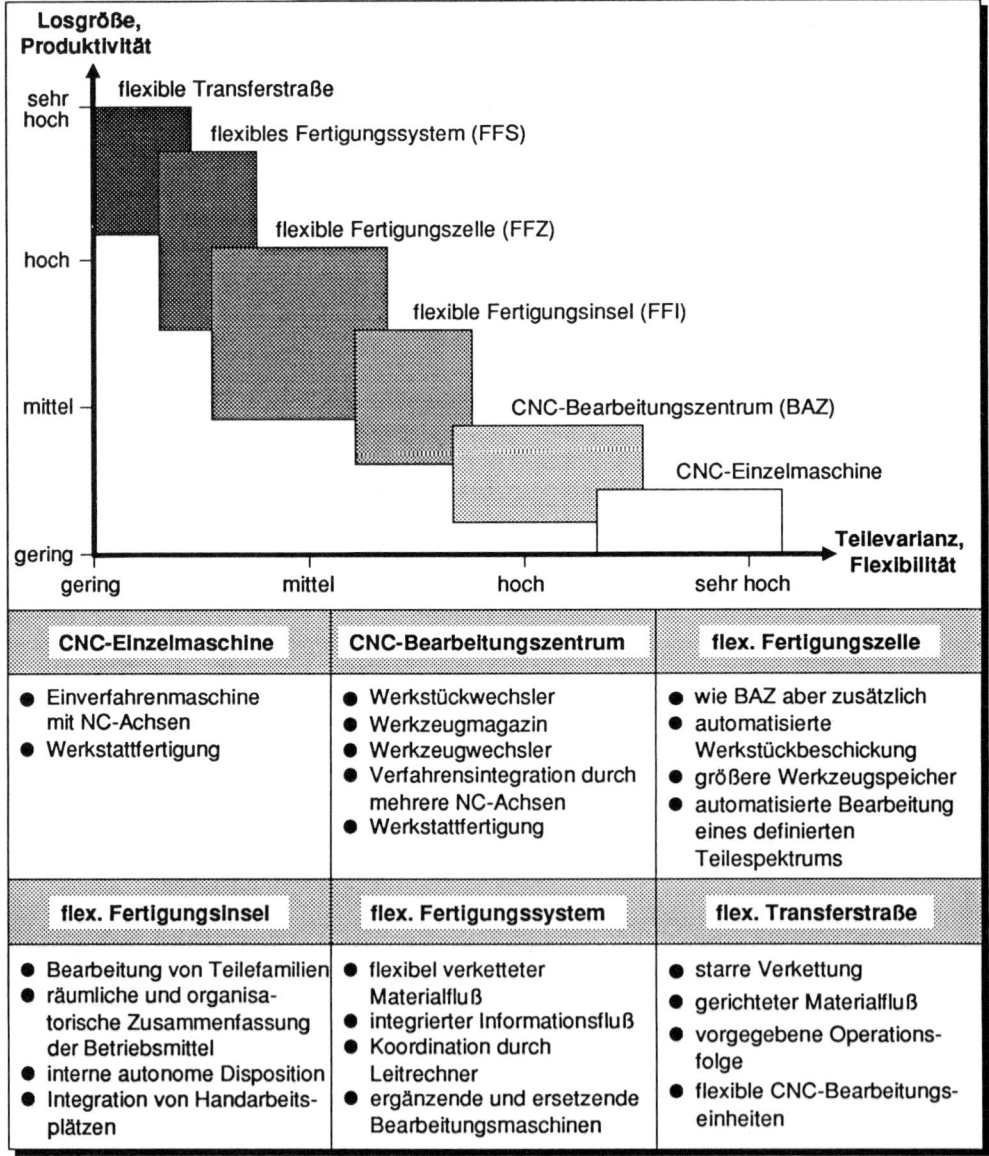

Bild 7.3: Konzepte der flexibel automatisierten Fertigung

Nachfolgend werden die wesentlichen Komponenten der flexiblen Fertigung, die Bestandteil jedes CIM-Konzeptes sind, vorgestellt. **Bild 7.3** setzt die flexiblen Fertigungseinrichtungen bezüglich der Anzahl der zu fertigenden Teilevarianten und der Losgröße zueinander in Beziehung.

7.2.1   CNC-Einzelmaschine

Eine CNC-Maschine ist eine numerisch gesteuerte Werkzeugmaschine, deren Steuerung nicht fest verdrahtet ist, sondern durch einen Mikrocomputer erfolgt /SCH,90,1/. **CNC** heißt **C**omputerized **N**umerical **C**ontrol.

In der Anfangszeit waren die numerischen Steuerungen noch fest verdrahtet (NC) und die Programme wurden über Lochstreifen eingegeben. Änderungen im Programm waren nur durch Neueingabe eines geänderten Lochstreifens möglich. Der Einsatz eines Mikrocomputers als numerische Steuerung ermöglichte hier eine wesentlich flexiblere Handhabung. Die Programme können weiter über Lochstreifen eingegeben werden, stehen aber nun im Speicher der CNC-Steuerung zur Verfügung. Es können so auch Programmeingaben und -änderungen direkt am Bildschirm der Maschine vorgenommen werden.

Die CNC-Einzelmaschine ist der Ausgangspunkt einer flexiblen, rechnerunterstützten Fertigung. CNC-Maschinen sind in allen Bereichen der Fertigungstechnik anzutreffen. Stand der Technik sind beispielsweise CNC-gesteuerte

- Bohrmaschinen,
- Fräsmaschinen,
- Drehmaschinen,
- Stanz- und Nibbelmaschinen,
- Abkantmaschinen,
- Rohrbiegemaschinen,
- Drückmaschinen,
- Erodiermaschinen,
- Laserbearbeitungsmaschinen und
- Meßmaschinen.

Eine einfache CNC-Maschine verfügt in der Regel noch über keine automatischen Werkstückwechseleinrichtungen. Der Fortschritt in der Mikroprozessortechnik hat dazu geführt, daß die CNC-Steuerungen über die Grundfunktionen jeder numerischen Steuerung, der Steuerung der Relativbewegung zwischen Werkzeug und Werkstück, hinaus, heute eine Reihe von wichtigen Zusatzfunktionen besitzen wie /KRA,89,1/:

- Programmerstellung und Korrektur direkt an der Maschine (CNC-Steuerungen verfügen in der Regel über einen eigenen Bildschirm),
- hauptzeitparallele NC-Programmierung,
- grafische Simulation der Bearbeitung am Bildschirm der Steuerung,
- Bedienerführung,
- Standzeitüberwachung der Werkzeuge,
- Werkzeugverschleißkorrektur,

- Maschinen- und steuerungsinterne Diagnose,
- Betriebsdatenerfassung,
- Maschinendatenerfassung und
- DNC-Fähigkeit.

Die Erweiterung der Funktionalität von CNC-Steuerungen sowie von NC-Programmierssystemen auf separaten Rechnern mit der Möglichkeit zur Nachbildung der NC-Programmierung und Simulation der Maschinensteuerung führt in neuerer Zeit wieder zu einer verstärkten maschinennahen NC-Programmierung. Dieser Trend wird als werkstattorientierte Programmierung (WOP) bezeichnet und bedingt eine stärkere Ausrichtung der Unternehmensorganisation auf die Werkstatt. Hieraus und aus dem folgenden Absatz wird deutlich, wie eng Technik und Organisation im Produktionsbetrieb aufeinander abgestimmt werden müssen.

Die DNC (Distributed Numerical Control)-Fähigkeit ist die unter dem CIM-Aspekt wichtigste Funktion der CNC-Steuerung. Sie bedeutet, daß die CNC-Steuerung der einzelnen Maschine an einen übergeordneten Leitrechner, den sogenannten DNC-Rechner, anschließbar ist, der die Verwaltung und Zuteilung der NC-Teileprogramme übernimmt. Eine DNC-Fähigkeit der CNC-Maschine ist jedoch nicht zwingend notwendige Voraussetzung für die Einbeziehung in ein CIM-Konzept. Bestimmte Organisationsformen der rechnerunterstützten Fertigung, wie zum Beispiel die autonome Fertigungsinsel, beziehen auch CNC-Maschinen ohne DNC-Fähigkeit und konventionelle Maschinen mit ein (siehe Kapitel 7.2.5).

Der Begriff des DNC-Betriebs ist für die Fertigung in CIM von zentraler Bedeutung, so daß im folgende Kapitel noch näher auf ihn eingegangen wird.

7.2.2 DNC-Betrieb

Beim Betrieb von mehreren NC- und CNC-Maschinen wirkt sich der Aufwand zur Verteilung, Bereitstellung und Eingabe der NC-Programme negativ auf die Produktivität aus /MAß,87,1/.

Aus diesem Grunde sind sogenannte DNC-Systeme geschaffen worden, bei denen ein zentraler Rechner die Funktion der Teileprogrammverwaltung, -erstellung und -zuteilung für mehrere Maschinen übernimmt. In den DNC-Systemen der 1. Generation hatte der Rechner im wesentlichen eine Briefträgerfunktion. Da die Speicher in den NC-Steuerungen noch nicht ausreichten, ganze Teileprogramme aufzunehmen, mußten die Daten satz- oder blockweise in Echtzeit übergeben werden. Der ausschließlich zu diesem Zweck zu betreibende Rechner- und Verkabelungsaufwand hat sich in vielen Fällen als ökonomisch nicht vertretbar erwiesen. Die fortschreitende Entwicklung der Mikroprozessortechnik hat dazu geführt, daß neue Steuerungen mit größerer Speicherkapazität hier Verbesserungen brachten. An die Stelle der zeitkritischen Übertragung kleiner Informationsblöcke trat bei diesen DNC-Systemen der 2. Generation die Übertragung kompletter Teileprogramme an die angeschlossenen CNC-Maschinen. Auf Seiten des Leitrechners wurden so Kapazitäten für zusätzliche Aufgaben im Bereich der Maschinendiagnose frei /MAß,87,1/.

Heute, im Zeichen des zunehmenden Einsatzes von flexiblen Fertigungszellen und -inseln, ist DNC eine unabdingbare Voraussetzung für einen durchgängigen Datenfluß von den Subsystemen bis zu den unmittelbar an der Fertigung beteiligten Bereichen. Physikalisch erfolgt die Anbindung direkt an entsprechend ausgerüstete CNC-Maschinen oder über nachrüstbare DNC-Terminals (mit Puffermöglichkeit) auf der Basis von genormten Protokollen. Inhaltlich wurde jedoch das DNC-Anforderungsprofil stark ausgeweitet. Gefordert sind nicht wie in der zweiten DNC-Generation nur die Möglichkeiten zur Anforderung des Teileprogramms und dessen Übertragung, sondern auch die globale Feststellung des Anlagenzustands durch den Leitrechner.

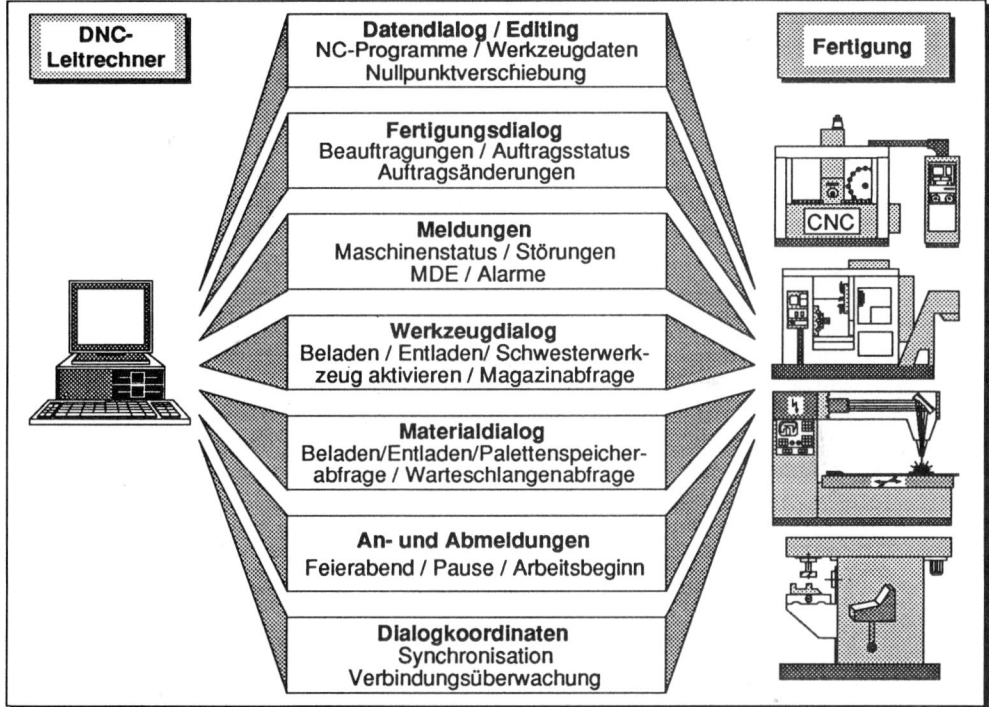

Bild 7.4: Funktionsanforderungen an moderne DNC-Systeme

Die heutigen DNC-Systeme der 3. Generation sehen sich einer Vielzahl von neuen Aufgaben gegenüber, **Bild 7.4**.

Dazu zählen:

* die detaillierte Übertragung des Anlagenzustandes,
* Meldung des Fertigungsfortschritts,
* Einbeziehung von Werkzeugvoreinstellgeräten, Meßmaschinen und Handhabungssystemen,
* Diagnosemeldungen und
* Rückübertragung von an der Maschine modifizierten Teileprogrammen bei entsprechender Kennzeichnung dieser Programme.

Neben diesen inhaltlichen Forderungen muß die Technik weiter verbessert werden. Dazu gehören:

- Weiterentwicklung gesicherter Übertragungsprotokolle,
- erhöhte Ausfallsicherheit und dadurch Senkung der nicht unerheblichen Folgekosten für Wartung und Instandhaltung und
- ein deutlich verbessertes Preis-/Leistungsverhältnis bei der Erstinstallation.

7.2.3 Bearbeitungszentrum

Ein **Bearbeitungszentrum (BAZ)** ist eine mehrachsige CNC-Maschine, die zur Bearbeitung meist prismatischer Werkstücke eingesetzt wird. Ein Kennzeichen eines Bearbeitungszentrums ist die Integration von mehreren Bearbeitungsverfahren in eine Maschine. Bearbeitungszentren sind beispielsweise für die Fräs- und Bohrbearbeitung von Werkstücken ausgelegt, wobei in der Regel die Grundfunktion einer Fräsmaschine vorgegeben ist. Ein wesentlicher Vorteil dieses Maschinenkonzeptes besteht darin, daß die Werkstücke in einer Aufspannung von mehreren Seiten (max. 5 Seiten) bearbeitet werden können. Die Bearbeitungsgenauigkeit einer solchen Maschine ist somit sehr hoch, da ein Umspannen der Werkstücke entfällt. Ein weiteres wichtiges Merkmal eines Bearbeitungszentrums ist der automatische Werkstück- und Werkzeugwechsel, der programmgesteuert ausgeführt wird. Bearbeitungszentren werden als Horizontal- bzw. Vertikalmaschinen auf dem Markt angeboten und durch die Anzahl der Achsen, durch die Größe des Arbeitsbereiches, durch den Antrieb bzw. die Maschinenleistung und durch die Anzahl der im direkten Zugriff befindlichen Werkzeuge klassifiziert. Die wesentlichen Komponenten eines Bearbeitungszentrums sind, **Bild 7.5**:

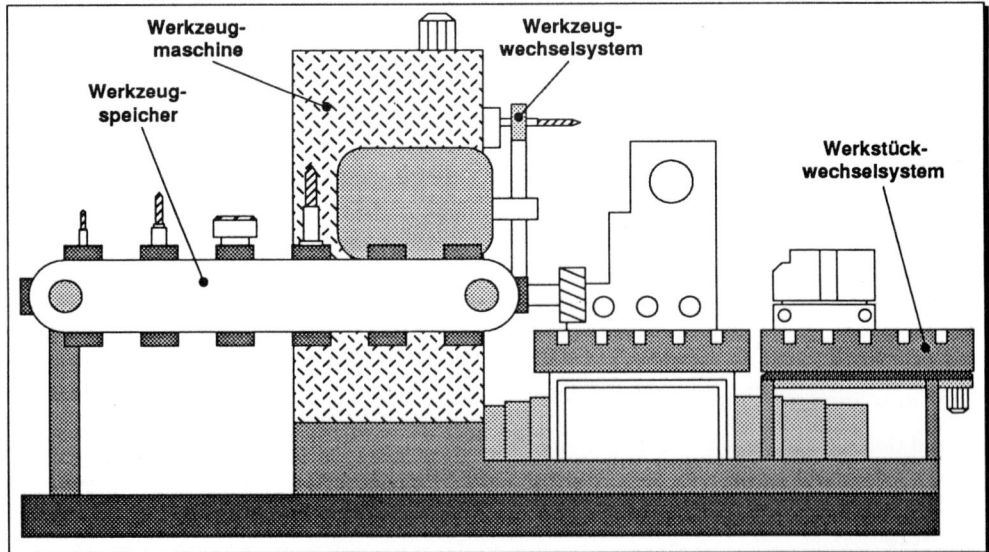

Bild 7.5:   Komponenten eines Bearbeitungszentrums

- Werkzeugspeicher,
- Werkzeugwechsel,
- Werkstückwechsel und
- Steuerung.

In der Praxis finden unterschiedliche **Werkzeugspeicher** Verwendung. Je nach Anzahl der zu speichernden Werkzeuge werden Revolvermagazine, Trommelmagazine, Teller- und Kettenmagazine eingesetzt. Diese Magazine unterscheiden sich hinsichtlich der Speicherkapazität und der Zugriffsart. Einige Hersteller bieten zusätzlich einen Wechsel des Werkzeugmagazins an, so daß eine höhere Flexibilität hinsichtlich des zu bearbeitenden Werkstückspektrums gegeben ist. Hier setzt sich immer mehr das Prinzip der Werkzeugkassette durch.

Das zu einem Bearbeitungszentrum gehörende System zum **Werkzeugwechsel** ist je nach Konstruktion der Maschine und des Werkzeugspeichers meist als Doppelgreifer konzipiert, wodurch die Nebenzeiten einer Maschine, die durch den Werkzeugwechsel anfallen, minimiert werden können.

Eine weitere Reduzierung der Nebenzeiten wird durch den automatischen **Werkstückwechsel** erreicht. Je nach Ausrüstung des Bearbeitungszentrums werden die Werkstücke z. B. auf einem Drehtisch vom Maschinenbediener aufgespannt. Während das erste Teil bearbeitet wird, erfolgt von Hand das Ausrichten und Aufspannen eines zweiten Werkstückes auf der anderen Seite des Drehtellers. Komplexe Systeme verwenden für den Werkstückwechsel Paletteneinheiten, auf denen der Bediener das Werkstück außerhalb des Arbeitsraumes aufspannt.

Die **Steuerung** eines Bearbeitungszentrums ist eine CNC-Steuerung, die entsprechend dem Ausbau der Maschine die Zusatzfunktionen für Werkzeug- und Werkstückwechsel beinhaltet.

Bearbeitungszentren werden in der Regel bei Klein- und Mittelserienfertigung eingesetzt und sind schon bei geringen Stückzahlen komplizierter Werkstücke wirtschaftlich. Durch Erweiterung mit den erforderlichen Zusatzeinrichtungen zum bedienerlosen Schichtbetrieb entsteht aus ihnen eine flexible Fertigungszelle /MIC,89,1/.

7.2.4 Flexible Fertigungszelle

Eine flexible Fertigungszelle (FFZ) ist eine numerisch gesteuerte Maschine, oft ein Bearbeitungszentrum, die durch entsprechende Zusatzeinrichtungen in der Lage ist, eine begrenzte Zeit bedienerlos zu arbeiten /KIE,90,1/. Die dazu benötigten Zusatzeinrichtungen sind:

- Werkstückspeicher und Werkstückwechseleinrichtung,
- Werkzeugüberwachung und
- Bearbeitungs- und Qualitätskontrolle.

Für den bedienerlosen Betrieb der Zelle ist ein ausreichend großer **Werkstückspeicher** nötig, der die Werkstücke auf Paletten oder vereinzelt für die Bearbeitung bereithält.

Der **Werkstückwechsel** erfolgt automatisch. Ein Speicher zur Aufnahme der fertig bearbeiteten Teile ist erforderlich. Beide Teilespeicher können auch zu einem Speicher zusammengefaßt sein. Hier ist durch geeignete Maßnahmen (z. B. Palettencodierung) dafür zu sorgen, daß bereits bearbeitete Teile nicht wieder in die Maschine gelangen.

Aufgrund der mannarmen Betriebsweise von FFZ muß bezüglich Bruch und Verschleiß eine **Werkzeugüberwachung** vorhanden sein. Ein Umschalten auf Schwesterwerkzeuge (identische Werkzeuge, die als Ersatz bereits im Werkzeugspeicher enthalten sind) bei Überschreiten einer Verschleißgrenze sollte möglich sein.

Die Maßhaltigkeit der produzierten Werkstücke ist durch geeignete Einrichtungen der **Bearbeitungs- und Qualitätskontrolle** sicherzustellen. Dies kann durch Einsetzen eines in die Werkzeughalterung passenden Meßfühlers direkt in der Maschine oder außerhalb des Arbeitsraumes durch separate Meßeinrichtungen geschehen. Eine direkte Beeinflussung der Werkzeugkorrekturwerte aufgrund der Meßergebnisse wird angestrebt.

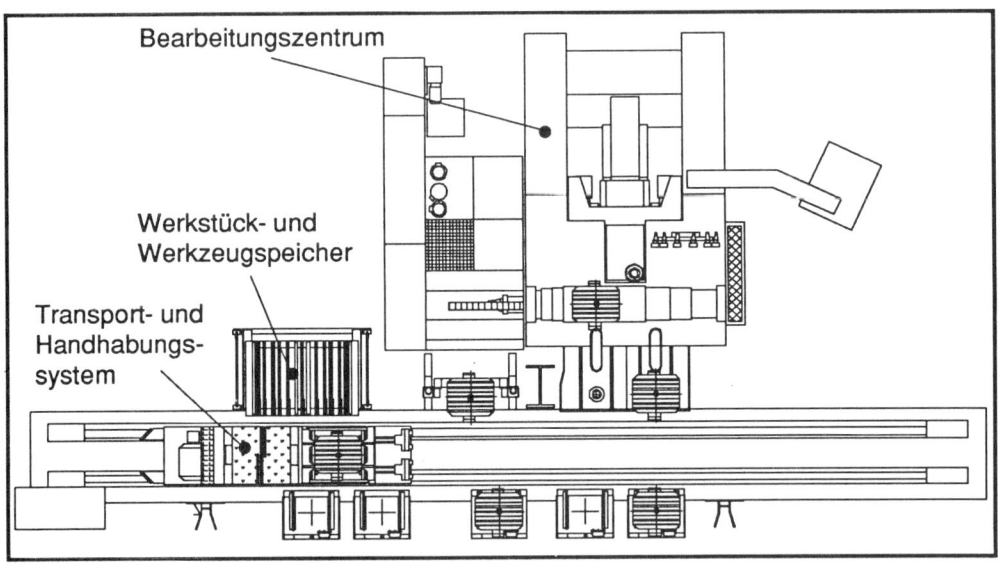

Bild 7.6: Layout einer flexiblen Fertigungszelle mit automatisierter Werkstück- und Werkzeugbeschickung

Der Programmspeicher der CNC-Steuerung in der flexiblen Fertigungszelle muß genügend groß zur Aufnahme aller NC-Programme für die im Werkstückspeicher zur Bearbeitung anstehenden Werkstücke sein. Die flexible Fertigungszelle kann auch in ein DNC-System eingebunden sein. Das Be- und Entladen der Paletten erfolgt in der Regel manuell durch den Bediener vor oder nach der bedienerlosen Schicht. Die Größe des erforderlichen Werkstückspeichers hängt von der mittleren Bearbeitungszeit für ein Werkstück ab. Diese sollte nicht zu kurz sein, da sonst der Speicher sehr groß angelegt werden muß und die Aufwendungen für Spannmittel steigen. Bei einer Werkstückzuführung mittels Paletten ist eine Bearbeitungszeit von 30 min. ein gängiger Richtwert.

Durch den Einsatz einer flexiblen Fertigungszelle wird durch die bedienerlose Schicht daher eine Produktivitätssteigerung gegenüber einem Bearbeitungszentrum gewonnen. **Bild 7.6** zeigt das Layout einer flexiblen Fertigungszelle mit automatisierter Werkstück- und Werkzeugbeschickung /MIC,90,1/.

7.2.5 Flexible Fertigungsinsel

Die flexible Fertigungsinsel, auch **autonome Fertigungsinsel** genannt, stellt einen weiteren Grundbaustein der flexiblen Fertigung dar. Sie ist aber keine einfache Weiterentwicklung im Sinne der hochautomatisierten Fertigung wie Bearbeitungszentrum oder flexible Fertigungszelle, sondern ein anderes arbeitsorganisatorisches Konzept gegenüber der Fertigung nach dem Verrichtungsprinzip. In der autonomen Fertigungsinsel werden alle Arbeitsplätze, die zur weitgehenden Fertigbearbeitung einer Werkstückfamilie notwendig sind, räumlich und organisatorisch zusammengefaßt. Eine Werkstückfamilie, auch Teilefamilie genannt, ist eine Anzahl von Werkstücken, die gleiche Bearbeitungsmerkmale wie z. B. geometrische Form, Bearbeitungsverfahren/Fertigungstechnologie, Arbeitsvorgangsfolge aufweisen /MAß,87,1/.

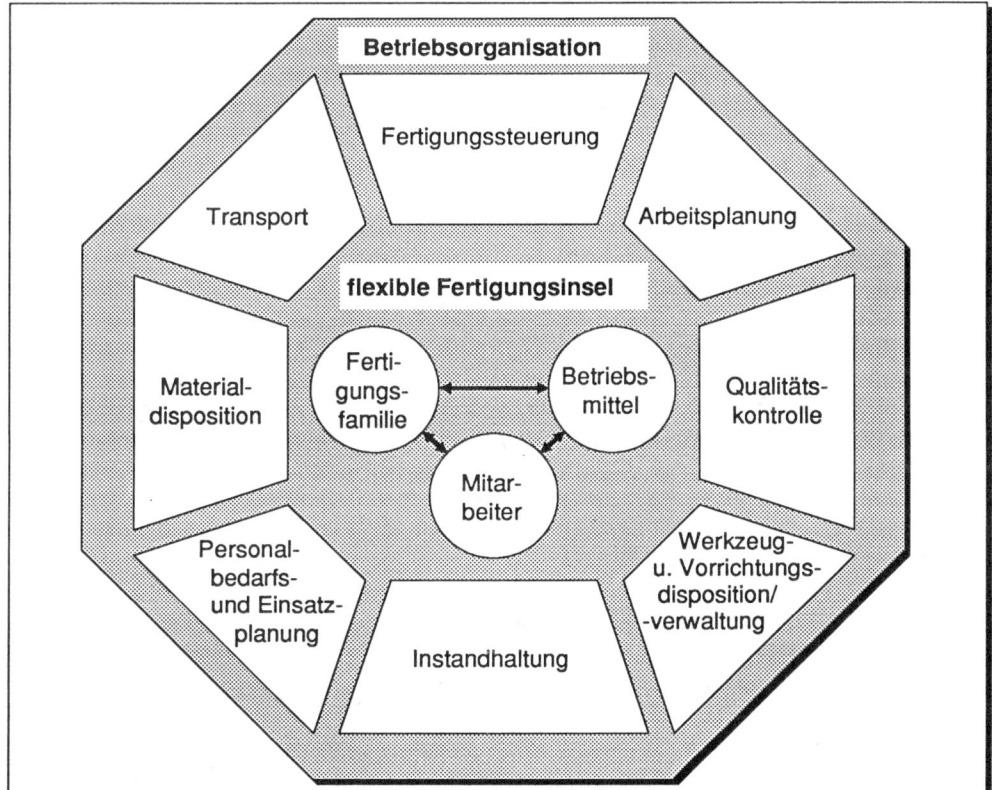

Bild 7.7: Organisationsstruktur einer flexiblen Fertigungsinsel

Die wesentlichen Kennzeichen einer flexiblen Fertigungsinsel, **Bild 7.7**, sind:

- Zusammenfassung von Werkstücken mit gleichen Bearbeitungsmerkmalen zu Teilefamilien,
- räumliche und ablauforganisatorische Zusammenfassung möglichst aller zur Komplettbearbeitung einer Teilefamilie nötigen Betriebsmittel,
- Übertragung aller direkten und möglichst vieler indirekter Funktionen an die Inselmitarbeiter. Besonders wichtig ist hier die interne, autonome Disposition der an die Insel übergebenen Aufträge durch die Mitarbeiter selbst,
- Unterstützung der planerischen Aufgaben der Mitarbeiter durch einen Inselrechner,
- Einsatz in der Klein- und Serienfertigung.

Im Begriff der Autonomie ist enthalten, daß die Mitarbeiter die interne Disposition der vom übergeordneten PPS-System an die autonome Fertigungsinsel übergebenen Fertigungsaufträge in Abhängigkeit vom vorgegebenen Endtermin selbständig und eigenverantwortlich vornehmen. Hierzu stehen entsprechende, rechnerunterstützte Planungshilfsmittel zur Verfügung. Das tayloristische Prinzip der Arbeitsteilung wird hier aufgelöst, da die Mitarbeiter sowohl direkte Funktionen wie Werkstückbearbeitung und Kontrolle als auch indirekte wie Arbeitsplanung und Fertigungssteuerung, d. h., die Komplettbearbeitung einer Teilefamilie, übernehmen. In einer autonomen Fertigungsinsel können automatisierte Maschinen (NC-, CNC-Maschinen, flexible Fertigungszellen), konventionelle Maschinen und Handarbeitsplätze enthalten sein. Es ist anzustreben, daß alle Mitarbeiter der Fertigungsinsel alle Funktionen ausüben können. Hieraus ergibt sich gegenüber den anderen dargestellten Fertigungsmitteln und -konzepten ein verändertes Qualifikationsprofil für die Mitarbeiter der autonomen Fertigungsinsel. Die benötigten Investitionen zur Einrichtung einer autonomen Fertigungsinsel sind im Gegensatz zu den bei Material- und Informationsfluß vollständig verketteten flexiblen Fertigungssystemen relativ gering. Somit ist das Konzept der autonomen Fertigungsinsel für kleine und mittelständische Unternehmen besonders attraktiv.

7.2.6   Flexibles Fertigungssystem

Kennzeichen eines flexiblen Fertigungssystems (FFS) ist das Zusammenfassen mehrerer NC-gesteuerter Bearbeitungsmaschinen zur Bearbeitung von nach Teilefamilien geordneten Werkstücken. Die einzelnen Maschinen arbeiten unabhängig voneinander und ermöglichen die Komplettbearbeitung von Rohteilen oder Halbzeugen. Der Materialfluß der Werkstücke von einer Bearbeitungsstation zur nächsten wird individuell über Fördersysteme, Werkstückspeicher oder Handhabungsgeräte programmgesteuert durchgeführt. Der Materialfluß ist dabei nicht richtungsgebunden.

Ein typisches FFS besteht aus folgenden Komponenten, **Bild 7.8**:

- Lager für Roh- und Fertigteile. Zur Speicherung von Rohteilen und Zulieferteilen werden Regalsysteme verschiedener Aufbauformen benötigt (1).
- Lager für Spannmittel. Hier werden die für den manuellen Spannvorgang benötigten Spannelemente und Werkzeuge gelagert (2).
- Rüstplatz für Rohteile. Hier erfolgt die Montage der Rohteile auf Paletten, zumeist von Hand (3).

- Puffer für Rohteile. Um einen bedienungsarmen Schichtbetrieb aufbauen zu können, müssen in einem Palettenpuffer genügend Rohteile fertig gespannt bereitgestellt werden (4).
- Transportsystem für Werkstücke. Es werden in der Praxis Kettenförderer, Bandförderer oder fahrerlose Transportsysteme eingesetzt (5).
- NC-/CNC-Bearbeitungsmaschinen. Bearbeitungszentren, NC-/CNC gesteuerte Fräs- oder Bohrmaschinen, Waschmaschinen, Prüf- und Signiermaschinen usw. werden je nach zu bearbeitenden Werkstückspektren in flexiblen Fertigungssystemen eingesetzt (6).
- Werkzeuglager. Lagerpaletten für Werkzeuge mit einer Werkzeugvoreinstellung. Werkzeugtransportsystem, usw. (7).
- Werkzeugvoreinstellung. Zur Korrektur der Werkzeugabmessungen in NC-Programmen wird die Werkzeugvoreinstellung benötigt (8).
- Maschinensteuerungen. Die Steuerungen der einzelnen Maschinen können NC- oder CNC-Steuerungen sein. Auch werden **SPS** (speicherprogrammierbare Steuerung) und Steuerungen für Industrieroboter in flexiblen Fertigungssystemen eingesetzt (9).
- Werkzeugtransportsystem. Für den Werkzeugtransport werden verschiedene Transportsysteme eingesetzt. Neben Industrierobotern erfolgt der Werkzeugaustausch zwischen Werkzeuglager und Werkzeugwechselsystem an der Maschine oft von Hand (10).
- Bedienpult. Hier werden Steuerungs- und Überwachungsaufgaben vom Bedienpersonal ausgeführt (11).

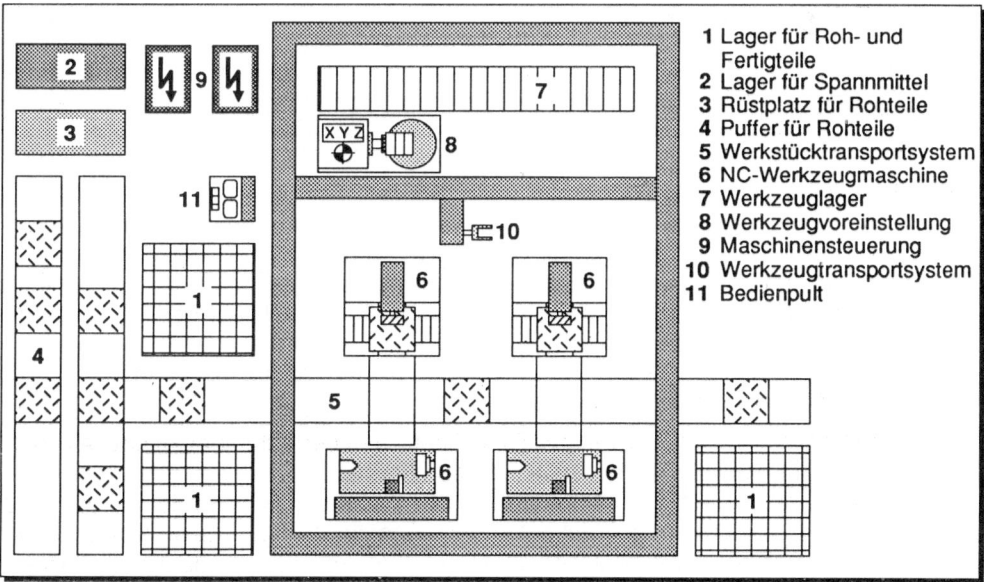

1 Lager für Roh- und Fertigteile
2 Lager für Spannmittel
3 Rüstplatz für Rohteile
4 Puffer für Rohteile
5 Werkstücktransportsystem
6 NC-Werkzeugmaschine
7 Werkzeuglager
8 Werkzeugvoreinstellung
9 Maschinensteuerung
10 Werkzeugtransportsystem
11 Bedienpult

Bild 7.8: Layout eines flexiblen Fertigungssystems

Die Anordnung der einzelnen Maschinen wird anhand der zu bearbeitenden Teile strukturiert. Die einfachste Maschinenanordnung erfolgt in einer Linienstruktur. Bei einer hohen Anzahl von Bearbeitungsstationen empfiehlt sich die Aufstellung in Ring- oder Flächenstruktur. Die optimale Maschinenaufstellung bzw. die optimale Aufbaustruktur des FFS ist jedoch von der Anzahl der Maschinen und vom Teilespektrum abhängig. Die Steuerung des Fertigungsvorganges erfolgt in der Regel durch horizontale und vertikale Vernetzung der einzelnen Maschinensteuerungen, Robotersteuerungen und speicherprogrammierbaren Steuerungen untereinander und mit dem übergeordneten DNC-Rechner. Eine mögliche, typische hierarchische Steuerungsstruktur /KIE,89,1/ ist in **Bild 7.9** dargestellt. Der Informationsaustausch der einzelnen Steuerungen erfolgt über ein geeignetes Netzwerk, dessen Aufbau besondere Aufmerksamkeit bezüglich der Schnittstellen und der Protokolle erfordert.

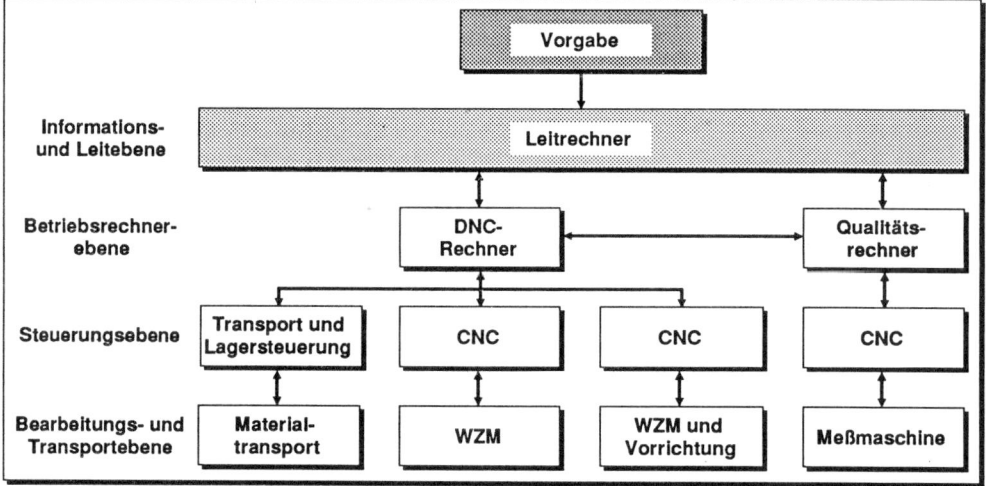

Bild 7.9: Hierarchische Steuerungsstruktur

Die Bedienung eines FFS erfordert qualifizierte Mitarbeiter /MAß,87,1/, die in der Regel auch Handhabungs-, Überwachungs- und Steuerungsfunktionen übernehmen müssen.

Die Vorteile eines FFS gegenüber anderen Fertigungskonzepten lassen sich wie folgt zusammenfassen /ING,86,1/:

- Hohe Produktivität bei gleichzeitiger Flexibilität. Dies bedeutet eine schnelle Adaption des Konzepts an ein geändertes Teilespektrum.
- Hohe Wirtschaftlichkeit. Mit einem an ein Produktionsspektrum angepaßtes FFS lassen sich kleine bis mittlere Stückzahlen wirtschaftlich fertigen, da die Nebenzeiten gering sind und ein schnelles Umstellen auf ein anderes Produktionsspektrum möglich ist.
- Gute Ausbaufähigkeit. Bei Änderung der Produkte in Richtung höherer Komplexität oder weiterer erforderlicher Bearbeitungsvorgänge lassen sich FFS durch zusätzliche Maschinen, Transportsysteme, Lagerbereiche oder andere Komponenten erweitern.

Bei großen Stückzahlen bzw. großer Ausbringungsmenge des gleichen Produktes ist die Bearbeitung auf einem FFS nicht mehr wirtschaftlich. In diesem Fall ist die Fertigung auf einer flexiblen Transferstraße sinnvoller.

7.2.7 Flexible Transferstraße

Eine flexible Transferstraße enthält mehrere automatisierte Werkzeugmaschinen in Universal- oder Sonderbauart, die durch ein automatisches Werkstücktransportsystem nach dem Linienprinzip verknüpft sind (Innenverkettung). Sie ist in der Lage, gleichzeitig oder sequentiell verschiedene Werkstücke zu bearbeiten. Kennzeichen eines solchen Systems ist der gerichtet ablaufende Materialfluß, der, abhängig von der langsamsten Systemeinheit, getaktet abläuft, wobei Auslassungen jedoch möglich sind. Voraussetzung für den Einsatz ist das Vorhandensein einer entsprechenden Typenreihe mit ähnlichen Arbeitsvorgangsfolgen. Dies ist z. B. dort der Fall, wo hohe Serienstückzahlen mit verschiedenen Varianten vorliegen. Immer häufiger kommen auch Bearbeitungszentren und Maschinen in mehrspindeliger Bauweise zum Einsatz. Eine Flexibilisierung der Bearbeitungseinheit wird auch bei diesem Fertigungskonzept angestrebt /CRO,83,1/.

Problematisch ist im allgemeinen das Umrüsten einer Transferstraße auf ein neues Produkt, da Maschinen, Transport- und Informationssysteme optimal auf das jeweilige Werkstück bzw. Produkt angepaßt werden müssen.

7.3 Lager- und Materialflußtechnik

Die Lager- und Materialflußtechnik im Werkstattbereich wird heute nicht für sich allein, sondern als wichtige Komponente der Logistik angesehen. Entsprechend dem allgemeinen Ansatz wird unter **Logistik** daher die ganzheitliche Betrachtung bzw. Gestaltung von Prozessen aus Material-, Informations- und Energiefluß verstanden. In Abhängigkeit von der Komplexität der Systeme unterscheidet man Mikrologistik (Unternehmenslogistik, Handelsunternehmen, Speditionen) und Makrologistik (Systeme der Verkehrsträger).

Bild 7.10 stellt die Zusammenhänge zwischen Material-, Informations- und Energiefluß innerhalb eines logistischen Systems dar. Die Logistik beinhaltet die Untersuchung und Gestaltung von Prozessen, die Stoffe, Energie und Information verarbeiten sowie biologische Objekte behandeln. Hierzu gehören die zielgerichtete, betriebswirtschaftliche und technische Gestaltung, die Planung, Steuerung und Kontrolle der ein- und ausgehenden und internen Objektbewegungen in den jeweiligen Systemen.

Innerhalb logistischer Systeme erfolgt die Ausführung von Operationen des Transportes, der Speicherung und Handhabung von Objekten in unterschiedlicher Zusammensetzung und Folge. Die Aufgabe der Logistik ist die Optimierung der in ein Unternehmen ein- und ausgehenden sowie der innerbetrieblichen Material-, Güter- und Informationsflüsse und die geeignete Gestaltung der Schnittstellen.

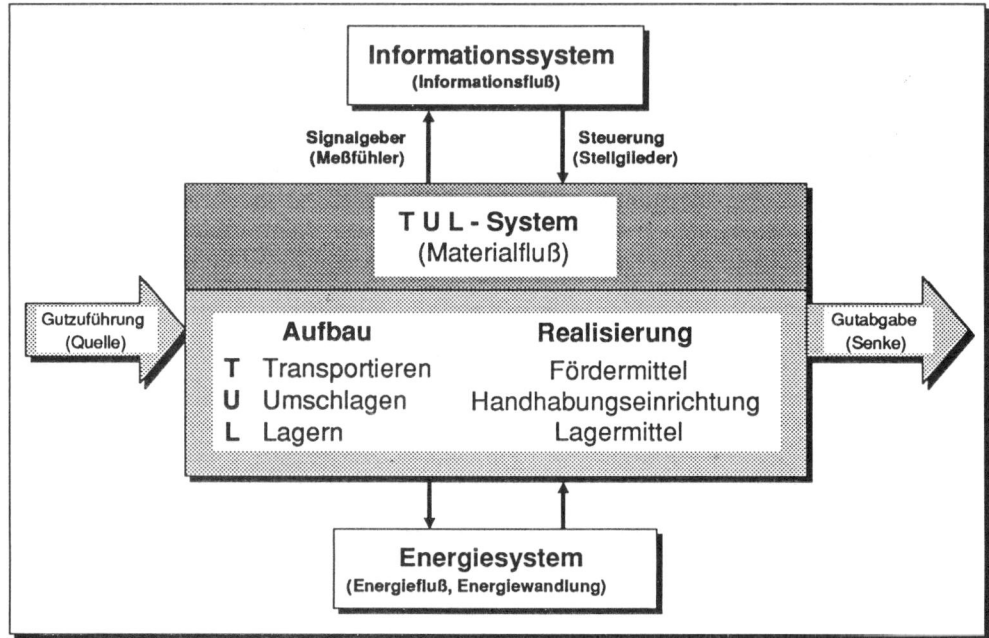

Bild 7.10: Aufbau und Realisierung von logistischen Systemen

Für die Realisierung eines zuverlässigen Materialflusses ist besonders in automatisierten Systemen ein integrierter Informationsfluß die Voraussetzung. Ein Fertigungsleitrechner muß beispielsweise die Information über den Zielort für ein fahrerloses Transportsystem an die Materialflußsteuerung liefern oder Angaben über Menge und Zusammensetzung der zu transportierenden Güter an den Kommissionierbereich übermitteln. Fehlen notwendige Informationen, so sind falsche Transportaufträge unausweichlich. Es kann zu Stillstandszeiten ganzer Produktionsbereiche kommen. Abhilfe dürfen nicht großzügig dimensionierte Puffer sein, denn dies führt zu einer erhöhten Kapitalbindung, die mögliche oder nötige Rationalisierungsinvestitionen verzögert oder verhindert.

Die Vorteile eines z. B. über Just-inTime-Strategien (JIT) optimierten Materialflusses (kleine Pufferkapazitäten, kleine Lager) schaffen die Voraussetzungen für die wirkungsvolle Umsetzung der übrigen CA-Techniken. Grundlage hierfür sind physikalische Kopplungsmöglichkeiten (Handhabungseinrichtungen, Greifer, Palettensysteme, handhabungsgerechte Konstruktionen) wie auch die informatorische Einbindung automatischer Materialflußsysteme in ein übergeordnetes Konzept im Sinne einer integrierten CIM-Strategie.

Informationssysteme im Sinne der Logistik umfassen folgende Funktionen:

- Bereitstellung,
- Speicherung und
- Übertragung

aller Informationen, die zur Realisierung eines zielgerichteten, geordneten Materialflusses erforderlich sind.

Materialflußprozesse sind Prozesse des materiellen Stofflusses, die die Operationen

- Fördern,
- Handhaben und
- Lagern

sowie Hilfsfunktionen beinhalten. Die technische Systemgestaltung von Arbeitsoperationen bzw. Materialflußfunktionen geschieht durch Fördermittel und Handhabungseinrichtungen, **Bild 7.10**. Die **Objekte** von Materialflußprozessen sind:

- Stückgüter,
- Flüssigkeiten,
- Gase,
- Datenträger,
- Lebewesen und
- Schüttgüter.

Zur Vereinfachung des Materialflusses lassen sich diese Objekte durch den Einsatz von Hilfsmitteln wie Stückgüter behandeln. Als **Stückgüter** (VDI 3565) bezeichnet man alle Gegenstände, die ohne Rücksicht auf ihre Form und Größe während des Förderns als eine Einheit behandelt werden können. Typische Beispiele sind Säcke, Kisten, Paletten und Fässer, aber auch Maschinen und sonstige Einzelteile.

Alle technischen Systeme benötigen Energie für den Vorgang der Leistungserbringung. Innerhalb der Logistik stellt beispielsweise der Transportvorgang den Prozeß der Energiewandlung dar.

7.3.1   Fördermittel

Fördermittel stellen die technische Realisierungsform zur Ausführung von Transportfunktionen innerhalb von Materialflußsystemen dar. Eine Klassifikation der Fördermittel erfolgt nach ihrem vorrangigen Einsatz bei Materialflußoperationen. Man unterscheidet Fördermittel nach ihrer Funktion für:

- die Ein-/Auslagerung,
- den innerbetrieblichen Materialfluß und
- den zwischen- und außerbetrieblichen Materialfluß (Verkehrsmittel).

Fördermittel für die Ein-/Auslagerung sind spezielle Fördermittel zur Erfüllung der Schnittstellenfunktion zwischen Lagersystem und Transportsystem. Bauformen, die die

Funktionen Ein-/Auslagern und Transportieren verbinden, sind möglich. Eine Gliederung wird im folgenden gegeben:

- Krane/Stapelkrane,
- Regalförderzeuge,
- Umsetzer,
- Kurvengängige Regalförderzeuge,
- Flurförderzeuge für die Regalbedienung,
- Automatische Regalstaplersysteme und
- Satellitenfahrzeuge.

Fördermittel für den innerbetrieblichen Materialfluß realisieren die Transportfunktion innerhalb eines Unternehmens, **Bild 7.11.**

Fördermittel für innerbetriebliche Materialflußprozesse			
Flurfördersysteme	**Aufgeständerte Systeme**	**Flurfreie Fördersysteme**	**Aufzüge und Hebezeuge**
Schlepper Gabelstapler Stetigförderer als Zugmittel Fahrerlose Transportsysteme	Satellitenfahrzeuge autom. Verteilfahrzeug Hochregalblock-lagersystem Stetigförderer mit Zugmittel (z. B. Gurtförderer, Kettenförderer) Stetigförderer ohne Zugmittel (z. B. Rollenförderer, Röllchenbahnen)	Stetigförderer mit Zugmittel z. B. Kreisförderer Quasi-Stetigförderer mit Zugmittel z. B. Elektrohänge-bahnen Unstetigförderer z. B. Kräne	Seilaufzüge Hydraulikaufzüge Schrägaufzüge Etagenförderer Züge und Winden

Bild 7.11: Fördermittel für innerbetriebliche Materialflußprozesse

Flurförderzeuge sind gleislose, hauptsächlich für innerbetriebliche Transportaufgaben eingesetzte Fahrzeuge mit und ohne Einrichtungen zum Heben und Stapeln von Lasten. Ihre Gliederung ist in VDI 2366 und DIN 15140 niedergelegt.

Im Gegensatz dazu fahren flurfreie Fördermittel an Tragkonstruktionen an der Hallendecke, so daß für den Betrieb keine freien Hallenflächen benötigt werden. Typische Beispiele sind Krane und Hängebahnen. Eine weitere Unterteilung erfolgt in:

- Stetigförderer und
- Unstetigförderer.

Mit **Fördermitteln für den zwischen- und außerbetrieblichen Verkehr** wird der Güterumlauf zwischen Anbieter (Quelle) und Verbraucher (Senke) realisiert. Je nach

Art der benutzten Verkehrswege unterscheidet man Transportmittel für den Straßengüterverkehr, Schienenverkehr sowie Verkehrsmittel in der Binnen- und Seeschiffahrt und im Luftfrachtverkehr.

7.3.2 Handhabungseinrichtungen

Handhaben ist nach VDI 2860/1982 das Schaffen, definierte Verändern oder vorübergehende Aufrechterhalten einer vorgegebenen räumlichen Anordnung von geometrisch bestimmten Körpern in einem Bezugssystem, **Bild 7.12**.

Handhaben				
Speichern	**Mengen ändern**	**Bewegen**	**Sichern**	**Kontrollieren**
geordnet Speichern	Teilen	Drehen	Halten	Prüfen
	Vereinigen	Verschieben	Lösen	Messen
teilgeordnet Speichern	Abteilen	Schwenken	Spannen	
	Zuteilen	Orientieren	Entspannen	
	Verzweigen	Positionieren		
ungeordnet Speichern	Zusammenführen	Ordnen		
		Führen		
		Weitergeben		
		Fördern		

Bild 7.12: Gliederung der Handhabungsfunktionen nach VDI 2860

Die Ausführung dieser Operationen mit technischen Mitteln geschieht mit Hilfe von Handhabungseinrichtungen. Sie lassen sich wie in **Bild 7.13** gezeigt gliedern. Ferner kann auch zwischen

- Einzweckeinrichtungen und
- ortsfesten oder mobilen universellen Robotern

unterschieden werden.

Einzweckeinrichtungen sind technische Betriebsmittel, die für einen Einsatzfall innerhalb eines Materialflußprozesses nur eine bestimmte Handhabungsteilfunktion erfüllen wie Speichern, Menge Verändern, Bewegen, Sichern oder Kontrollieren.

Roboter oder **Industrieroboter** (IR) sind universell einsetzbare Bewegungsautomaten mit mehreren Achsen, deren Bewegungen bezüglich Bewegungsfolge und Kinematik frei programmierbar und gegebenenfalls sensorgeführt sind. Sie sind mit Greifern, Werkzeugen oder anderen Fertigungsmitteln ausrüstbar und können Handhabungs- bzw. Fertigungsaufgaben erfüllen.

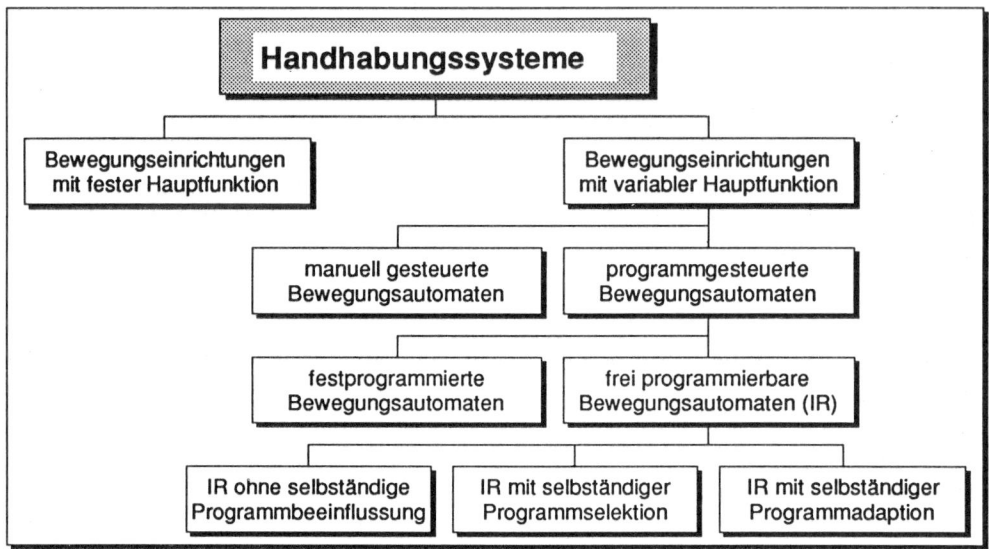

Bild 7.13: Gliederung der Handhabungssysteme

Industrieroboter unterscheiden sich im wesentlichen durch den kinematischen Aufbau, durch die Nennlast und durch die Positioniergenauigkeit. Der kinematische Grundaufbau legt den Arbeitsraum fest, wobei im allgemeinen Roboter mit kartesischem Arbeitsraum oder in Knickarmbauweise eingesetzt werden. Je nach Aufbau und nach möglicher Nennlast werden Industrieroboter für unterschiedliche Handhabungsaufgaben eingesetzt. Typische Einsatzbereiche für Roboter in kartesischer Bauart sind Versorgung und Entsorgung von Maschinen mit Werkzeugen und Werkstücken, Palettieraufgaben, Kommissionieraufgaben und andere Transportfunktionen. Diese Industrierobotersysteme sind meist in Portalbauweise realisiert.

Systeme in Knickarmbauweise werden in flexiblen Fertigungssystemen ebenfalls zur Bedienung von Werkzeugmaschinen eingesetzt. Darüberhinaus sind typische Einsatzgebiete solcher Systeme die Bereiche Punkt- und Bahnschweißen, Lackieren und Montageaufgaben.

Je nach Aufgabengebiet unterscheiden sich die eingesetzten numerischen Steuerungen. Für einfache Handhabungsaufgaben eignet sich die Punkt-zu-Punkt-Steuerung (Point-to-point, PTP). Ein typisches Einsatzgebiet einer solchen Steuerung ist das Punktschweißen im Automobilbau. Bei komplexeren Aufgaben, wie z. B. Montageaufgaben, ist eine Bahnsteuerung (Continous-path, CP) erforderlich.

Steuerungen von Industrierobotern sind beim Einsatz in flexiblen Fertigungsstrukturen mit dem DNC-Rechner bzw. mit dem Fertigungsleitrechner oder mit einer Maschinensteuerung vernetzt.

Handhabungsgeräte werden vorwiegend in flexiblen Produktionsbereichen für Transportfunktionen eingesetzt. Diese Aufgaben beinhalten die Versorgung der Werkzeugmaschinen mit Werkstücken und auftragsbezogenen Werkzeugen. Im Montagebereich werden Handhabungsfunktionen von Industrierobotern oftmals sensorunterstützt ausgeführt /KRE,89,1/.

Der Zeitaufwand für die Versorgung von Werkzeugmaschinen mit Werkstücken und Werkzeugen ist unabhängig von der Bedienungsart möglichst zu minimieren, da Rüstzeiten kostenintensive Nebenzeiten darstellen. Um diese Zeitanteile zu minimieren, werden Industrieroboter für diese Aufgaben mit Doppel- bzw. Mehrfachgreifern ausgerüstet. Die Anforderungen an das Greifersystem, besonders in Bereichen der Werkstückhandhabung, sind hoch, da ein Werkstück nach der Bearbeitung in einer Werkzeugmaschine im allgemeinen eine stark veränderte Oberfläche bzw. Struktur besitzt. Hier werden mechanische Mehrfachgreifer oder entsprechend ausgeführte Sauggreifsysteme, z. B. in der Blechbearbeitung, eingesetzt.

7.3.3 Lagermittel

Die technische Realisierung zur Ausführung einer Puffer- bzw. Speicherfunktion innerhalb von Materialflußsystemen wird durch die **Lagermittel** abgedeckt. Dabei untergliedert man in:

- statische Lagermittel und
- dynamische Lagermittel.

Bei **statischen Lagermitteln** sind die untergebrachten Objekte von der Einlagerung bis zur Auslagerung nicht in Bewegung. Die Auslagerung erfolgt von demselben Ort, an dem auch die Einlagerung stattfindet. Bei **dynamischen Lagermitteln** werden die eingelagerten Objekte nach dem Einlagern bewegt. Die Orte der Ein- und Auslagerung können physikalisch auseinanderliegen. **Bild 7.14** zeigt prinzipielle Formen von Lagersystemen.

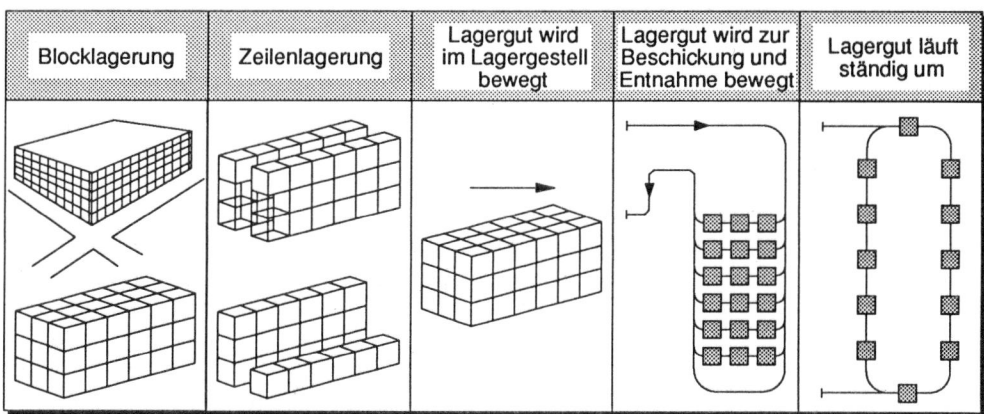

Bild 7.14:   Prinzipdarstellung von Lagersystemen

7.3.4 Schnittstellen des Materialflusses zu anderen Unternehmensbereichen

Bei den Kopplungen zwischen Materialfluß und anderen an **CAM** beteiligten Funktions-bereichen wird zwischen informationstechnischen und operativen Schnittstellen unter-schieden. Während erstere den Austausch materialflußorientierter Daten beinhalten, umfaßt die maschinenbauliche Schnittstelle die Materialflußkopplungen zwischen un-terschiedlichen Betriebsbereichen. Die Schnittstelle kann dabei durch Hilfsmittel wie standardisierte Paletten definiert sein, aber auch spezielle Handhabungsgeräte wie Kommissionier-Roboter erfordern.

Bei der Produktentwicklung müssen Vorgaben durch den Materialfluß berücksichtigt werden. Dies setzt den Austausch von materialflußorientierten Daten hinsichtlich mög-licher Restriktionen mit der rechnerunterstützten Konstruktion **CAD** voraus. Als Beispiel hierfür sind eventuelle Beschränkungen bei der Konstruktion in Bezug auf deren Abmessungen, Gewicht und Form oder die Konstruktion spezifischer Förderhilfsmittel zu nennen. Dabei ist der gleichzeitige Rückgriff verschiedener Abteilungen auf materi-alflußbezogene Daten möglich.

Die unter **CAP** zusammengefaßten Aktivitäten der Arbeitsplanung haben insbesondere in der Funktion Materialplanung informationstechnische Schnittstellen zum Materialfluß.

Die vom Materialflußsystem abgerufenen Daten beziehen sich dabei sowohl auf die Bevorratung von Material als auch auf spezifische Angaben zur Transporttechnik. Die Angaben aus den Materialdateien wie Lagerspiegel und Artikelstammdateien geben der Arbeitsplanung die nötigen Informationen an die Hand, die zur Planung der Puffer und Lagerplätze für End- bzw. Zwischenprodukte für die zukünftige Produktion notwen-dig sind.

Die Daten über das Materialflußsystem selbst umfassen Informationen über Förderlei-stungen, Durchfluß, Abmessungen, Höchstgewichte, Kapazitäten usw., die in CIM-Sy-stemen in die Arbeitsplanung einfließen, um im Produktionsprozeß einen optimalen Materialfluß zu gewährleisten.

Die Aktivitäten in CAP umfassen auch das Bereitstellen spezieller Programme und Werkzeuge, die Teilbereiche des Materialflußsystems wie Handhabungsgeräte, mobile Roboter oder Übergabestationen betreffen, was zum Laden dieser Programme bzw. zur Montage der Werkzeuge sowohl informationstechnische als auch maschinenbauli-che Kopplungen voraussetzt.

Bei der Produktionsprogrammplanung innerhalb der **Produktionsplanung und -steue-rung** sind es insbesondere die Leistungsdaten des Materialflußsystems, die übermittelt werden, um mit diesen Vorgaben eine korrekte Auftrags- und Programmbildung durch-führen zu können. Für die dazugehörige Termin- und Kapazitätsplanung sind aus dem Materialflußsystem Materialdaten und Belastungsübersichten zur Verfügung zu stellen. Für die Auftragsfreigabe und -überwachung muß die Produktionsplanung und -steue-rung auf Verfügbarkeitsdaten der Materialflußkomponenten zurückgreifen können.

Zu den vom Materialflußsystem an die **Werkstattsteuerung** geleiteten Daten zählen die Rückmeldungen von Transport- und Lageraufträgen, die es erlauben, den Materialfluß zu überwachen.

Der Informationsstrom von der Werkstattsteuerung zum Materialflußsystem umfaßt die Aufträge für die benötigten Transport- und Umschlagleistungen sowie die damit verbundenen Daten über Reservierungen, Warteschlangen und Prioritäten. Insbesondere muß die Kommunikation zwischen Fertigungsleitrechner und Materialflußsteuerung zur Übertragung spezieller auftragsbezogener Steuerungsprogramme für fördertechnische Einrichtungen sichergestellt sein.

Der Betriebsbereich **CAQ** erhält aus dem Datenbestand des Materialflußsystems Informationen, die zur Sicherstellung der Qualitätsanforderungen an ein Produkt geeignet sind. Dazu zählen insbesondere Daten aus Materialdateien wie Produktionsdatum und andere qualitätsbezogene Informationen.

Darüber hinaus können Einrichtungen des Materialflußsystems mit Sensorik versehen sein, die Aufschluß über die Produktqualität erlauben. Dies kann z. B. eine Waage sein, aber auch komplexere Eigenschaften eines Produktes bzw. Halbzeuges können prinzipiell während des Verweilens im Materialfluß ermittelt werden. Die Übertragung dieser Daten zum Betriebsbereich CAQ setzt eine informationstechnische Schnittstelle voraus.

Diese Schnittstelle kann gegebenenfalls für die Rückkopplung durch CAQ genutzt werden, um Reaktionen auf die Produktdaten wie etwa Ausschleusaufträge abzusetzen. Wenn eine solche Beauftragung aus dem Bereich CAQ möglich ist, treten auch maschinenbauliche Kopplungen an den Ausschleuspunkten auf.

7.4 Fertigungs- und Werkstattsteuerung

Im klassischen Sinne ist die **Fertigungssteuerung** der Produktionsplanung und -steuerung zugeordnet. Der Begriff der **Werkstattsteuerung** kann in diesem Zusammenhang als Synonym gebraucht werden. In Zuge einer Dezentralisierung von Aufgaben und Entscheidungskompetenzen wird die Fertigungsteuerung immer mehr dem CAM-Bereich zugerechnet. Innerhalb der Fertigungssteuerung werden die freigegebenen Arbeitsgänge nach neuen Optimierungskriterien auf Betriebsmittelgruppen bezogen geordnet. Beispielhaft sollen im folgenden Optimierungskriterien genannt werden:

- Vermeidung von Abfall durch eine Zuschnittoptimierung,
- Vermeidung von Umrüstvorgängen und
- fertigungstechnische Bedingungen, wie gleichmäßige Auslastung bestimmter Einrichtungen.

Die Dezentralisierung aus betrieblichen Anforderungen heraus hat auch Auswirkungen auf die Gestaltung der EDV-Architektur. Im Rahmen der betrieblichen Planung für EDV-Anwendungen werden noch sehr oft an betriebswirtschaftlichen Kriterien ausgerichtete Hardware-Entscheidungen getroffen. Ebenso richtet sich der Betrieb der EDV-Systeme an den Büroarbeitszeiten aus. Ein zentraler Rechner steht daher nur in einer, maximal zwei Schichten zum Dialog zur Verfügung. Die Fertigungssteuerung selbst ist jedoch auf die Fertigung und deren Arbeitszeiten ausgerichtet, d. h. häufig im Zwei-, Drei-, Vier- oder sogar im Fünf-Schicht-Betrieb. Gleichzeitig ist eine hohe Flexibilität bezogen auf den Anschluß von Peripheriekomponenten erforderlich. Dies hat dazu geführt, daß für die Fertigungssteuerung häufig Prozeßrechnersysteme eingesetzt werden.

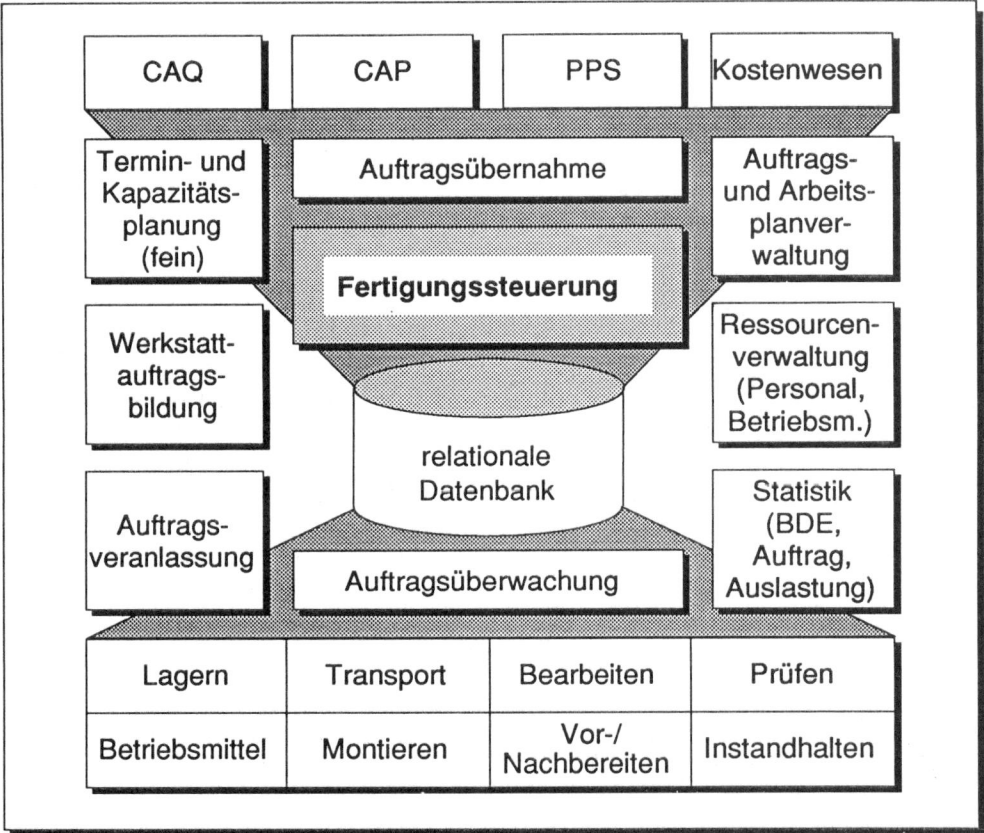

Bild 7.15: Funktionen der Fertigungssteuerung

Die kurzfristige Fertigungsteuerung hat im Zuge der Auftragsfreigabe weitere Aufgaben zu erfüllen, **Bild 7.15**. Weil durch die Fertigungssteuerung technische Systeme angestoßen werden, muß auch für die Bereitstellung der nötigen Betriebshilfsmittel und Informationen gesorgt werden. Dies können sein:

- für den Arbeitsgang erforderliche Arbeits-, Prüf- und Montagepläne,
- NC-Programme für numerisch gesteuerte Maschinen, die durch ein DNC-System verteilt werden können,
- Bereitstellung von erforderlichen Transportkapazitäten, Quellen- und Zielinformationen, Angaben über Menge und Qualität und
- Werkzeug- und Werkstückbereitstellung.

Diese zeitnahen Aufgaben können nur erfüllt werden, wenn eine aktuelle Datenbasis vorhanden ist, auf die ein Zugriff jederzeit möglich ist. Aus diesem Grunde muß sie eng mit einem BDE-System verbunden sein. Werden die Rückmeldungen jedoch nicht direkt an der Maschine oder einer Betriebsmittelgruppe erfaßt, sondern beispielsweise nur zentral durch eine Terminaleingabe im Büro des Meisters, so ist ein aktueller Stand über den Auftragsfortschritt nicht zu erwarten. Die verstrichene Zeit von der Aufschreibung an der Maschine bis zur Eingabe im Erfassungsbüro verfälscht die Ist-Zeit so stark, daß eine aktuelle Übersicht über Aufträge und Kapazitäten zu keiner Zeit erstellt werden kann.

Die Erfassung der Betriebsdaten ist nicht nur Voraussetzung für eine zeitnahe Fertigungssteuerung, sondern auch für andere Anwendungsbereiche. So werden mitarbeiterbezogene Daten auch für die Bruttolohnberechnung benötigt sowie auftragsbezogene Daten für eine mitlaufende Kalkulation. Allerdings müssen hier Abstimmungen mit allen Beteiligten erfolgen, um die Akzeptanz zu erhöhen und Auseinandersetzungen aufgrund der Kontrolle von Mitarbeitern zu vermeiden. Werden im Rahmen von Soll-/Ist-Analysen Mengen und Kosten zeitnah kontrolliert, kann korrigierend in den Fertigungsablauf eingegriffen werden.

Durch die enge Kopplung von Rückmeldeinformationen (Zeit und Ort) aus einem BDE-System mit der Fertigungssteuerung, die damit eigentlich zur Fertigungsregelung wird, entfallen Redundanzen und Abstimmungsprozesse gegenüber der Mehrfacherfassung durch manuell ausgefüllte Rückmeldescheine und der Terminaleingabe.

CAM-Komponenten wie DNC-Systeme, fahrerlose Transportfahrzeuge oder Lagerverwaltungssysteme können so ausgerüstet sein, daß Signale unmittelbar an BDE-Systeme übertragen werden. Man spricht dann von der Maschinendatenerfassung (MDE).

Beschränkt sich die Datenverarbeitung der CAM-Komponenten auf die reine Datenerfassung, so muß das BDE-System die Daten zur Anlagensteuerung aufbereiten. Bei intelligenten Systemen kann jedoch eine direkte Kopplung mit der Fertigungssteuerung, der Lohnerfassung oder der Kalkulation erfolgen. Beispiele für fertigungssteuerungsrelevante Daten sind auch in **Bild 7.4** zu finden.

Für die Implementierung eines CIM-Systems im Bereich der zeitnahen Fertigung hat dies zur Folge, daß nur eine Gesamtbetrachtung der CAM-Komponenten mit der Fertigungssteuerung und Betriebsdatenerfassung die Integrationsanforderungen erfüllen kann. Die benötigten Datenverknüpfungen werden dabei nach der erforderlichen Informationsart und Aktualität beurteilt. Dies muß bei der Auswahl von Datenbasis, Netzwerk, Rechnerhardware und Betriebssystem berücksichtigt werden.

In weitgehend automatisierten Systemen wird die Ausführung der Fertigungssteuerung vom **Leitstand** übernommen. Hier werden auf PC- oder Workstationebene die durch ein zentrales PPS-System erzeugten Aufträge übernommen und innerhalb vorgegebener Ecktermine neu disponiert. Neben der bereits beschriebenen Optimierung kann auch eine Zusammenfassung und Trennung von Aufträgen erfolgen.

Gleichzeitig eröffnen Leitstandkonzepte durch die Nutzung moderner benutzerbezogener Hard- und Softwareentwicklungen auch neue Formen der Benutzerschnittstelle. Dazu zählen die Fenstertechnik, Grafikdarstellung und Farbunterstützung sowie die Maussteuerung. Im Gegensatz zu zentralorientierten PPS-Systemen, die nur über Primitivgrafik verfügen, besitzen Leitstände grafische Darstellungen, die auch zum Einsatz von Simulations- und Animationstechniken geeignet sind.

Durch Leitstände wird auch die Vermittlungsebene zwischen auftragsbezogenem Logistikstrang und der Maschinensteuerungsebene geschaffen. Sie bündeln die Daten aus Rückmeldesystemen von BDE-Funktionen, Lager, Transport und DNC-Betrieb und lösen gleichzeitig Freigabe- und Steuerungsimpulse für die Aktionsebene aus. Dabei werden Leitstände auch dezentral zur Disposition einzelner Fertigungsbereiche eingesetzt. Die Koordination mehrerer Leitstände erfolgt durch einen Koordinationsleitstand.

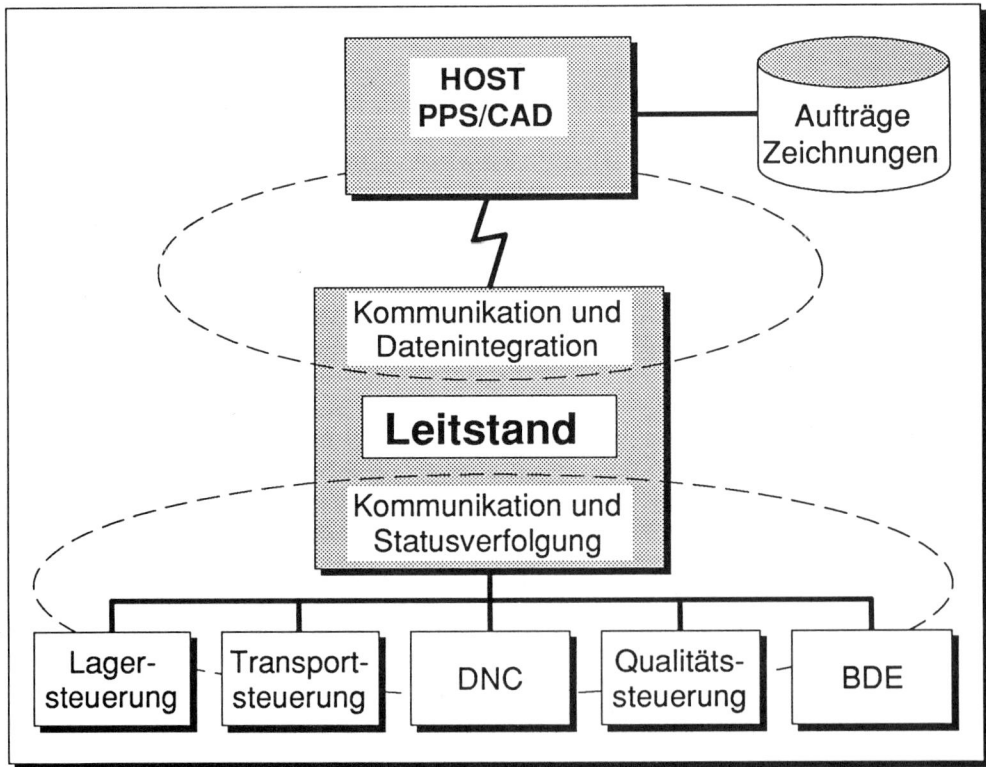

Bild 7.16: Integration eines Leitstandes in ein CIM-Konzept über offene Standards

Das Konzept der **dezentralen Fertigungssteuerung** sei hier kurz am Beispiel eines flexiblen Fertigungssystems erläutert. Dabei erfüllt der Leitstand alle Fertigungssteuerungsfunktionen, ist jedoch nur für die Auftragsabwicklung in diesem System zuständig. Seine Aufgaben umfassen:

- Qualitätssicherung,
- Fertigungssteuerung,
- NC-Programmierung,
- Werkzeugverwaltung,
- Materialverwaltung,
- Materialtransport und
- Instandhaltung.

Bevor beispielsweise die Bearbeitung auf einem Bearbeitungszentrum freigegeben werden kann, muß folgendes überprüft werden:

- Freigabe des Arbeitsganges von der Auftragssteuerung,
- Verfügbarkeit des NC-Programmes,
- Verfügbarkeit der benötigten Werkzeuge,
- Verfügbarkeit der benötigten Rohteile und
- Bereitstellung des Prüfplanes für die Qualitätssicherung.

Die Einbindung eines Leitstandes in ein CIM-Konzept kann durch herstellerbezogene Konzepte erfolgen, wird aber heute zunehmend über sogenannte **offene Standards** realisiert. **Bild 7.16** zeigt die Verknüpfung eines Standardsoftwaresystems für die Funktion "Leitstand" mit Anwendersoftwarebausteinen. Mit dem Standardsystem werden die Funktionen der Auftragsverwaltung und Feinsteuerung durchgeführt. Es wird ergänzt durch Softwarebausteine, die die Kommunikation zu unterschiedlichen übergeordneten PPS-Systemen zur Auftragsversorgung herstellen und durch Kommunikationsbausteine zur Verbindung mit den CAM-Komponenten.

Zu den offenen Standards, die im gesamten CAM-Bereich bereits Verbreitung gefunden haben, zählen das Betriebssystem UNIX, lauffähig auf unterschiedlichster Hardware, Datenbanksysteme auf SQL-Basis, die Programmiersprache "C", die komfortable grafische Benutzeroberfläche X-Windows und das Netzwerkprotokoll TCP/IP.

7.5 Anbindung von CAM an andere CIM-Bausteine

In einem CIM-System ist der CAM-Bereich an die Bereiche CAD, PPS, CAP und CAQ gekoppelt. Im folgenden werden die vom CAM-Bereich ausgehenden Daten- und Informationsströme dargestellt. Quelle dieser Informationen ist die im CAM angesiedelte Betriebsdaten- und Maschinendatenerfassung (BDE/MDE). Diese Funktionen sind in modernen CNC-Systemen implementiert. Unter dem Begriff der Betriebsdaten faßt man folgende Daten zusammen:

- auftragsbezogene Daten,
- mitarbeiterbezogene Daten,
- materialbezogene Daten und
- maschinenbezogene Daten.

Zwischen CAM und CAD besteht derzeit kein organisierter Informationsaustausch. Ein direktes Einwirken des CAM-Bereiches auf den CAD-Datenbestand erscheint jedoch nicht sinnvoll und aufgrund der hohen Komplexität und eventuell weitreichender Konsequenzen auch auf den planerischen Bereich nicht wünschenswert.

Der Datenstrom von CAM zum PPS umfaßt auftrags-, mitarbeiter- und materialbezogene Daten. **Auftragsbezogene Daten** sind hier z. B. der Fertigungsfortschritt, Fertigungszeiten und -mengen. **Mitarbeiterbezogene Daten** können Daten über die Anwesenheit des Personals und über Zu- und Abgänge sein. Solche Daten könnten beispielsweise zur Festlegung der Lohnberechnung herangezogen werden. **Materialbezogene Daten** beinhalten Informationen über Roh- und Hilfsstoffe, über den Bestand an Halbfertigprodukten oder über den Bestand an Bauteilen, die als Zukaufteile verarbeitet oder montiert werden. Die **maschinenbezogenen Daten**, die vom CAM- zum PPS-Bereich übertragen werden, beinhalten Störungsmeldungen, Störungsursachen, Stillstandszeiten, Werkzeugdaten, produzierte Mengen und andere fertigungsrelevante Daten.

Vom Maschinenbediener modifizierte NC-Programme werden ebenfalls entsprechend gekennzeichnet in den CAP-Bereich zurückgegeben. Zwischen den Datenströmen von CAM nach PPS und nach CAP treten in der Regel Überschneidungen auf, wie z. B. bei den Produktionsdaten. Durch eine gemeinsame Datenbasis werden Datenredundanzen in solchen Fällen vermieden, gleiche Datensätze aber in den unterschiedlichen Planungsbereichen auch unterschiedlich verwendet.

Zwischen CAM und CAQ besteht der folgende Zusammenhang:
Die auftragsbezogenen Daten beinhalten Qualitätsmerkmale, wie z. B. Toleranzen der gefertigten Werkstücke, sofern diese im Fertigungsbereich durch in die Maschinen integrierte Meßeinrichtungen oder separate Prüf- und Meßmaschinen erfaßt werden. In entgegengesetzter Richtung werden Informationen über Ausschußmengen und Ausschußgründe übermittelt. Allgemein ist der Bereich der Qualitätssicherung durch Meß- und Prüfmaschinen sehr stark in die flexible Fertigung einbezogen.

8 Qualitätssicherung unter dem CIM-Aspekt

In nahezu allen Bereichen industrieller Unternehmen wird inzwischen die Abwicklung von Aufgaben, gleichermaßen organisatorischen wie technisch-wissenschaftlichen Ursprungs, durch Rechnereinsatz unterstützt. Dies gilt heute, wenn auch mit erheblicher Verzögerung, durchaus für wesentliche Bereiche der Qualitätssicherung (QS). Man kann sogar feststellen, daß nach vielen Jahren der nahezu ausschließlichen Beschränkung auf Automatisierungsmaßnahmen im Bereich der Konstruktion, der Fertigungsplanung und der Fertigung die rechnerunterstützte Qualitätssicherung mehr und mehr in den Blickpunkt gerät. Gründe hierfür sind die drei wesentlichen Forderungen:

- Reduzierung des zeitlichen Aufwandes für die Durchführung der Qualitätssicherung,
- 100%-Qualitätsprüfung anstelle einer x%-Stichprobenprüfung und
- die Integration aller Unternehmensbereiche in ein Qualitätssicherungssystem.

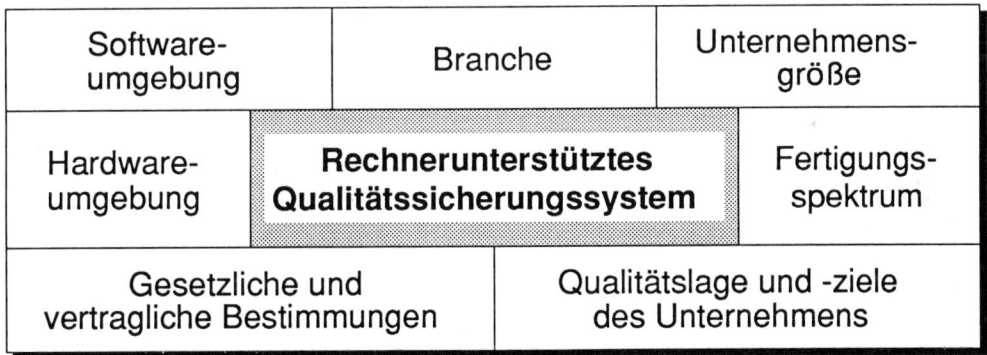

Bild 8.1: Einflußgrößen auf ein Qualitätssicherungssystem

Die letzte Forderung zielt dabei auf das Gesamtkonzept eines unternehmensumspannenden CIM-Systems ab, das in der Konsequenz am schwierigsten zu realisieren ist. Festzustellen ist, daß aufgrund der Beteiligung aller Unternehmensbereiche spezielle Qualitätssicherungslösungen für die unterschiedlichen Aufgaben existieren. Um diese zukünftig im Rahmen einer gesamten Integration miteinander zu verknüpfen, muß die Möglichkeit der Kommunikation untereinander geschaffen werden. Hierzu ist es erforderlich, zukünftig die Einzellösungen hard- und softwaremäßig zu vernetzen. Es müssen standardisierte Datensätze und standardisierte Kommunikationssysteme eingerichtet werden. Um zu einem vollständig integrierten Qualitätssicherungssystem zu kommen, müssen die anfallenden Daten allen Bereichen zugänglich sein.

Es wird auch in Zukunft auf dem Markt der EDV-Systeme nicht das allumfassende Qualitätssicherungsprodukt geben, sondern sogenannte Insellösungen werden entsprechend den Anforderungen informationstechnisch verknüpft. Das stark heterogene Einsatzspektrum von Qualitätssicherungssystemen und die unterschiedlichsten Unternehmensstrukturen führen zu jeweils unternehmensindividuellen CAQ-Lösungen, **Bild 8.1** /PFE,87,2/.

Die Einzeltätigkeiten zur Qualitätssicherung können in den entsprechenden Unternehmensbereichen zusammengefaßt werden. **Bild 8.2** /MAS,88,1/ zeigt fünf Bereiche mit qualitätssichernden Tätigkeiten. Jeder der Bereiche ist auf Informationen aus dem Unternehmen angewiesen und leitet Daten wieder weiter. Qualitätsdaten dienen damit den Regelmechanismen des gesamten Unternehmens.

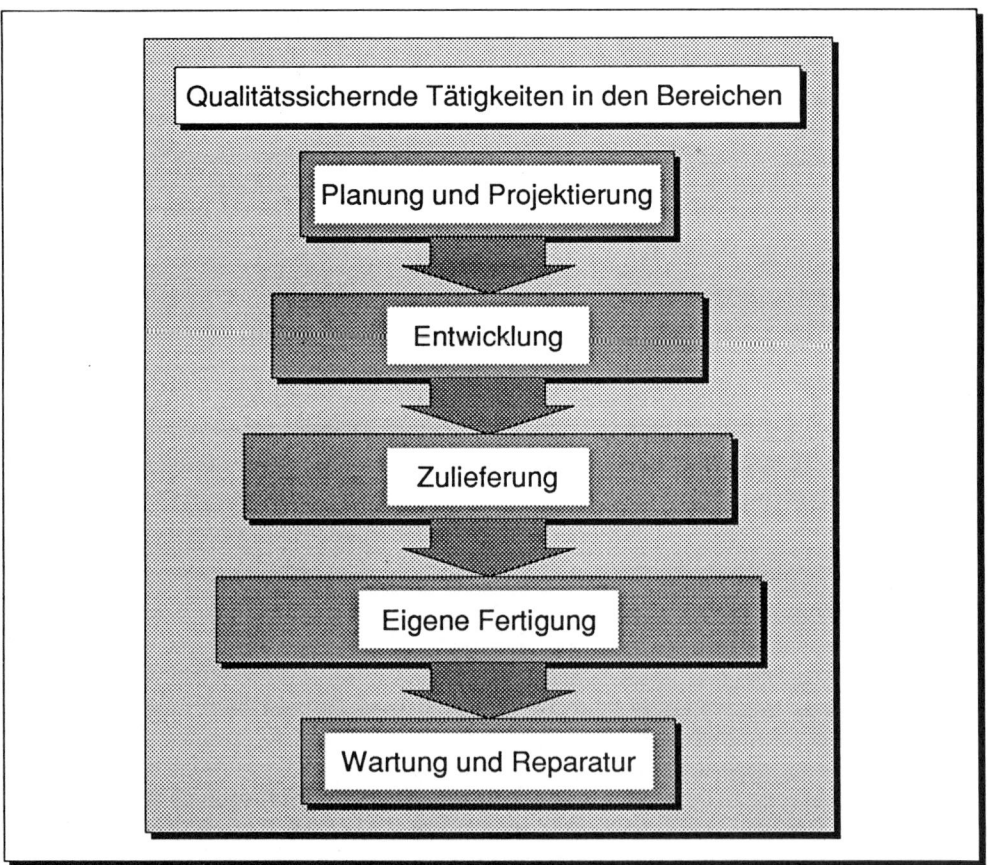

Bild 8.2: Bereiche mit qualitätssichernden Tätigkeiten

8.1 Computer Aided Quality Assurance (CAQ)

Die Anforderungen, die an **CAQ** gestellt werden, lassen sich aus der Definition der Qualitätssicherung und der Gliederung in ihre Aufgabengebiete ableiten:

- Qualitätssicherung ist die Gesamtheit aller organisatorischen und technischen Aktivitäten zur Erzielung der geforderten Qualität unter Berücksichtigung der Wirtschaftlichkeit /WOL,88,1/.

CAQ stellt daher die Gesamtheit aller rechnerunterstützten Qualitätssicherungsaktivitäten dar. **Bild 8.3** /VOG,88,1/ gibt dazu einen umfassenden Überblick.

Ein zentrales Wort der Qualitätssicherung ist der Begriff der **Qualität.** Im Gegensatz zum umgangssprachlichen Gebrauch des Wortes Qualität ist es als Fachwort für die Benutzung im Rahmen sämtlicher Qualitätssicherungsmaßnahmen folgendermaßen nach DIN 55350 T 11 und DIN-ISO 9001 definiert:

- **Qualität:** Gesamtheit von Eigenschaften und Merkmalen eines Produktes oder einer Tätigkeit, die sich auf deren Eignung zur Erfüllung gegebener Erfordernisse beziehen.

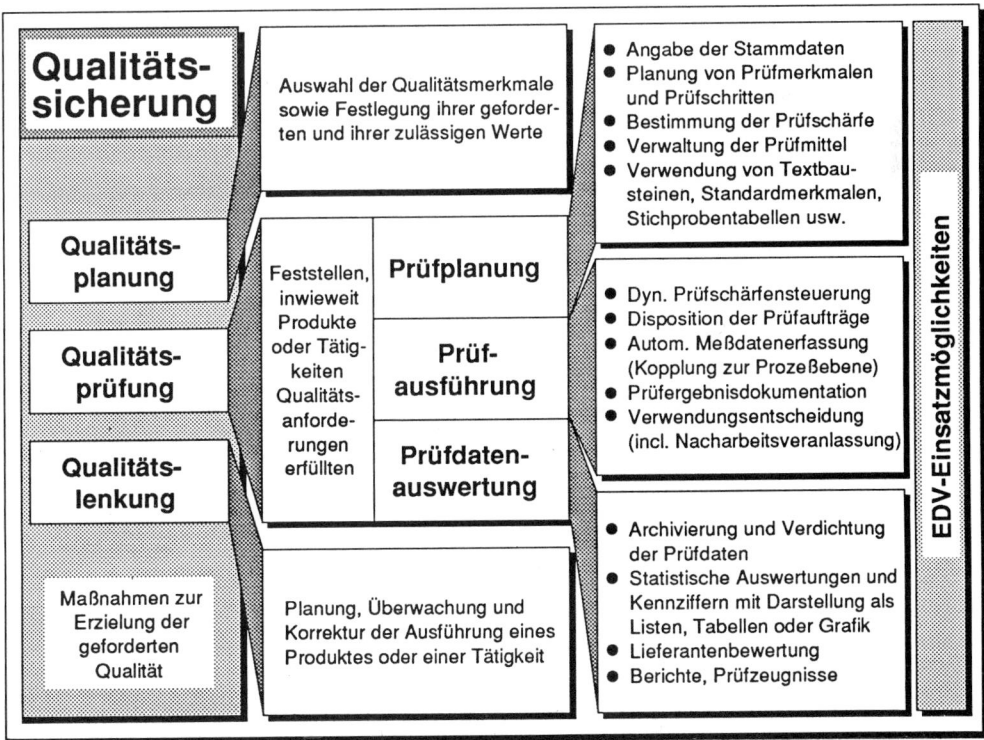

Bild 8.3: EDV-Einsatzmöglichkeiten bei den Aufgaben der Qualitätssicherung

CAQ ist das unvollständige Akronym für den englischen Terminus "Computer Aided Quality Assurance". Im deutschen Normenwerk wird "Quality Assurance" mit "QS-Nachweisführung" übersetzt. Gemeint ist damit das hinreichende Sicherstellen, daß aus Sicht der Qualitätssicherung die Forderungen an das Produkt erfüllt werden. Nachweisführung beschränkt sich hiernach nicht allein auf die Dokumentation, sondern bezieht sich auf die Gesamtheit der qualitätssichernden Maßnahmen, beginnend bei der Entstehung bis hin zum Einsatz eines Produktes. Ein CAQ-System sollte also in den einzelnen Stufen der Produktentstehung bei der Planung, Durchführung und Auswertung der qualitätsrelevanten Tätigkeiten zur Verfügung stehen /PFE,87,2/.

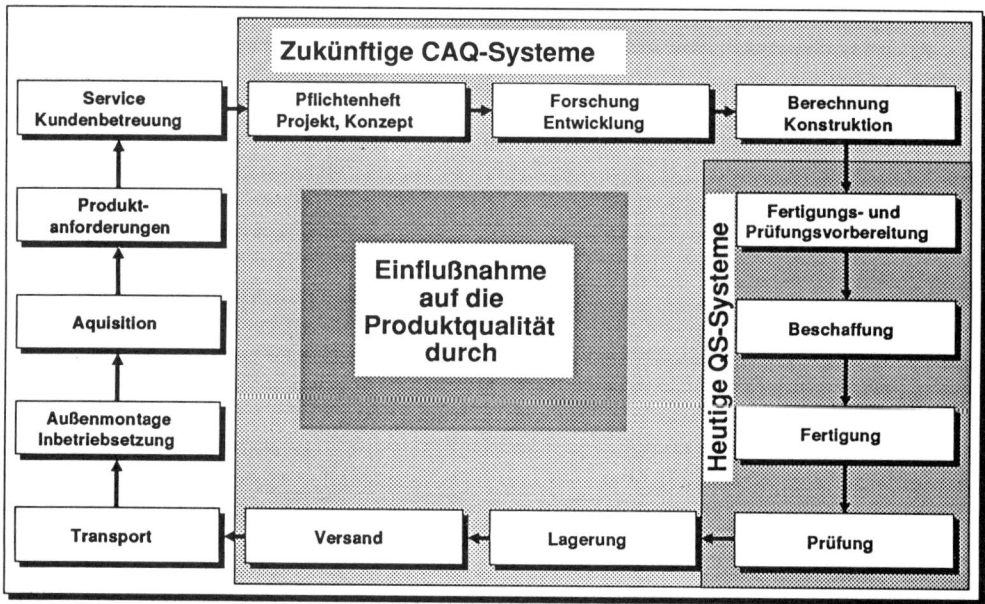

Bild 8.4: Einsatzbereiche realisierter und zukünftiger Qualitätssicherungssysteme

Aus **Bild 8.4** /PFE,87,2/ wird deutlich, daß die an CAQ-Systeme gestellten Ansprüche hoch sind, wenn alle Bereiche innerhalb eines Unternehmens darin integriert werden sollen.

Die aktuellen Anwendungsbereiche realisierter CAQ-Systeme sind:

- die Fertigungs- und Prüfvorbereitung,
- die Beschaffung,
- die Fertigung und
- die Prüfung der Bauteile.

Die CAQ-Systeme setzen dann Schwerpunkte bei:

- der Wareneingangsprüfung,
- der Fertigungszwischenprüfung und
- der Fertigungsendprüfung.

Funktionale Bereiche der QS / **Organisatorische Ebenen**

Organisatorische Ebenen \ Funktionale Bereiche der QS	Strategische Aufgaben	Qualitätsplanung	Qualitätsprüfung	Qualitätslenkung
Führungsebene	Erarbeitung von Grundlagen und langfristigen Strategien	Qualitätspolitik, Sytemüberprüfung, Sytembewertung, Organisation, Veranlassung von Schulungen		Langzeitverdichtung aller Qualitätsdaten für bereichsüber-, greifende, strategische Maßnahmen
Planungsebene	Festlegung aller QS-Maßnahmen, beginnend bei der Materialforschung, endend bei der Lieferung an den Kunden	Auswertung der Qualitätsdaten, Festlegung v. Qualitätsmerkmalen, Analyse der Qualitätsfähigkeit der Konstruktion und des Prozesses, Prüfmittelplanung, Prüfplanung		Großer, externer Regelkreis: Technische und organisatorische Verbesserungsmaßnahmen aufgrund der Qualitätsdaten
Leitebene	Zeitliche Koordinierung und Vorbereitung der QS-Maßnahmen	Prüfmittelverwaltung, Prüfauftragsverwaltung	Qualitätsdatenaufbereitung zur Steuerung der Fertigungsprozesse, Datenquelle für die Qualitätsplanung und Qualitätslenkung, Dokumentation der Prüfergebnisse	Kleiner, externer Regelkreis: Rückführung der Meßwerte einer vorgelagerten Fertigungseinrichtung auf die Steuerung
Ausführungsebene	Durchführung der in der Planungsebene festgelegten QS-Maßnahmen		Automatische Qualitätsprüfung als Stichprobenprüfung oder 100%-Prüfung	Kleiner, interner Regelkreis: On-line-Rückführung der Meßwerte direkt auf die eigene Steuerung

Bild 8.5: Organisatorische Ebenen und Funktionen der rechnerunterstützten Qualitätssicherung

107

Die Prüfplanung und die fertigungsbegleitende Prüfung wird aufgrund der unterschiedlichen betrieblichen Einflüsse und Anforderungen in einem geringeren Maße innerhalb von CAQ-Systemen berücksichtigt /PFE,87,2/.

Die Ziele der rechnerunterstützten Qualitätssicherung (CAQ) lassen sich folgendermaßen formulieren:

- Verbesserung der Kundenzufriedenheit durch gleichbleibend hohe Qualität von Produkten und Dienstleistungen,
- Erhöhung der Wirtschaftlichkeit (Kosteneffizienz) durch Ausschöpfen aller Rationalisierungspotentiale und durch eine umfassende, produktbegleitende Qualitätssicherung,
- höhere Lieferbereitschaft, hohe Termintreue, zuverlässige Lieferzeiten,
- effektiverer Einsatz der menschlichen Ressourcen an geeigneten Punkten und
- verbesserte Flexibilität der Qualitätssicherung bei der Umstellung von Produktions- und Arbeitsprozessen.

Faßt man die Ziele zusammen, so kommt man zu folgender Aussage: Das Ziel der rechnerunterstützten Qualitätssicherung ist die Verbesserung der am Markt angebotenen Produkte eines Unternehmens und wird somit zum überlebenswichtigen Wettbewerbsfaktor.

Die Qualitätssicherung und CAQ, das die rechnerunterstützten Funktionen der Qualitätssicherung umfaßt, wird in folgende Sparten untergliedert /HEL,87,1; MAS,88,1; SPU,81,1; STE,87,1/, **Bild 8.3**:

- Qualitätsplanung,
- Qualitätsprüfung und
- Qualitätslenkung.

Die Gliederung der organisatorischen Ebenen und eine detaillierte Darstellung der Funktionen der Qualitätssicherung sind in **Bild 8.5** zu finden.

8.2   Hard- und Softwarekomponenten von CAQ

Die Komponenten eines CAQ-Systems lassen sich in Hardware und Software unterteilen. Zu den **Hardwarekomponenten** zählen Rechner, die einen entscheidenden Einfluß auf die Ausprägung der CAQ-Systeme besitzen, Meßmaschinen sowie an Bearbeitungsmaschinen installierte Meßtaster. **Softwarekomponenten** sind Programmpakete, mit denen die Aufgaben der Qualitätssicherung rechnerunterstützt durchgeführt werden.

Sinnvoll erscheint dabei eine Klassifizierung der CAQ-Systeme mit ihrer Hardwareumgebung anhand ihrer Leistungsfähigkeit. Es lassen sich unter diesem Aspekt drei Gruppen bilden.

Die erste Gruppe bilden Systeme, die auf einem Hostrechner implementiert werden und sich durch Schwerpunkte im Bereich der planerischen und administrativen Tätigkeiten auszeichnen. Sie können in den meisten Fällen in die bereits vorhandene Softwarewelt eingebunden werden und ermöglichen damit einen Informationsabgleich mit den Daten aus der Konstruktion, der Produktionsplanung und -steuerung sowie dem Einkauf. Ihr Ziel ist der kostenoptimale Einsatz der vorhandenen Betriebsmittel und des zur Verfügung stehenden Personals bei gesteigerter Effizienz. Als Nachteil ist hier die große Ferne des Hostrechners von der operativen Ebene zu nennen /VOG,86,1/.

Bei der zweiten Gruppe findet man Systeme, die speziell für die Belange der Qualitätssicherung konzipiert wurden und häufig auf sogenannten Prozeßrechnern lauffähig sind. Diese CAQ-Systeme erkaufen sich eine gute Anbindung an das direkte Fertigungsgeschehen auf Kosten einer problematischen Einbindung in die gesamte EDV-Welt eines Unternehmens. Sie werden eingesetzt, um Meßmaschinen oder komplexe Laborapparaturen zu steuern. Eine entsprechende Nähe an die Erfassungsebene ist damit gegeben.

Eine dritte Gruppe stellt Softwarelösungen dar, die auf die Leistungsfähigkeit von Personal Computern abgestimmt sind. Im Normalfall sind sie Insellösungen für einen organisatorisch, räumlich und bezüglich des Anforderungsvolumens klar definierten Anwendungsfall. Planung, Durchführung und Auswertung der Qualitätsprüfung geschehen üblicherweise auf einem Rechner am selben Ort. Ihr großer Vorteil ist die Mobilität sowohl physisch als auch aufgabenorientiert /PFE,87,2/.

Für die Durchführung der Qualitätsprüfung werden in Fertigungsmaschinen installierte Meßtaster oder numerisch gesteuerte Meßmaschinen genutzt. Die erfaßten Informationen werden einem CAQ-System zur weiteren Verarbeitung (Qualitätsregelung) übergeben, z. B. zur Generierung von Korrekturdaten für den Fertigungsprozeß.

8.3 Qualitätsplanung, Qualitätsprüfung und Qualitätslenkung

Zum Aufgabengebiet der **Qualitätsplanung** gehört es, die Bedürfnisse der Kunden festzustellen und diese in prüfbare und realisierbare Anforderungen an das Endprodukt umzusetzen. Eigentlich ist damit die Qualitätsplanung Teil der Entwicklung eines neuen Produktes /STE,87,1/. Ein CAQ-System erfüllt im Rahmen der Qualitätsplanung damit folgende Aufgaben:

- Analyse der Qualitätsfähigkeit der Konstruktion und des Fertigungsprozesses,
- Auswertung vergangenheitsbezogener Qualitätsdaten,
- Festlegen von Qualitätsmerkmalen,
- Auswahl geeigneter Prüfmittel für vorgegebene Prüfaufgaben,
- Prüfmittelplanung und -verwaltung,
- zeitnahe örtliche und terminliche Verfügbarkeitsprüfung der Prüfmittel,
- Steuerung und Dokumentation der Prüfmittelüberwachung,
- Prüfplanung incl. Prüfplanerstellung und Prüfauftragsverwaltung und
- Terminüberwachung der notwendigen Instandsetzungsarbeiten.

Im Rahmen der Prüfplanung und der Prüfauftragsverwaltung müssen CAQ-Systeme die vorhandenen Prüfpläne speichern und warten, die Erstellung neuer Prüfpläne durch Kopieren und Ändern vorhandener Prüfpläne erleichtern, Prüfaufträge steuern und verwalten sowie Prüfumfänge aufgrund der zurückliegenden Prüfergebnisse eines vergleichbaren Loses anpassen, /SPU,84,1; STE,87,1/.

Die Aufgabe der **Qualitätsprüfung** ist zunächst die Bestimmung quantifizierbarer Qualitätsmerkmale von Produkten.

Sie kann als

- Prä-Prozeß-Messung,
- In-Prozeß-Messung und
- Post-Prozeß-Messung

durchgeführt werden.

Bei der **In-Prozeß-Messung** ist der Meßprozeß ein integraler Bestandteil der Bearbeitung, z. B. auf einer CNC-Werkzeugmaschine. Auftretende Fehler können dann in einem weiterem Arbeitsgang durch eine Nachbearbeitung eleminiert werden. Neben der fertigungsbegleitenden oder prozeßnahen Erfassung der Prüfdaten stellt die Post-Prozeß-Messung eine Variante der Qualitätsprüfung dar, die keine direkte Anbindung an den Fertigungsprozeß besitzt /BEC,87,1/.

Die Qualitätsprüfung hat sich aber von der reinen Fehlererkennung im Rahmen eines CAQ-Systems dahingehend weiterentwickelt, daß heute eine enge Verknüpfung mit der Qualitätslenkung oder -regelung besteht. Es ist nun vor allem Aufgabe der Qualitätsprüfung, Daten zur Steuerung und Optimierung des Fertigungsprozesses zur Verfügung zu stellen, damit Fehler gar nicht erst entstehen. Deshalb steht bei CAQ-Sytemen die maschinennahe Prüfung im Vordergrund. Die wesentlichen Funktionen der Qualitätsprüfung sind daher:

- Datenquelle für Qualitätsplanung und Qualitätsregelung,
- Qualitätsdatenaufbereitung zur Steuerung des Fertigungsprozesses,
- Dokumentation der Prüfergebnisse und
- Automatisierung von Prüfvorgängen.

Die Qualitätsprüfungen können unterschiedlich, d. h. beispielsweise als Stichproben oder 100%-Prüfung durchgeführt werden. Um mit den Prüfergebnissen den Fertigungsprozeß möglichst gut und in engen Grenzen steuern zu können, ist die statistische Aufbereitung der Meßergebnisse, wie Berechnung von Mittelwert und Standardabweichung, notwendig. Für die Prüfdatenverarbeitung und die Bereitstellung der entsprechenden Informationen wird innerhalb des CAQ-Systems eine rechnerunterstützte statistische Prozeßsteuerung (**S**tatistical **P**rocess **C**ontrol, **SPC**) benötigt. Bei diesem Verfahren, das sich zur Qualitätssicherung bei einer Serienfertigung eignet, nutzt man die Tatsache, daß die statistischen Kennwerte einer Folge von Prüfdaten in Abhängigkeit von der Anzahl der nacheinander hergestellten und in Bezug auf ein bestimmtes Merkmal geprüften Produkte Auskunft über den Trend und die Güte eines Fertigungsprozesses geben /BEC,87,1; SCH,90,1; STE,87,1/. In diesem Zusammenhang ist auch die rechnerunterstützte Prüf- und Qualitätsdatendokumentation und -sicherung zu nennen. Sie ist gerade bei Sicherheitsteilen und in Schadensfällen von besonderer Wichtigkeit und kann bei Fragen der Produkthaftung als Beweis dienen und prozeßentscheidend sein.

Die **Qualitätslenkung**, auch oft als **Qualitätsregelung** bezeichnet, bedeutet im Sinne eines Regelkreises die Rückführung der Prüfergebnisse, um die Fertigungsqualität des Produktes zu steuern. Qualitätslenkung findet in mehreren, ineinander geschachtelten Regelkreisen statt, **Bild 8.6**. Der innere Regelkreis sieht die Rückmeldung der Prüfergebnisse zur unmittelbaren Regelung des Fertigungsprozesses vor. Als Verfahren zur Meßwerterfassung nach oder in einer Fertigungsoperation kommt die manuelle oder automatische In- oder Post-Prozeß-Messung zum Einsatz. Die Auswertung und Steuerung erfolgt z. B. mit Hilfe der statistischen Prozeßregelung.

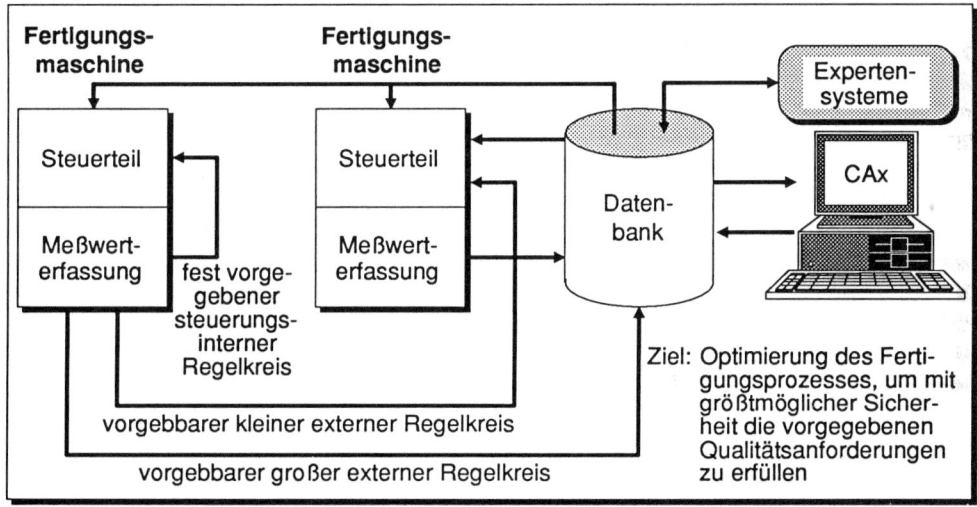

Bild 8.6:   Beispiel für überlagerte Qualitätsregelkreise

Darüber steht ein Regelkreis, der die täglichen Ergebnisse der verschiedenen Prüfungen und die zusammengefaßten Daten der Prozeßregelung für die Bereichs- oder Betriebsleiter aufbereitet, um kurzfristig Hinweise auf qualitätsbezogene Schwachstellen zu geben und entsprechende Verbesserungsmaßnahmen anzustoßen. Als weiterer zeitlich übergeordneter Regelkreis kann die Verdichtung aller Qualitätsdaten einer Periode interpretiert werden, die in einer Fertigungsstelle oder in einem Werk entstehen und zur Entscheidung übergreifender Maßnahmen herangezogen werden.

Schließlich läßt sich die Aufbereitung der Qualitätsdaten zur Qualitätsplanung ebenfalls als abteilungs- und bereichsübergreifenden Regelkreis innerhalb der Qualitätsregelung auffassen. Ziel dieser Regelkreise ist die Optimierung des Fertigungsprozesses, d. h. die Datenrückkopplungen sollen gewährleisten, daß die vorgegebenen Qualitätsforderungen mit größtmöglicher Sicherheit erfüllt werden. Die Qualitätsregelung stellt daher an ein CAQ-System in erster Linie die Aufgabe, die Qualitätsdaten zu einer "Regelgröße" aufzubereiten, mit der ein direkter Vergleich von erreichtem Qualitätsstand und

Qualitätsanforderung ermöglicht wird. Diese Forderung stellt hohe Integrationsanforderungen an ein CAQ-System. Sie umfaßt die Vernetzbarkeit verschiedener Rechnersysteme, Datenbanken und Software. Es bedarf daher einer detaillierten Beschreibung und Vorgabe für eine solche Software durch ein entsprechendes Pflichtenheft /RÜH,88,1; STE,87,1/.

8.4 Verknüpfung von CAQ mit weiteren rechnerunterstützten Komponenten

In diesem Kapitel wird auf die Forderungen und Verknüpfungen von CAQ-Systemen eingegangen, die sich aus der Notwendigkeit ergeben, CAQ-Systeme in ein übergeordnetes System des Computer Integrated Manufacturing (CIM) zu integrieren. Der integrierte EDV-Einsatz umfaßt das informationstechnische Zusammenwirken zwischen CAD, CAP, CAM, CAQ und PPS. In **Bild 8.7** sind die Aufgaben der Qualitätssicherung im Rahmen des informationstechnischen Zusammenwirkens aller CIM-Komponenten detailliert dargestellt.

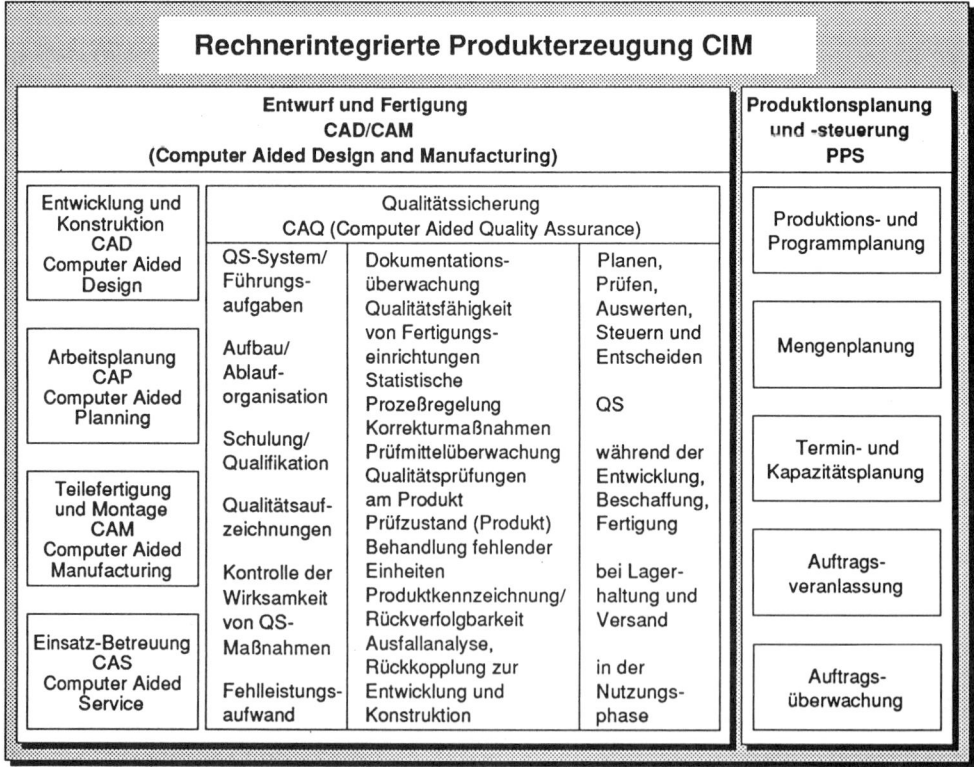

Bild 8.7: Rechnerunterstütztes Qualitätssicherungssystem als integraler Bestandteil eines CIM-Modells

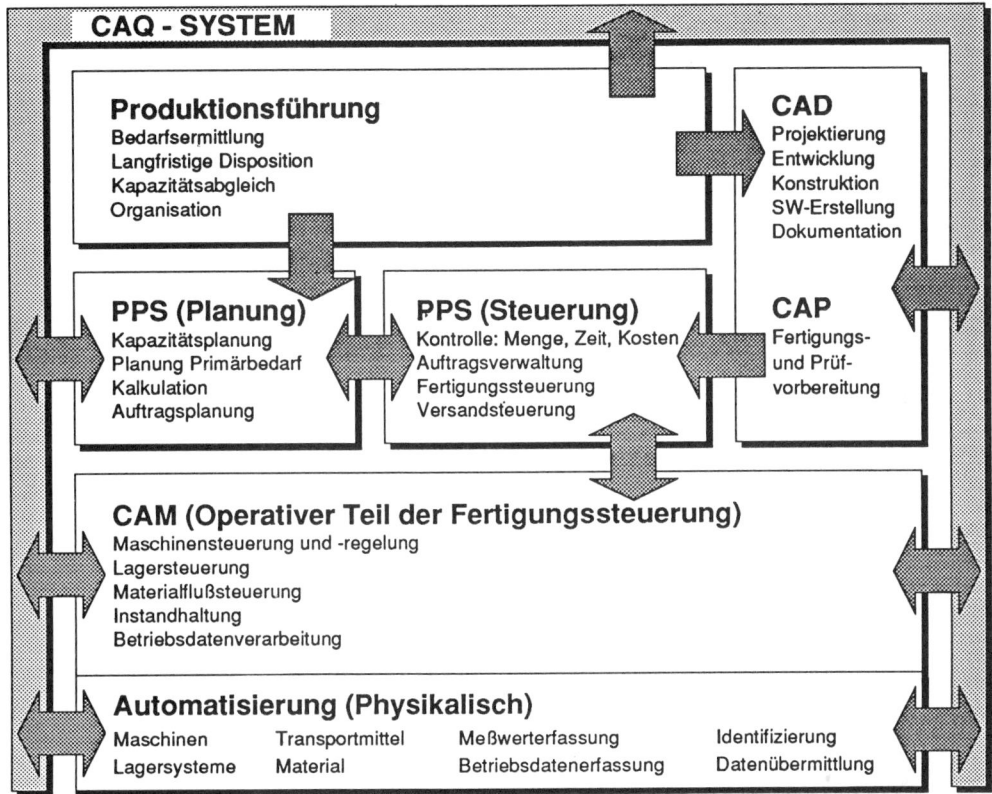

Bild 8.8: Informationstechnische Verknüpfung zwischen den C-Komponenten

Wesentliche Forderung eines CIM-Systems an ein CAQ-System ist deshalb die Vernetzbarkeit der Informationen, **Bild 8.8**.

Kopplungen zwischen CAQ und CAD-Systemen in der Konstruktion wurden vor allem von Meßgeräteherstellern realisiert. Zielsetzung ist der Datenaustausch von Soll-Daten und Meßergebnissen sowie die graphisch-interaktive Programmierung von Koordinatenmeßgeräten. Als Schnittstelle werden in diesem Bereich IGES und VDAFS, die von CAD-Systemen bereits bekannt sind, verwendet /EIG,86,1/. Die maschinenferne Programmierung von numerisch gesteuerten Koordinatenmeßgeräten mit CAD-Systemen kann durch Anpassen des Formats der generierten Steuerdaten, z. B. CLDATA, an die Software eines Koordinatenmeßgeräts mittels spezieller Postprozessoren erfolgen /BEC,87,1; RÜH,88,1/, **Bild 8.9**.

CAD-Systeme eignen sich auch zur anschaulichen Simulation von Meßvorgängen, die den entsprechenden Verfahrbewegungen, angestoßen durch ein Meßprogramm, entsprechen.

Die Kopplung von CAQ und CAP sieht einen Austausch von Daten zur Qualitätsplanung und Qualitätsregelung vor. Dazu zählt die statistische Prozeßsteuerung (SPC), mit

113

deren Daten z. B. Korrekturwerte für NC-Programme ermittelt werden, so daß Fertigungsprozesse einer Regelung unterliegen.

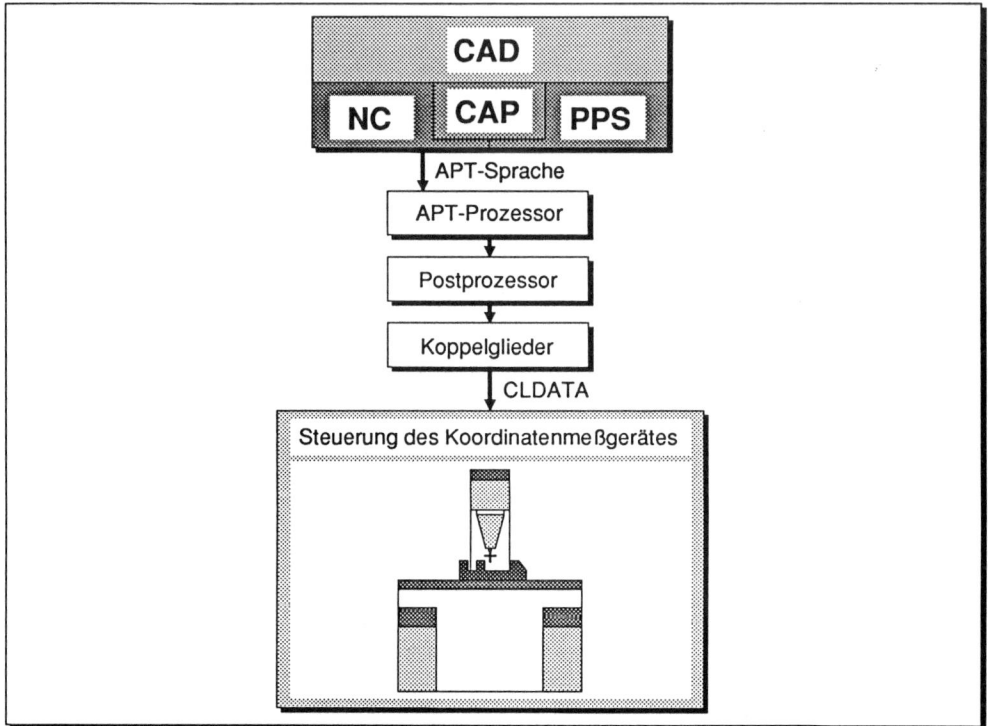

Bild 8.9: Ankopplung eines Koordinatenmeßgerätes an ein CAD-System

Von der Qualitätssicherung in einem CAQ-System werden Prüfauftragsdaten an den ausführenden Bereich, hier die rechnerunterstützte Fertigung (CAM), zur Qualitätsprüfung von Produkten übergeben. Sie spezifizieren was, wann, wie, wo und womit geprüft werden muß. In entgegengesetzter Richtung stellen die Prüfergebnisse die direkte, unmittelbare Rückkopplung aus dem ausführenden Bereich dar.

Zusammenfassend läßt sich sagen, daß ein integriertes Qualitätssicherungssystem Qualitätsdaten in empfängerorientierter Form für die Entwicklung, Konstruktion, Produktionsvorbereitung, Fertigung und für die Qualitätsprüfung verfügbar macht. Diese Qualitätsdaten müssen während der Fertigung, bei Prototypuntersuchungen, bei Vergleichsuntersuchungen zu anderen Produkten und beim Produkteinsatz erfaßt, gespeichert und ausgewertet werden.

Der Vorteil eines umfassenden Qualitätssssicherungssystems besteht darin, daß produktbegleitend von der Erstellung des Plichtenheftes bis zum Produkteinsatz eine kontinuierliche Qualitätssicherung vorgenommen wird. Das wichtigste Argument für CAQ ist jedoch der frühe Einstieg in zukunftsweisende, flexible Techniken, der langfristig gesehen den Unternehmen Vorteile bringt.

9 Produktionsplanung und -steuerung (PPS)

Die industrielle Produktion technischer Produkte hat in den letzten 15 bis 20 Jahren grundlegende Änderungen erfahren, die wesentlich auf ein verändertes Kundenverhalten zurückzuführen sind. Kennzeichen dafür ist der Wandel vom Anbieter- zum Käufermarkt. Weitere Einflußgrößen auf ein Fertigungsunternehmen stellen Entwicklungen in den Bereichen Fertigungstechnologie sowie Hard- und Software dar, **Bild 9.1**.

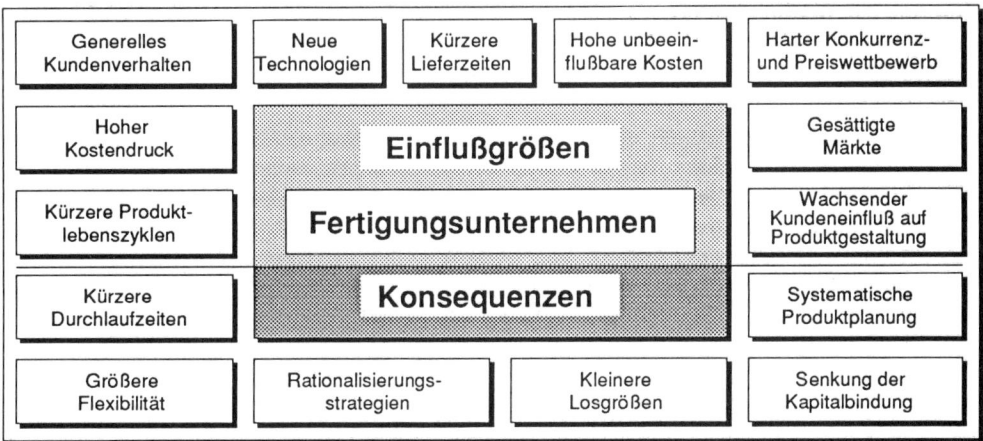

Generelles Kundenverhalten	Neue Technologien	Kürzere Lieferzeiten	Hohe unbeeinflußbare Kosten	Harter Konkurrenz- und Preiswettbewerb
Hoher Kostendruck	**Einflußgrößen**			Gesättigte Märkte
Kürzere Produktlebenszyklen	**Fertigungsunternehmen**			Wachsender Kundeneinfluß auf Produktgestaltung
Kürzere Durchlaufzeiten	**Konsequenzen**			Systematische Produktplanung
Größere Flexibilität	Rationalisierungsstrategien		Kleinere Losgrößen	Senkung der Kapitalbindung

Bild 9.1: Externe und interne Einflußgrößen auf ein Unternehmen

Ist das Fertigungsunternehmen gewillt, auf veränderte Einflußgrößen zu reagieren, werden folgende Ziele, die unter dem Begriff "Fabrik der Zukunft" zusammengefaßt werden, formuliert:

- Verkürzung der Durchlaufzeiten,
- Senkung der Kapitalbindung,
- Verbesserung des betrieblichen Informationsflusses,
- Verbesserung der Produktionsqualität und
- Erhöhung des Automatisierungsgrades in Fertigung und Montage.

Die Produktionsplanung und -steuerung erfüllt diese Ziele mit folgenden Mitteln:

- Paralleler Einsatz verschiedener Steuerungsphilosophien, wie z. B. belastungsorientierte Auftragsfreigabe und KANBAN-Prinzip, bei Mischformen von Fertigungstypen (Einzel-, Serien- und Massenfertigung) in einem Betrieb,
- Nutzung von Schnittstellen zu CAD- und CAP-Systemen,
- Bestandsführung, die nicht nur das Lager betrachtet, sondern auch die Bestände im gesamten Materialfluß umfaßt, d. h. bis auf die Ebene einzelner Tranportbehälter und

- Aufträgen, Chargen und einzelnen Teilen müssen Qualitätsmerkmale zugeordnet werden können, um daraus Steuerungsdaten ableiten zu können.

9.1 PPS - Schnittpunkt von Integrationsebenen im Produktionsprozeß

Die Integrationsebenen im Produktionsprozeß sind in **Bild 9.2** dargestellt. Die vertikale Ebene berücksichtigt den technischen Informationsfluß, d. h. mit Hilfe von Kommunikationsschnittstellen wird ein Informationsfluß von der Konstruktion über die Arbeitsplanung sowie Produktionsplanung und -steuerung bis hin zur Fertigung unter Berücksichtigung der Qualitätssicherung realisiert. Die Integration des Auftragsdurchlaufes im Hinblick einer möglichen Material- und Informationsflußoptimierung wird in der horizontalen Ebene verfolgt. Die Endpunkte bilden die Verknüpfung des Betriebes zum Lieferanten und Kunden. Oberhalb der horizontalen Integrationsebene werden die Planungsfunktionen abgebildet, unterhalb die Durchführungsfunktionen.

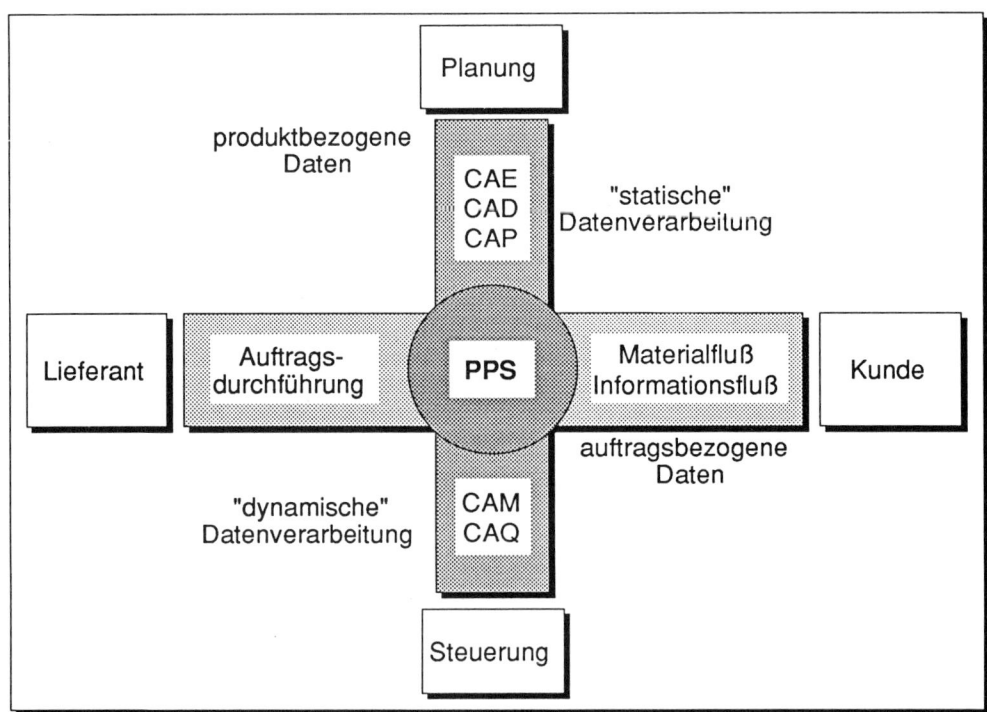

Bild 9.2: Integrationsebenen im Produktionsprozeß

Das PPS-System ist als Schnittstelle der beiden Integrationsebenen im Produktionsprozeß zu sehen. Es steht im Rahmen der Auftragsabwicklung mit zahlreichen Unternehmensbereichen, wie Fertigung, Montage, Konstruktion, Arbeitsvorbereitung und Einkauf in Verbindung. Die logische Schlußfolgerung ist, daß bei der Einführung eines rechnerintegrierten Gesamtsystems ein integriertes PPS-System vorauszusetzen ist, welches im Zentrum einer CIM-Lösung steht.

9.2 Aufgaben eines PPS-Systems

Die Hauptaufgabe der Produktionsplanung und -steuerung ist die Planung der Produktionsabläufe entsprechend der Auftragslage und die Durchsetzung von Maßnahmen, deren Durchführung dem Erreichen der vorgegebenen Ziele dient, **Bild 9.3**. Es ist daher zwischen der Planung und der Durchsetzung zu unterscheiden.

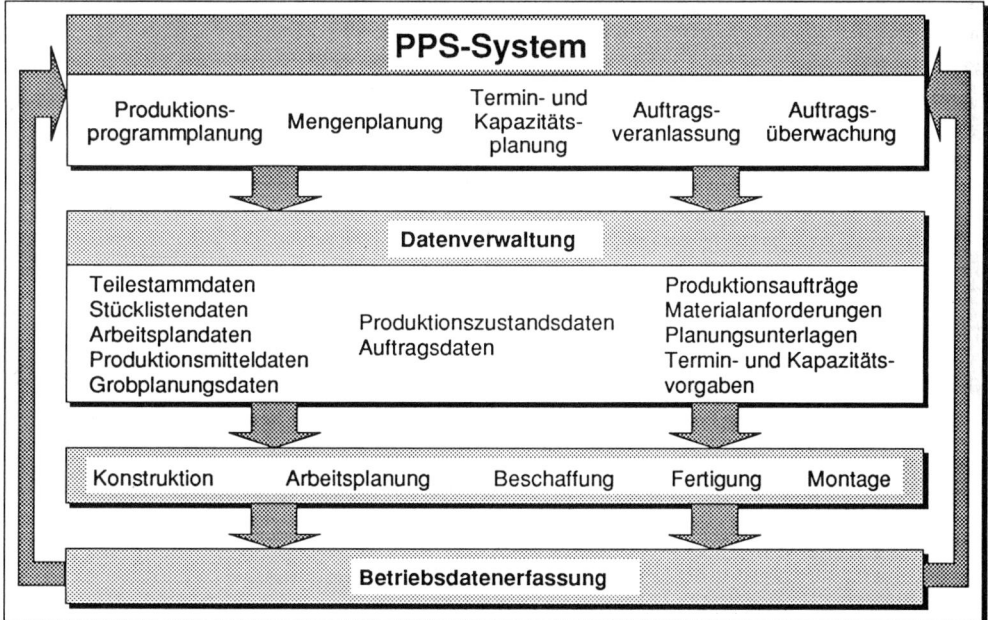

Bild 9.3: Aufgaben eines PPS-Systems

Die Produktionssteuerung repräsentiert dabei die Phase der Durchsetzung und beginnt mit Freigabe von Fertigungs-, Montage- und Bestellaufträgen. Die aufgrund der starken Abhängigkeiten zwischen mengenmäßiger und zeitlicher Zuordnung wünschenswerte simultane Planung hat sich in der Regel als nicht durchführbar erwiesen. PPS-Systeme arbeiten daher weitgehend nach dem Sukzessivplanungskonzept. Die Planungsfunktionen werden im Sinne einer "rollenden Planung" nacheinander mit zunehmender Detaillierung und abnehmendem Planungshorizont durchlaufen, **Bild 9.4**.

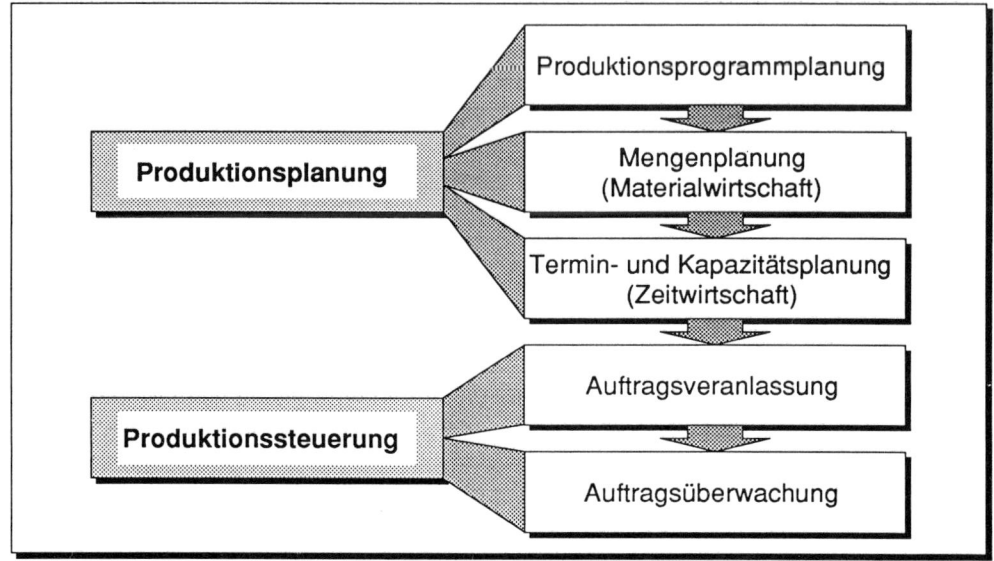

Bild 9.4: "Rollende Planung" nach dem Sukzessivplanungskonzept

9.2.1 Die Produktionsprogrammplanung

Im Rahmen der **Produktionsprogrammplanung** wird unter Berücksichtigung der Kapazitätssituation das zu bearbeitende Fertigungsprogramm an Erzeugnissen nach Art, Menge und Termin festgelegt. Methoden und Aufgaben der Produktionsprogramm-planung sind:

- Prognoserechnung,
- Grobplanung,
- Lieferterminbestimmung,
- Kundenauftragsverwaltung und
- Vorlaufsteuerung.

Die **Prognoserechnung** ermittelt den zukünftigen Bedarf an Erzeugnissen, Baugruppen und Einzelteilen durch Vorhersage auf Basis von Vergangenheitswerten. Hierzu setzt man Verfahren der Mittelwertbildung oder der exponentiellen Glättung ein.

Mit Hilfe der **Grobplanung** kann eine überschlägige Ermittlung des Kapazitätsbedarfs nach Menge und Termin erfolgen. Als Basis können sowohl das vorgegebene Produktionsprogramm als auch hereinkommende Kundenaufträge bzw. Angebote dienen. Grobplanungsprogramme basieren zumeist auf den Algorithmen der Termin- und Kapazitätsplanung, wie Durchlaufterminierung, Kapazitätsterminierung, Netzplantechnik, Auftragsnetz.

Die **Lieferterminbestimmung** erfolgt häufig als reine Durchlaufterminierung ohne Berücksichtigung der aktuellen Kapazitätsauslastung.

Die **Kundenauftragsverwaltung** verarbeitet die Auftragseingänge, -änderungen und -fertigmeldungen. Darüber hinaus werden die Fertigwarenbestände geführt. Auch auf Basis der eingehenden Kundenaufträge kann ein Produktionsprogramm zusammengestellt werden.

Neben der Planung und Durchführung des Fertigungsablaufs muß bei auftragsabhängigen Arbeiten die **Vorlaufsteuerung** eine terminliche und kapazitätsmäßige Disposition in den der Fertigung vorgelagerten Abteilungen wie Konstruktion, Arbeitsvorbereitung erfolgen. Sie ist mit der Grobplanung eng verbunden.

9.2.2 Die Mengenplanung (Materialwirtschaft)

Nachdem das Produktionsprogramm festliegt, muß auf Basis von Enderzeugnissen oder verkaufsfähigen Baugruppen und Einzelteilen für den aktuellen Planungszeitraum eine **Mengenplanung** durchgeführt werden. Im Rahmen der Mengenplanung wird der Bedarf an Fertigungs- und Zukaufteilen unter Berücksichtigung vorhandener Bestände ermittelt. Für die Mengenplanung werden im wesentlichen die Artikel- oder Sachstammdaten und die Erzeugnisstrukturdaten als Grundlage für die Stückliste herangezogen. Die Mengenplanung läßt sich in die folgenden Funktionen unterteilen:

- Bedarfsermittlung,
- Bestandsführung und
- Beschaffungsrechnung.

Daten zur Bedarfsermittlung			
Verfahren Arten	Deterministische Verfahren (Bedarfssteuerung)	Stochastische Verfahren (Verbrauchssteuerung)	Heuristische Verfahren (Schätzung)
Primärbedarf (Marktbedarf)	Aufträge nach Menge und Termin	Nachfragestatistik des Produktes, Marktfaktorenstatistik	Keine numerischen Daten erforderlich
Sekundärbedarf (Fertigungs-material)	Produktionsprogramm Stücklisten, Bestände	Nachfragestatistik des Materials, Auftragsstatistik	Keine numerischen Daten erforderlich
Tertiärbedarf (Betriebsmittel, Betriebsmaterial)	Produktionsprogramm, Stücklisten, Arbeitsplan, technische Kennziffer	Nachfragestatistik des Betriebsmittels, Auftragsstatistik	

Bild 9.5: Methoden der Bedarfsermittlung

Die **Bedarfsermittlung** ist ein sehr rechenintensiver Vorgang, so daß diese Programme häufig nur als Batchlauf und nicht im Dialog gefahren werden. Da im Rahmen der Mengenplanung der Bedarf nach Terminen ermittelt wird, müssen in die Bedarfsermittlung Beschaffungs- und Montagezeiten eingehen. Dies geschieht anhand sogenannter Vorlaufzeiten bei der Stücklistenauflösung. Dabei wird vom Bedarfstermin der obersten Dispositionsstufe ausgegangen (Enderzeugnis). In Form einer Rückwärtsterminierung wird dann der zeitliche Vorlauf der darunterliegenden Dispositionsstufe berücksichtigt. Auf diese Weise werden die Bedarfstermine für die einzelnen Baugruppen, Teile und Materialien jeder weiteren Dispositionsstufe ermittelt. Dieses Verfahren arbeitet jedoch recht unbefriedigend. Zum einen basiert die Terminierung nur auf Durchschnittszeiten und zum anderen wird bei Eigenfertigungsteilen die momentane Kapazitätsauslastung nicht berücksichtigt.

Für die Bedarfsermittlung werden unterschiedliche Verfahren herangezogen. **Bild 9.5** gibt einen Überblick. Der **deterministischen Bedarfsermittlung**, auch bedarfsgesteuerte oder auftragsbezogene Disposition genannt, liegt stets eine auftragsbezogene Stückliste zugrunde. Auf der Basis dieser Stücklisten werden vom System mengen- und terminmäßig Bedarfe an Baugruppen, Teilen und Materialien errechnet. Die **stochastische Bedarfsermittlung** basiert auf verbrauchs- bzw. erwartungsorientierten Verfahren und geht von einem festgelegten Mindestbestand eines Teils aus.

Die **Bestandsführung** bildet die Grundlage der Mengenplanung. Die vorgesehenen Programme dienen zur Erfassung, Fortschreibung, Bewertung, Verbuchung und geben Auskunft über den Lagerbestand. Die Programme ermöglichen zum Teil sogar eine chaotische Lagerung, bei der jeder Artikel an einem beliebigen, im System dann aktuell abgespeicherten Ort gelagert werden kann.

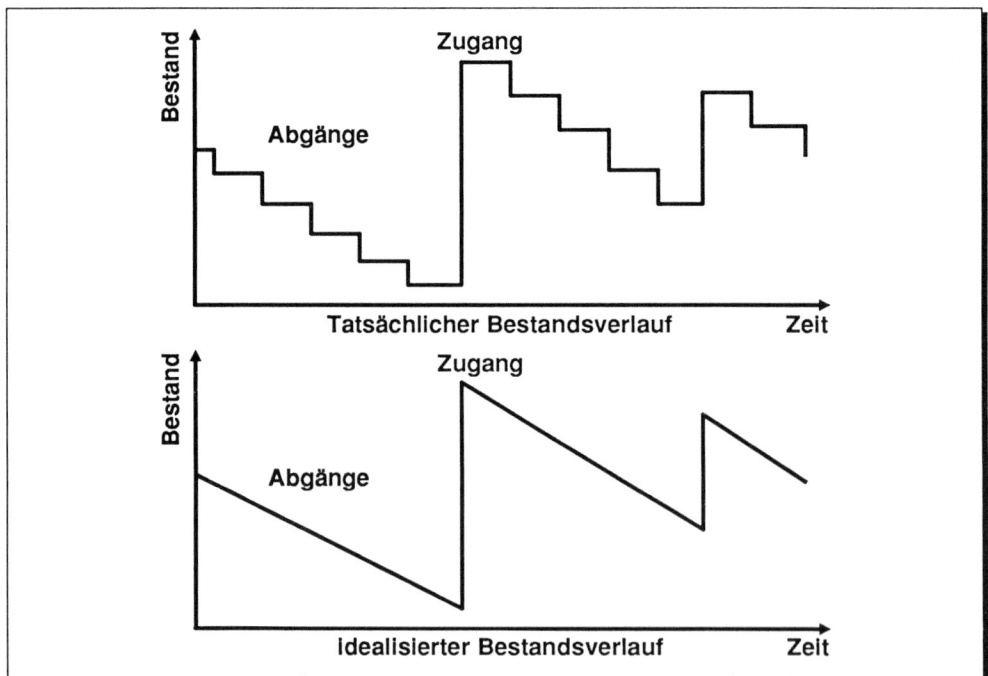

Bild 9.6: Lagermodell (nach REFA)

Die Systeme der **Beschaffungsrechnung** fassen Nettobedarfe (Differenz zwischen Bruttobedarf und dem vorhandenen Lagerbestand) des gleichen Teils innerhalb eines Auftrages und/oder eines Zeitraums zusammen und erzeugen dann terminierte Bestellvorschläge für den Einkauf bzw. für die Fertigungssteuerung. Das Prinzip, in dem ein Durchschnittsbestand als Rechengrundlage dient, ist **Bild 9.6** und **Bild 9.7** /WIE,86,1/ zu entnehmen, wobei die jeweils eingesetzten Prinzipien in erster Linie von der vorliegenden Auftragsart abhängen.

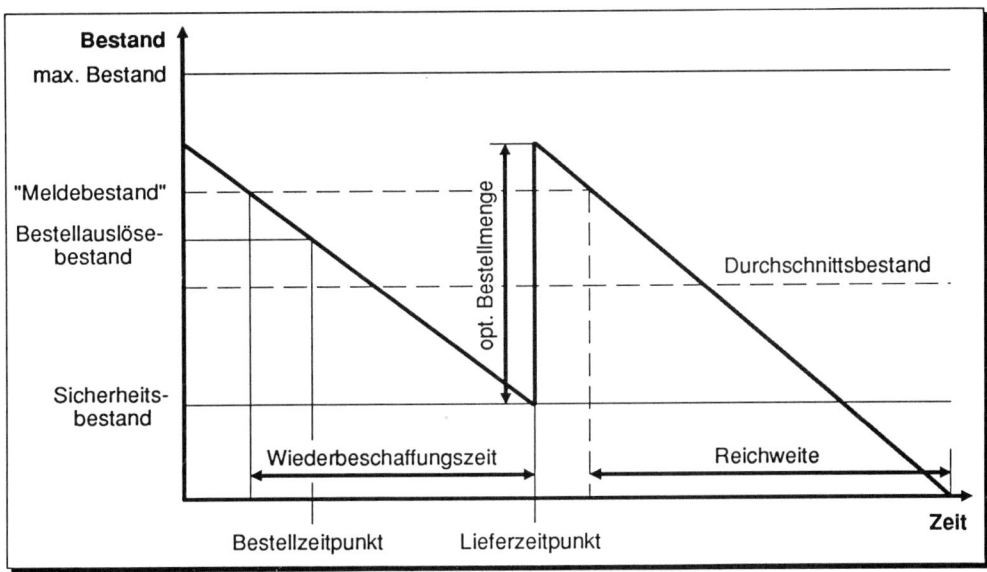

Bild 9.7:   Lagerkennzahlen und -begriffe

9.2.3   Termin- und Kapazitätsplanung (Zeitwirtschaft)

Bei der **Termin- und Kapazitätsplanung** werden die ermittelten Bedarfe an Eigenfertigung in Fertigungsaufträge umgewandelt und eingeplant. Dazu müssen die entsprechenden Arbeitsplätze, die Kapazitäten der Maschinen bzw. Maschinengruppen und die sogenannten Übergangszeiten herangezogen werden. Der Planungsablauf vollzieht sich in der Regel in folgenden Schritten:

- Durchlaufterminierung,
- Kapazitätsterminierung und abschließend
- Reihenfolgeplanung.

Bei der **Durchlaufterminierung** wird der zeitliche Zusammenhang zwischen den Fertigungsaufträgen hergestellt. Sie beruht auf einem Netzplan, der auf der Basis der Erzeugnisstrukturen und der Durchlaufzeiten der betreffenden Teile erstellt wird. Durch die Vorwärtsterminierung werden ausgehend vom Beginn des Planungszeitraums die frühesten Start- und Endtermine ermittelt, durch Rückwärtsterminierung ausgehend vom Liefertermin die spätesten Start- und Endtermine. Sind diese Termine nicht

121

zulässig, so wird versucht, die Durchlaufzeit durch Reduktion der Übergangszeiten (Eilaufträge), Lossplitting und -überlappung zu verkürzen. Übergangszeiten sind Durchschnittswerte für Puffer-, Transport- und Liegezeiten. Die Durchlaufterminierung arbeitet ausschließlich mit Planzeiten, ohne die Kapazitätsauslastung der Maschinen oder Maschinengruppen bzw. Kostenstellen zu berücksichtigen.

Bei der **Kapazitätsterminierung** werden die terminierten Arbeitsvorgänge periodenweise in die entsprechenden Kapazitätsgruppen eingelastet. Wenn die Einlastung zur Überlastung einzelner Kapazitätsstellen führt, sind Abstimmungsmaßnahmen durchzuführen, **Bild 9.8**. Die prinzipiellen Möglichkeiten des Kapazitätsabgleiches sind:

- Auswärtsvergabe,
- zeitliche Verlagerung,
- örtliche Verlagerung und
- Kombinationen aus allen Möglichkeiten.

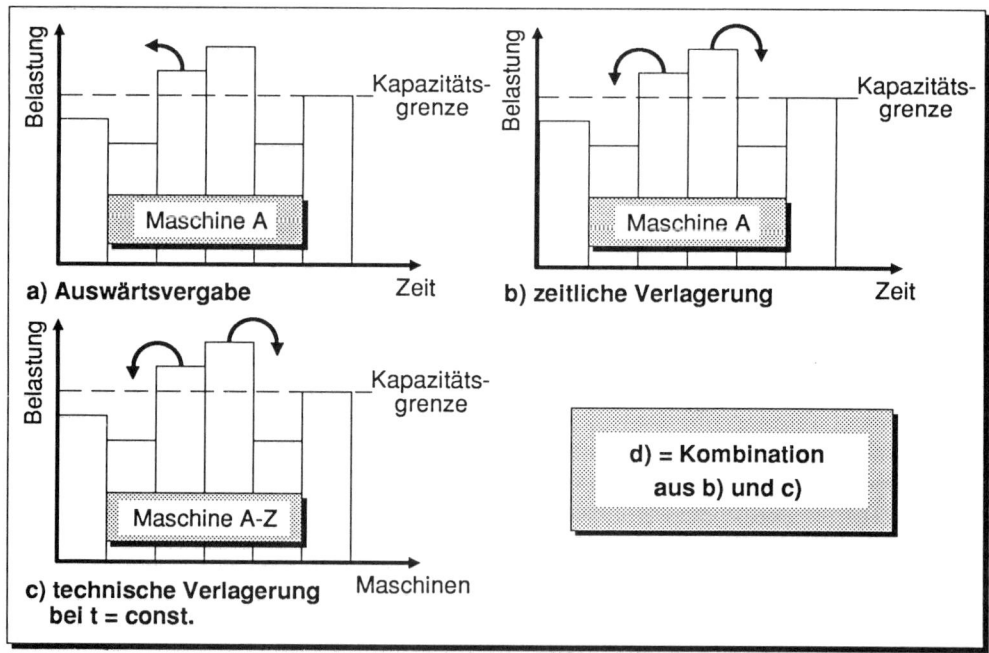

Bild 9.8: Möglichkeiten des Kapazitätsabgleiches (nach Brankamp)

Die heute auf dem Markt angebotenen PPS-Standardsysteme verzichten auf eine automatische Kapazitätsabstimmung durch zeitliches Verschieben und überlassen die Wahl der geeigneten Abstimmungsmaßnahme sinnvollerweise dem Disponenten.

Bei der **Reihenfolgeplanung** wird die Bearbeitungsreihenfolge an den Arbeitsplätzen festgelegt. Als Ergebnis entsteht eine nach Prioritäten geordnete Warteschlange vor jeder Maschinengruppe.

9.2.4 Auftragsveranlassung

Im Rahmen der **Auftragsveranlassung** wird die Bearbeitung von Fertigungs- und Bestellaufträgen unterschieden. Für die zu beschaffenden Rohmaterialien und Erzeugniskomponenten erfolgt die Auftragsfreigabe direkt im Anschluß an die Bedarfsrechnung. Die Terminierung der Bestellung ergibt sich aus der Vorlaufverschiebung, die aus den Wiederbeschaffungszeiten ermittelt wird. Im Anschluß an die Terminierung erfolgt die **Bestellauftragsfreigabe**. Nach der Auswahl eines entsprechenden Lieferanten wird die Bestellschreibung vorgenommen, die mit dem Erstellen eines Bestellauftrags abgeschlossen ist.

Für die zu fertigenden Erzeugniskomponenten schließt sich dagegen ein weiterer Planungsschritt an, mit dem diejenigen Fertigungsaufträge ermittelt werden, die kurzfristig gestartet werden müssen. Dann besteht im Rahmen der Auftragsveranlassung für Fertigungsaufträge folgende Vorgehensweise:

- Verfügbarkeitskontrolle,
- Reservierungen,
- Fertigungsauftragsfreigabe und
- Fertigungsbelegerstellung.

Die **Verfügbarkeitskontrolle** erstreckt sich dabei nicht nur auf das erforderliche Rohmaterial, sondern auch auf Vorrichtungen, Werkzeuge und Fertigungsunterlagen. Bei der **Reservierung** erfolgt die eigentliche Arbeitsverteilung, d. h. die Aufträge werden auf Arbeitsplätze oder Maschinengruppen verteilt und entsprechende Kapazitäten werden für die Aufträge bereitgehalten. Die **Auftragsfreigabe** ist dann abgeschlossen, wenn die **Fertigungsbelegerstellung**, in Form von Materialscheinen, Laufkarten und Terminkarten, erfolgt ist.

Für die freigegebenen und in Arbeit befindlichen Aufträge wird periodisch eine Arbeitsgangterminierung durchgeführt, die auch als Terminfeinplanung bezeichnet wird. Basis dieses Schrittes sind Warteschlangenmodelle, mit denen für jeden Arbeitsplatz die Reihenfolge der zu bearbeitenden Aufträge ermittelt wird. Ein sogenannter Maschinenbelegungsplan dient bei der in vielen Fällen noch vorhandenen Meisterorganisation als Arbeitsunterlage. Diese kurzfristigen Planungsschritte werden in der Regel der Fertigungs- oder Werkstattsteuerung zugerechnet.

9.2.5 Auftragsüberwachung

Die **Auftragsüberwachung** oder Auftragsfortschrittsverfolgung ist ebenfalls Aufgabe der fertigungsnahen Organisationsbereiche und wird in der Regel von der Werkstatt- oder Fertigungssteuerung übernommen. Um diese wirkungsvoll durchführen zu können, benötigt man ein zeitnahes Rückmeldesystem. Hierzu wurden spezielle Betriebsdatenerfassungssysteme (BDE-Systeme) entwickelt. Man unterscheidet bei der Auftragsüberwachung zwischen:

- Fertigungsauftragsüberwachung,
- Bestellauftragsüberwachung und

• Kundenauftragsüberwachung.

Die **Fertigungsauftragsüberwachung** erfaßt alle Veränderungen der Fertigungsaufträge, bzw. der Kapazitätseinheiten und ermittelt damit den Auftragsfortschritt. Die **Bestellauftragsüberwachung** beinhaltet die Kontrolle laufender Bestellungen und Materialbewegungen und ist damit nicht der Werkstattsteuerung sondern der Materialwirtschaft zugeordnet. Die **Kundenauftragsüberwachung** wird bei der kundenbezogenen Auftragsfertigung angewandt.

9.3   Leistungsmerkmale von PPS-Systemen

Mit dem Übergang zur Dialogverarbeitung auf der Basis von Datenbanksystemen wuchs sowohl der Funktionsumfang als auch die Benutzerfreundlichkeit von PPS-Systemen, **Bild 9.9** /LUD,90,1/. Über die Produktionsplanung und -steuerung hinaus werden vor allem die Funktionen unterstützt, die der administrativen Abwicklung der ausgelösten Aktionen dienen. Voraussetzung dafür ist der Zugriff auf bereits vorhandene Grunddaten, wie Teilestamm, Stückliste, Arbeitsplan. Dieses wird durch die **Grunddatenverwaltung** realisiert.

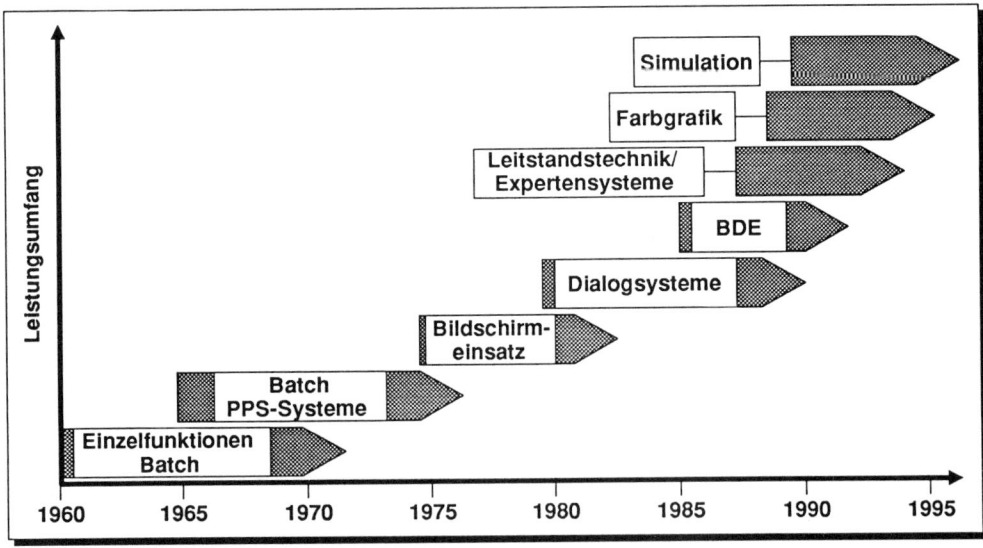

Bild 9.9:   Leistungsmerkmale von PPS-Systemen

Viele PPS-Systeme sind modular aufgebaut und enthalten Elemente zur Vorkalkulation, zur Unterstützung von Einkauf und Wareneingang sowie von Angebots- und Kundenauftragsbearbeitung, **Bild 9.10** /IBM,85,1/.

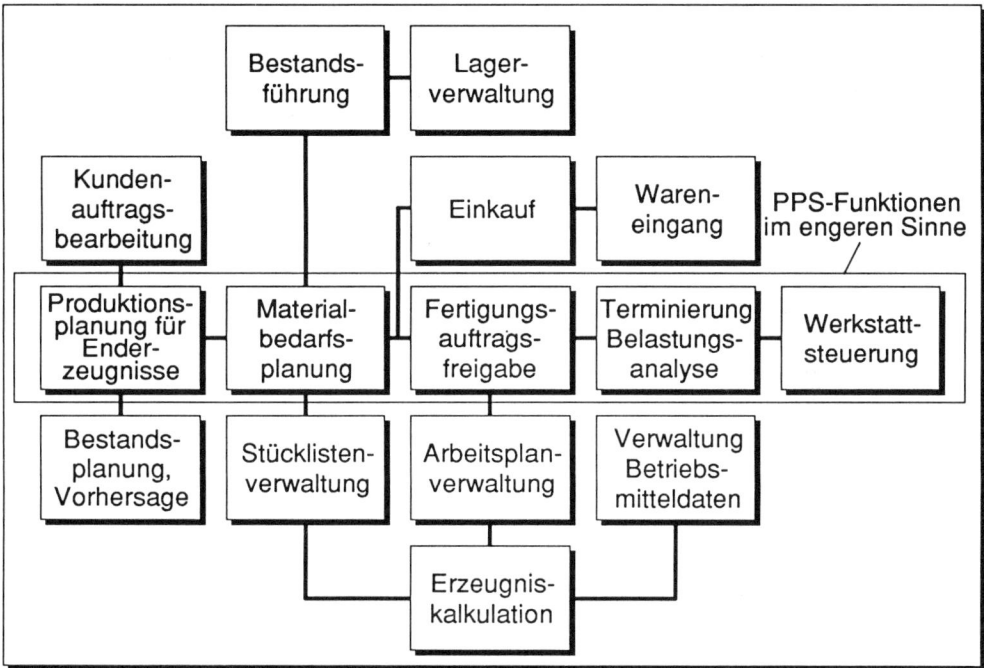

Bild 9.10: PPS-Anwendungsmodule

Rechnerunterstützung bieten PPS-Systeme bei terminlichen und kapazitätsmäßigen Planungen und Koordinierungen in den bereits erwähnten Unternehmensbereichen, da die Aktualität bei Verwendung von konventionellen Hilfsmitteln, wie Formularen und Termintafeln schwer zu realisieren ist /GEI,90,1; ROO,90,1/.

Moderne PPS-Systeme unterstützen im wesentlichen die Abstimmung des Auftragsbestandes mit den im Unternehmen vorhandenen Ressourcen. In der Regel werden einmal im Monat auf Basis eines Produktionsprogramms durch die Mengenplanung der Bedarf an Produktionskapazität und die Beschaffungsaufträge ermittelt. Bei PPS-Systemen ist eine Woche der Zeitabschnitt für eine verfeinerte Planung von Produktionsterminen und Kapazitäten. Die tages- und stundengenaue Feinplanung wird im Bereich der Fertigungs- oder Werkstattsteuerung vorgenommen.

9.4 Strategische Konzepte für PPS-Systeme

Auf dem Gebiet der Produktionsplanung und -steuerung gibt es einige neuere Entwicklungen, die von Bedeutung sind. Mit organisatorischen Maßnahmen lassen sich Fertigungsabläufe in ihrem Zeitverhalten so beeinflussen, daß Durchlaufzeitreduzierungen und Bestandssenkungen möglich sind. In diesem Zusammenhang sollen neuere Verfahren der Fertigungssteuerung vorgestellt werden.

9.4.1 Just-in-Time (JIT)

Der Begriff Just-in-Time beschreibt die Rechtzeitigkeit der Produktion eines Zulleferanten für den Kunden. "Rechtzeitigkeit" bedeutet, daß das vom Kunden gewünschte Produkt erst kurz vor dem Bedarf auf Veranlassung des Kunden beim Zulieferanten produziert und direkt in die Produktion des Kunden geliefert wird. Das Produkt muß daher beim Kunden nicht im Vorfeld auf Lager gehalten werden. Die Philosophie des Just-in-Time ist auf Serien- und Massenfertiger zugeschnitten, für Einzelfertiger ist sie nur bedingt anwendbar.

In der Fertigung und Montage, die Just-in-Time verlaufen, soll die Kapitalbindung verringert und dadurch die Produktivität des eingesetzten Kapitals erhöht werden. Die Einführung von Just-in-Time erfolgte zuerst in der japanischen Industrie.

Die Umstellung auf Just-in-Time bezieht sich auf den gesamten Auftragsdurchlauf. Dabei gelten folgende Prinzipien:

- Lager- und Umlaufbestände sind gespeicherte Kapazitäten und gebundenes Kapital.
- Bestände verdecken Fehler und Schwachstellen im Ablauf. Mit dem Abbau bzw. der Reduktion von Beständen werden Fehler sichtbar und damit der Behebung zugänglich.
- Kurze Durchlaufzeiten sollen angestrebt werden, nicht aber zu jedem Preis. Wichtiger ist die Produktivität des eingesetzten Kapitals.
- Umstellung von Block- auf Fließfertigung, weil diese die kostengünstigste Art der Stückfertigung darstellt.
- Umstellung beim Kunden von mehreren Bezugsquellen auf eine einzige Bezugsquelle.

Die Abläufe in der Fertigung werden vom Bring- auf das Holprinzip umgestellt. Dies beginnt bereits bei der Bedarfsmeldung vom Kunden, der die benötigten Produkte mit Mengen-, Zeit- und Ortsangaben abfordert. Dieser Abforderungsmechanismus setzt sich beim Zulieferanten innerhalb seiner Fertigung von der Auslieferung bis zur Materialbereitstellung fort.

Die Einführung der Fließfertigung führt zur Minimierung des Lagerbedarfs bzw. zu einer Verlagerung zum jeweiligen Zulieferanten. Da ein kontinuierlicher Bedarf an Rohstoffen vorliegt, können die Eingangslager klein gehalten werden. Das Lager mit Fertigteilen kann im Extremfall auf die Behälter, in denen die Produkte zum Kunden transportiert werden, beschränkt sein. Um dabei die Zeiten kurz zu halten, siedeln sich gerade im Bereich der Automobilindustrie verstärkt Zulieferanten in der Nähe der Werke ihrer Kunden an.

Die Umstellung auf Just-in-Time führt insbesondere zu Kostenersparnissen und zu einer besseren Auslastung des Unternehmens. Die Empfindlichkeit gegenüber Störungen von außen steigt, wenn Vorgangsketten über ein Unternehmen hinausgehen. Fällt ein Glied der Vorgangskette aus, so bricht der gesamte Ablauf zusammen. Das Risiko eines solchen Ausfalls muß in die Entscheidung zur Einführung einfließen.

9.4.2 Optimized Production Technology (OPT)

Die Zusammenhänge in der Material- und Zeitwirtschaft werden in den Sukzessivplanungsmodellen nur mangelhaft abgedeckt. Daher sind neue Ansätze innerhalb einer sonst mehr traditionell orientierten PPS-Architektur zur Berücksichtigung dieses Tatbestandes entstanden. Das System OPT teilt das gesamte Auftragsnetz in Fertigungsaufträge, die engpaßverdächtige Betriebsmittelgruppen belasten und Aufträge, die betrieblich unproblematische Kapazitätseinheiten durchlaufen.

Eine Reduktion des Netzumfanges und damit auch seiner Planungskomplexität erreicht man durch die Trennung nach diesen Auftragstypen. Die kritischen Aufträge werden in einer Art Vorwärtsterminierung zunächst eingelastet und erhalten damit gegenüber den anderen Aufträgen eine höhere Priorität. Nach dieser Einplanung werden die nichtkritischen Aufträge in einer Rückwärtsterminierung an die gesetzten Termine der kritischen Aufträge angepaßt. Obwohl dieser Algorithmus nur teilweise bekannt ist, ist dieser Grundgedanke sinnvoll. Er wurde deshalb auch bereits von anderen PPS-Systemen aufgenommen /SCH,90,1/.

9.4.3 Manufacturing Resource Planning (MRP2)

MRP2 bedeutet, die Grundregeln eines Fertigungsunternehmens zu beachten und korrekt danach zu verfahren. Grundsätze wie exakte Bestandsdaten, korrekte Stücklisten sowie Zuverlässigkeit, Pünktlichkeit und korrekt arbeitende Betriebsfunktionen sind das Fundament jedes Unternehmens. Neben diesen Grundsätzen gehört auch eine mit allen Funktionen abgestimmte Planung und zuverlässige Durchführung zu den Grundlagen guter Unternehmensführung.

Bei MRP2 handelt es sich nicht um ein EDV-System oder ein Programmpaket, sondern um ein Konzept zur optimalen Planung der für die Fertigung in einem Unternehmen notwendigen Mittel, wie Mitarbeiter, Maschinen, Produktionsfläche. In diesem Konzept werden Werkzeuge, wie die Datenverarbeitung, mit speziellen Programmpaketen eingesetzt, um Informationen schnell und korrekt zu verarbeiten. Trotzdem sind die Mitarbeiter und das Management für den Erfolg von MRP2 der entscheidende Faktor, **Bild 9.11**.

Das MRP2-Konzept wurde seit 1980 in den USA von einigen namhaften Unternehmensberatern und der dortigen Vereinigung der Materialwirtschaftler und Fertigungssteuerer, genannt **APICS** (**A**merican **P**roduction and **I**nventory **C**ontrol **S**ociety), entwickelt und findet in den Industrieunternehmen im englischen Sprachraum zunehmend Verbreitung.

Die wichtigsten Eigenschaften des MRP2-Konzeptes sind:

* Logisch gegliederte Planungshierarchie mit unterschiedlichen jedoch aufeinander abgestimmten Zielsetzungen, Planungshorizonten und -zyklen:
  - Unternehmensführung,
  - operationale Fertigungsplanung und
  - Fertigungsdurchführung,

- ein abgestimmter, für alle Funktionen absolut verbindlicher formaler Fertigungsterminplan,
- ein eindeutiger Informationsweg mit Informationsrückkopplung und regelmäßigen Besprechungen auf Bereichsleiterebene und
- Messung der operationalen Leistung und klare Verantwortungszuordnung.

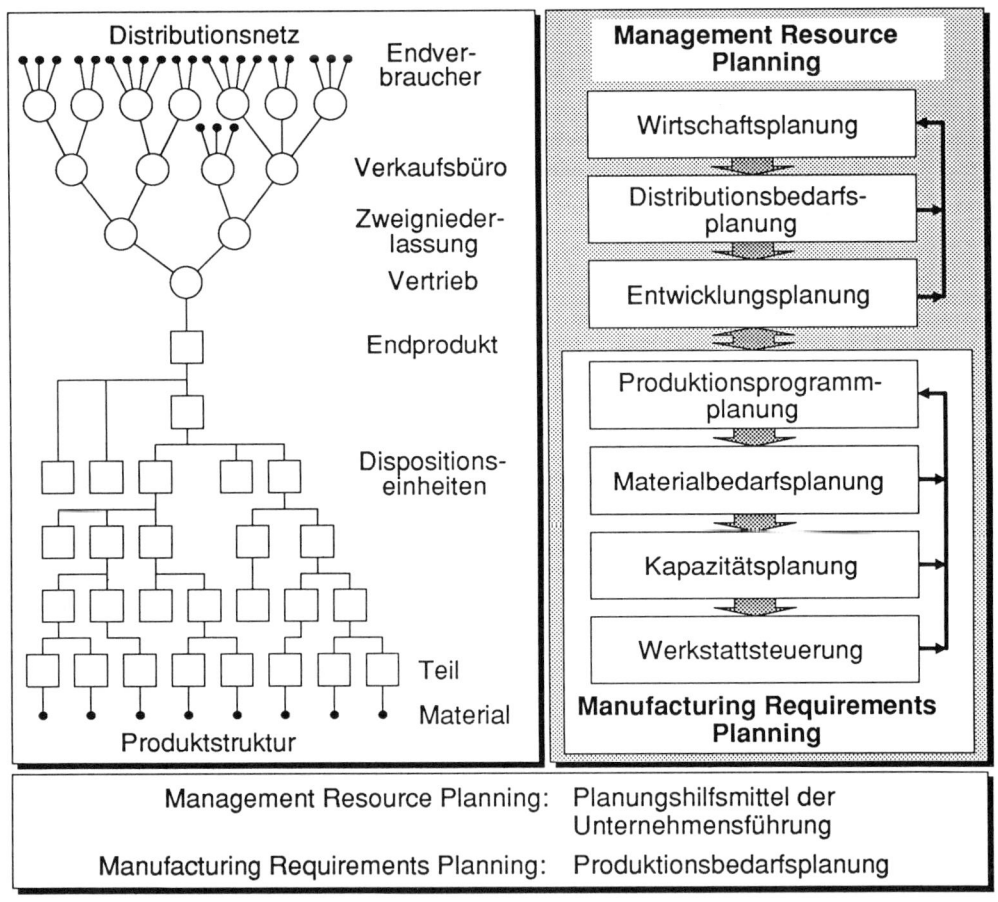

Management Resource Planning:	Planungshilfsmittel der Unternehmensführung
Manufacturing Requirements Planning:	Produktionsbedarfsplanung

Bild 9.11: MRP2-Konzept (nach Gesellschaft für Fertigungssteuerung und Materialwirtschaft e. V.)

9.4.4 Das Fortschrittszahlenkonzept

Für die montageorientierte Serienfertigung, wie sie für die Automobilindustrie typisch ist, hat sich mit dem Fortschrittszahlenkonzept eine scheinbar neue Planungssystematik entwickelt. Die Fortschrittszahl ist ein summierter Wert, der sich auf unterschiedliche Kenngrößen beziehen kann. Wird die Fortschrittszahl auf Planungsgrößen bezogen, so ist sie eine Soll-Fortschrittszahl. Entsprechend werden realisierte Werte als Ist-Fortschrittszahl bezeichnet. In **Bild 9.12** /WIE,86,1/ ist eine typische Fortschrittszahl als Ist-

und Sollwert dargestellt. Der Sollwert stellt die kumulierte, geplante Produktionsmenge für ein Bauteil dar, entsprechend ist die Ist-Fortschrittszahl die tatsächlich hergestellte Menge. Aus der Abbildung wird auch ein weiteres wesentliches Merkmal des Fortschrittszahlenkonzeptes deutlich:

• Die kumulierten Werte beziehen sich auf jeweils einen Zeitpunkt.

Aus Gegenüberstellung von Soll- und Ist-Fortschrittszahl können weitere Erkenntnisse abgeleitet werden. Liegt der Ist-Wert oberhalb des Soll-Wertes, so ist die Fertigung in einer Vorlaufsituation. Der Vorlauf kann einmal in Mengeneinheiten durch den senkrechten Abstand ausgedrückt werden. oder in Zeiteinheiten durch den waagerechten Abstand. Bezogen auf den Zeitpunkt der Gegenwart ist dieses in **Bild 9.12** durch Pfeilangaben ausgedrückt.

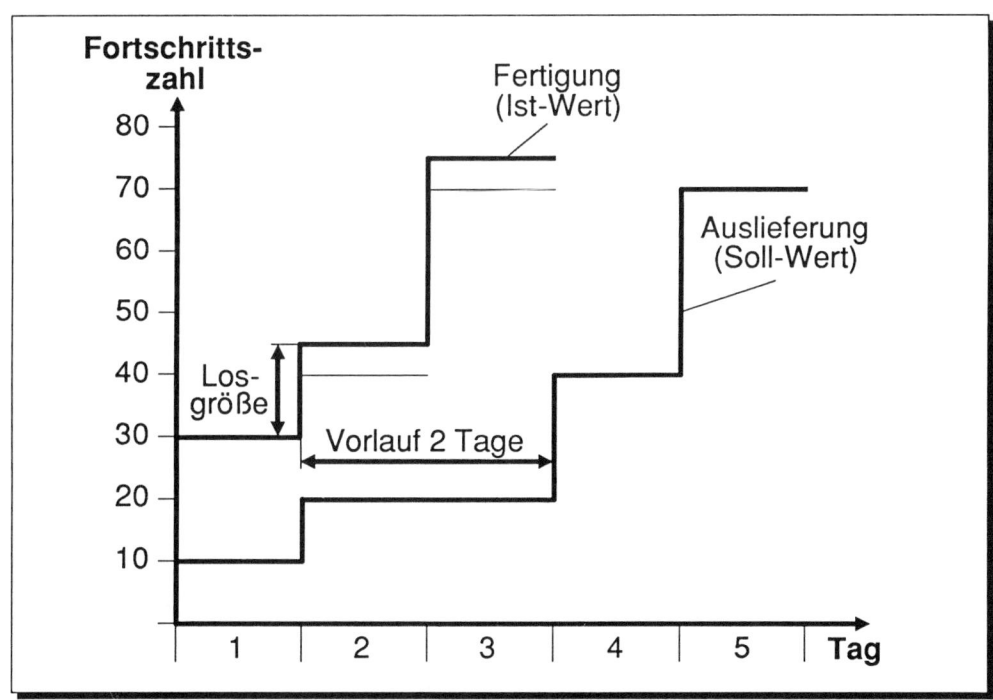

Bild 9.12: Funktionsweise eines Fortschrittszahlensystems

Ein durch Fortschrittszahlen gesteuertes Logistikkonzept bedient sich vielfältiger Bezugsgrößen, für die Fortschrittszahlen errechnet werden. Dies sind z. B.:

Soll:
Abruf-Fortschrittszahl
Produktionsplan-Fortschrittszahl

Ist:
Versand-Fortschrittszahl
Montage-Fortschrittszahl

Lagerbestandszahlen ergeben sich durch die Differenz der Fortschrittszahlen aus Lagerzugang und Lagerabgang.

Dem Konzept haftet eine enge Kundennähe an. Daher ist Ausgangspunkt die kumulierte Zahl der Kundenaufträge, wobei für die zeitliche Zuordnung die vereinbarten Liefertermine angesetzt werden. Dieser Auftrags-Fortschrittszahl, die ein Sollwert ist, kann mit der Versand-Fortschrittszahl ein entsprechender Istwert gegenübergestellt werden.

Das Fortschrittszahlenkonzept ist in der Automobilindustrie vielfach anzutreffen. Hier werden den geplanten Auftragszahlen noch die effektiv abgerufenen als weitere Fortschrittszahlen gegenübergestellt. Das System kann die gesamte Logistikkette bis zu einer arbeitsganggenauen Verfolgung der Fertigung umfassen. Die Differenzen aus Soll und Ist mit ihrer Interpretation als Vorlauf bzw. Rückstand (jeweils ausgedrückt in Mengeneinheiten oder Zeiteinheiten) ermöglichen eine übersichtliche Steuerung des Unternehmens. Insbesondere können Änderungen in ihren Konsequenzen leicht sichtbar gemacht werden. Das Fortschrittszahlenkonzept stellt eine wirkungsvolle Ergänzung der gegenwärtigen Konzeption zur Produktionsplanung und -steuerung dar. Zur Ermittlung der Soll-Fortschrittszahlen, z. B. für den Bedarf an Komponenten, bedient es sich der bekannten Methoden einer deterministischen Bedarfsauflösung. Das Konzept kommt einem Bedarf an Auswertungs- und Informationsunterstützungen im Bereich der Produktionsplanung und -steuerung entgegen. Es gewinnt auch bei dem überbetrieblichen Datenaustausch an Bedeutung. So werden in der Automobilindustrie zwischen Herstellern und Zulieferern bereits Fortschrittszahlen für Lieferungen, Aufträge und Abrufe ausgetauscht /SCH,90,1/.

9.4.5   Das KANBAN-Prinzip

Das aus Japan bekannte und übernommene KANBAN-Prinzip hat in den letzten Jahren zu einer teilweise überzogenen euphorischen Haltung geführt, indem eine vermeintlich starke Vereinfachung der Fertigungsorganisation gegenüber den komplizierten EDV-Systemen realisierbar erschien /WIL,84,1/.

Das KANBAN-Prinzip sieht eine "Mindestbestand"-orientierte Fertigungsdisposition vor, indem eine Produktionsstufe immer dann neue Fertigungsaufträge generiert, wenn sie sieht, daß ihr zugeordneter Lagerbestand an Fertigprodukten einen Mindestbestand unterschritten hat. Hierbei wird eine vereinfachte Organisation eingeführt, indem jeweils vorher festgelegte Produktionsmengen gefertigt werden, die sich an Transportbehältern (KANBAN-Behältern) ausrichten können. Jedem KANBAN-Behälter ist dabei eine Auftragskarte zugeordnet, auf der die Auftragsmenge und weitere Angaben vermerkt sind. Durch das Übergeben dieser Karte wird der Planungsprozeß realisiert. Das KANBAN-Prinzip wird im allgemeinen nach dem Holprinzip organisiert, d. h. die Auftragsvorgaben an die letzte Produktionsstufe bestimmen den weiteren Sog der Produktionsmengen in die Fertigung hinein.

Obwohl KANBAN mit Mindestbeständen arbeitet, ist es als Synonym für Bestandssenkung diskutiert worden, weil eine Beschleunigung der Fertigungsflüsse erwartet wurde. Darüber hinaus hat die Diskussion um KANBAN zu einer verstärkten Beschäftigung mit

Fragen der Umrüstung geführt und in Einzelfällen zu erheblichen organisatorischen Verbesserungen geführt. Neben der innerbetrieblichen Anwendung von KANBAN-Prinzipien ist dieses Verfahren auch im zwischenbetrieblichen Lieferverkehr anwendbar. Hier hat in Japan vor allen Dingen das Beispiel zwischen Automobilherstellern und Zulieferfirmen mit einer stundengenau ausgetakteten Zulieferorganisation beeindruckt. Inzwischen haben einige Realisierungen aber gezeigt, daß KANBAN als umfassendes Steuerungssystem für die deutsche Industrie aus verschiedenen Gründen nicht eingesetzt werden kann. Es bedarf einmal einer sehr engen Verflechtung zwischen Herstellern und Zulieferern bei überbetrieblichen Anwendungen, wie sie in der Bundesrepublik Deutschland nicht gegeben ist, und setzt innerbetrieblich eine hohe Mengenstabilität der Fertigung und eine hohe Qualitätszuverlässigkeit voraus.

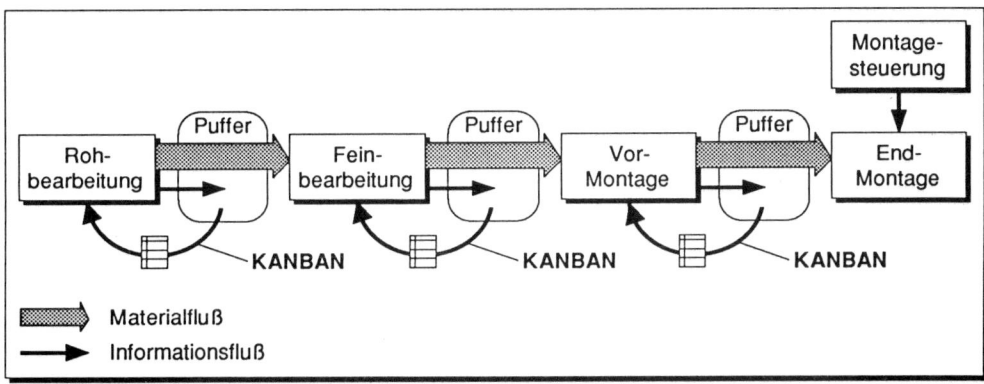

Bild 9.13: Fertigungssteuerung nach dem KANBAN-Prinzip

Dennoch ist das Steuerungsprinzip für Teilbereiche der Fertigung auch in Deutschland erfolgreich einsetzbar. Hierbei besteht kein Gegensatz zu einer EDV-gestützten Fertigungsplanung und -steuerung, **Bild 9.13** /SCH,90,1/.

9.4.6 Belastungsorientierte Auftragsfreigabe

In Produktionsplanungs- und -steuerungssystemen der klassischen Funktionsarchitektur werden Aufträge aus der Planungs- in die Steuerungsebene freigegeben, indem sie der Produktion überstellt werden. Zuvor muß jedoch überprüft werden, ob die geplanten Starttermine der Aufträge in den anstehenden Planungszeitraum fallen. Die Auftragsfreigabe ist ebenfalls von einer Verfügbarkeitsprüfung abhängig. Der in der Planung ermittelte Starttermin, der der Fertigungssteuerung vorgegeben wird, ist damit das primäre Freigabekriterium.

Da somit auf die Kapazitätssituation nur ungenügend Rücksicht genommen wird (die Verfügbarkeitsprüfung erstreckt sich meist nur auf Werkstoffe und Komponenten), kann dieses zu einer Überbelastung der Fertigung führen mit den Folgen überhöhter Zwischenlagerbestände und Durchlaufzeiten. Hieran knüpft das Prinzip der belastungsorientierten Auftragsfreigabe an, bei dem nach dem sogenannten "Trichterprinzip" nur soviel und solche Aufträge freigegeben werden, die aufgrund der Kapazitätssituation auch bearbeitet werden können, **Bild 9.14** /WIE,84,1/. Dadurch wird also ebenfalls das Stufenprinzip aufgelockert, weil die Auftragsfreigabe nunmehr "vorausschauend" die Bedingungen der nachfolgenden Stufe mit einbezieht und sich nicht nur ausschließlich an den schichtbezogenen Kriterien orientiert /SCH,83,1/.

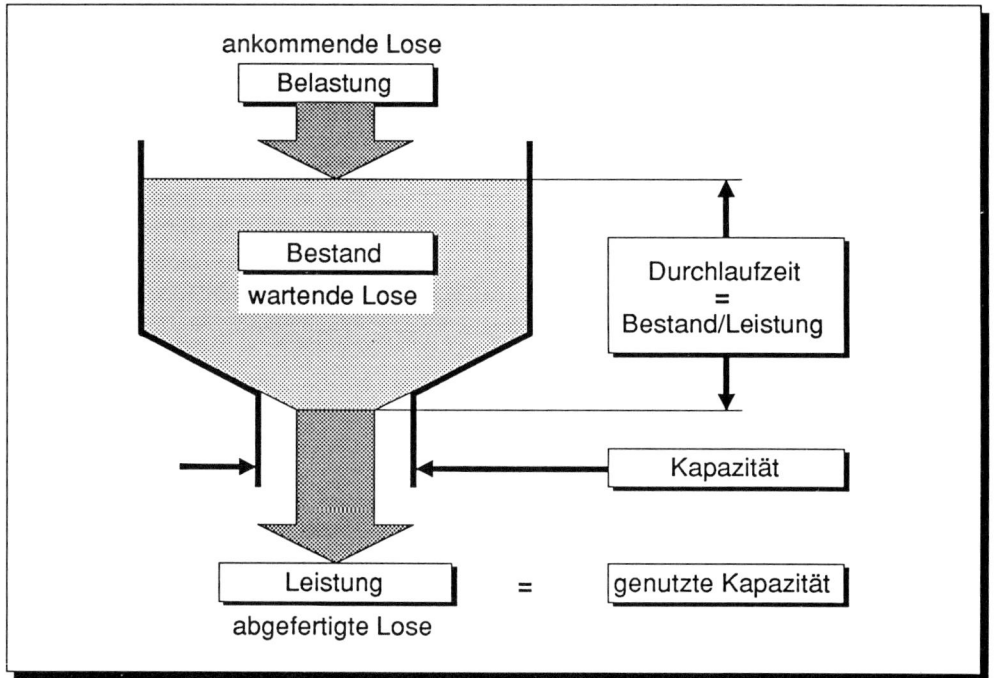

Bild 9.14:   Trichtermodell der belastungsorientierten Auftragsfreigabe

9.4.7   Dezentrale Fertigungsfeinplanung

Das übliche Grundkonzept der klassischen Fertigungsplanung und -steuerung ist die sogenannte "zentrale Regelung". Dabei werden alle Entscheidungen zur Fertigungsplanung und -steuerung bis ins Detail von einer Zentrale getroffen. Die Vorteile, die trotz des hohen Datenverarbeitungsaufwandes und der langen Informationswege geboten werden, sind die Möglichkeit eines vollständigen Kapazitätsabgleiches über alle Betriebsbereiche, eine Terminkontrolle und eine zentrale Auskunftsfunktion. Bei reduzierter oder verzögert funktionierender Rückmeldung entfallen diese Möglichkeiten jedoch. Bei nicht geplanten Ereignissen wirkt sich dieses nachteilig auf die Flexibilität und Anpassungsfähigkeit des Systems aus.

Vor diesem Hintergrund bietet es sich an, Teile der Fertigungsplanung und -steuerung in die ausführenden Bereiche auszulagern, die Funktionen zu dezentralisieren. Zweckmäßigerweise unterteilt man dazu die Planung in eine Grob- und Feinplanung, wobei die Feinplanung in die fertigungsnahen Bereiche verlagert wird. Von der zentralen Fertigungsplanung wird dann in einer Grobplanungsstufe nur ein Terminrahmen für die Fertigstellung von Teilen, Baugruppen oder Produkten vorgegeben und die detaillierte Fertigungsplanung z. B. anhand der Arbeitspläne den ausführenden Fertigungsbereichen überlassen. Ein gutes Beispiel hierfür sind autonome Fertigungsinseln, wobei die Autonomie gerade in dieser wenn auch begrenzten Entscheidungsfreiheit besteht. **Bild 9.15** /AWF,84,1/, zeigt eine solche Konfiguration. Die Fertigung und Vormontage bilden dabei ein solches autonomes Subsystem mit informaler Selbstregelung. Ein Eingreifen der Zentrale in das interne Geschehen ist nur in Ausnahmefällen, z. B. Überschreiten der in der Grobplanung vorgegebenen Ecktermine, vorgesehen (Management-by-Exception-Prinzip) /AWF,84,1/.

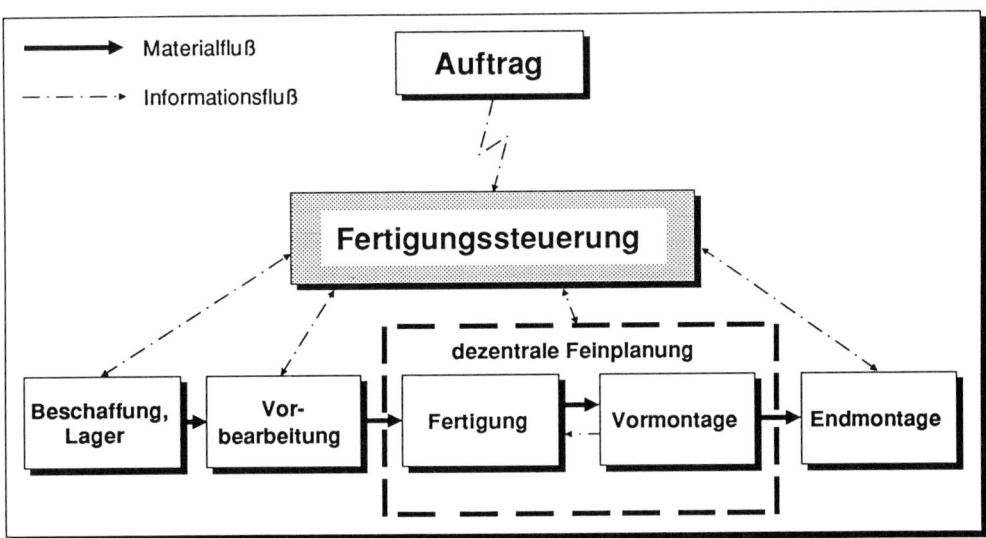

Bild 9.15:   Autonomer Fertigungsbereich mit dezentraler Feinplanung

Das Gesamtsystem der betrieblichen Steuerung wird umso flexibler und einfacher, je mehr formale Rückmeldungen und Entscheidungen durch informale Selbstregelung in Subsystemen ersetzt werden können. Die zentrale Regelung wird um einen erheblichen Verwaltungsanteil entlastet, und das "deterministische Chaos" aufgrund nicht erfaßter Einflüsse wird vermieden /WAR,85,1/. Dies zeigt die Bedeutung organisatorischer Konzepte. Sie sollten daher vor der Entscheidung für bestimmte technische Systeme festgelegt werden.

9.5   Kopplung von PPS zu CAD und CAP

In der rechnerintegrierten Produktion kann die Produktionsplanung und -steuerung nicht losgelöst von anderen betrieblichen Aufgaben betrachtet werden. Es bestehen enge Verbindungen im Informationsfluß zwischen CAD und CAP sowie zwischen CAP und PPS, wobei CAP praktisch das Bindeglied zwischen CAD und PPS darstellt, **Bild 9.16.**

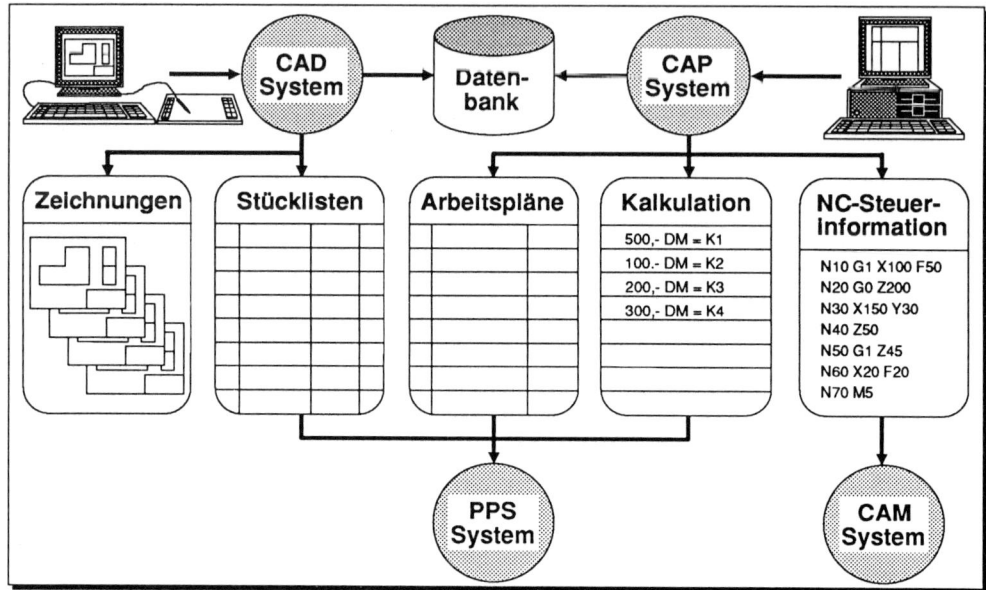

Bild 9.16: Integration von CAD, CAP und PPS

Der Konstrukteur legt die wesentlichen Produktdaten fest und beschreibt diese mit Hilfe des CAD-Systems. Diese Daten, wie zum Beispiel die Werkstückgeometrie, Qualitätsanforderung oder Materialanforderung, bilden die Informationsbasis für die Arbeitsplanerstellung. Die Produktionsplanung und -steuerung verwendet die Konstruktionsstückliste als Datenbasis.

Die Stücklistenverarbeitung in einem PPS-System verwaltet und beschreibt Struktur und Zusammensetzung beliebiger Fertigungsprodukte, wobei die unterschiedlichen Fertigungstypen und deren Kombinationen zu beachten sind.

Eine logische Stückliste beschreibt die Gesamtheit der technologischen Variationsmöglichkeiten eines Produktes. Da sie außer den fertigungsrelevanten Teilen auch alle zulässigen Varianten enthält, ist sie nicht unmittelbar für die Zwecke der Fertigung zu verwenden. Konstruktion, Produktionsplanung und Kostenrechnung arbeiten vielmehr mit verschiedenen Stücklistenarten, in denen die Daten speziell auf ihren Bereich hin strukturiert sind. Den einzelnen Stücklistenpositionen sind verschiedene fertigungsrelevante Daten zugeordnet.

Die fixe Stückliste beschreibt im Gegensatz zur logischen Stückliste das Produkt, wie es gefertigt werden soll. Alle Entscheidungen bezüglich der Zusammensetzung, technischen Änderungen und gültigen Alternativen sind bereits getroffen. Diese Stücklisten werden für Betriebs- und Kundenaufträge benutzt.

Für die Mengenplanung in der Disposition und Beschaffung wird der Verwendungsnachweis, der eine umgekehrte Sichtweise bzw. Aufbau der Stückliste aufweist, eingesetzt /WIE,86,1/.

10 Die Bedeutung von CIM für den Mittelstand

Rund 90% aller Fertigungsbetriebe in der Bundesrepublik Deutschland gehören zu dem Kreis der mittelständischen Unternehmen. Sie tragen rund die Hälfte des Gesamtumsatzes der deutschen Wirtschaft, ·und sie stellen ca. 60% der Arbeitsplätze. Die entscheidende Stärke des Mittelstandes ist seine Flexibilität. Seit die Automatisierung und Verfahren der rechnerintegrierten Produktion in den größeren Unternehmen Einzug gehalten haben und dort kurzfristigere Planungen ermöglichen, ist auch die Flexibilität insbesondere bei mittelständischen Zulieferern noch stärker gefragt. Losgrößen und Gewinnmargen werden kleiner, während der Aufwand an Organisation und Materiallagerhaltung kostenintensiver zu werden droht, falls es den Unternehmen nicht möglich ist, diese durch ein entsprechend reaktionsschnelles und feinfühliges System optimaler zu steuern. Der Weg zur Bewältigung dieser Herausforderungen und zum Erhalt der zukünftigen Wettbewerbsfähigkeit der mittelständischen Industrie ist die integrierte rechnerunterstützte Produktion /HEI,87,1; MAR,87,1/.

Die deutsche Großindustrie hat die Vorteile der rechnerintegrierten Produktion seit langem erkannt und arbeitet zügig an der Realisierung von CIM-Konzepten. Zwar noch zögernd, jedoch mit zunehmender Tendenz verbreitet sich der CIM-Gedanke auch in klein- und mittelständischen Unternehmen. Denn auch in diesen Betrieben setzt sich die Erkenntnis durch, daß mit Hilfe der flexiblen Fertigung die Wettbewerbsfähigkeit auf in- und ausländischen Märkten nicht nur erhalten sondern auch gesteigert werden kann. Ein Indiz für den Aufwärtstrend ist die steigende Anzahl von technisch-wissenschaftlichen Rechnersystemen in der Bundesrepublik Deutschland /MAß,88,1; DIE,88,1/.

In der Industrie wächst derzeit das Verständnis dafür, daß diese Technik eine neue Dimension eröffnet, aber nicht als fertiges Produkt von der Stange gekauft werden kann. Damit sind Unternehmen gezwungen, einen erheblichen Anteil an Eigenleistungen zur Erarbeitung einer an firmenspezifische Randbedingungen angepaßte CIM-Lösung zu erbringen. Dieses setzt Know-how voraus, das in kleinen und mittleren Unternehmen nicht in ausreichendem Maße vorhanden ist. Andererseits reicht das finanzielle Potential bei Firmen dieser Größe nicht aus, um sich unternehmensspezifische Systemlösungen extern entwickeln zu lassen. Ein zielgerichtetes Vorgehen ist für kleine und mittlere Unternehmen deshalb von besonderer Bedeutung, damit sie schrittweise ohne große Fehlinvestitionen und möglichst bald mit dem Einstieg in die rechnerintegrierte Produktion beginnen können.

Die rechnerintegrierte Produktion hat als Ziel, die im Unternehmen benötigten Informationen rechnerunterstützt zu erzeugen und über interne Bereichsgrenzen hinweg auszutauschen und zu archivieren. Dabei werden die strategischen Ziele von CIM im Unternehmen in folgende vier Gruppen aufgeteilt, **Bild 10.1** /EVE,87,2/:

- Zeitziele,
- Qualitätsziele,
- Kostenziele und

• Flexibilitätsziele.

Zeitziele sind ein wichtiger Aspekt von CIM. Durch die rechnerunterstützte Verarbeitung betrieblicher Daten können beispielsweise Entwicklungszeiten und Durchlaufzeiten gesenkt werden. Damit eng verbunden ist die Erhöhung der Flexibilität, die es ermöglicht, Produkte auch in kleinen Losgrößen entsprechend der Auftragslage herzustellen.

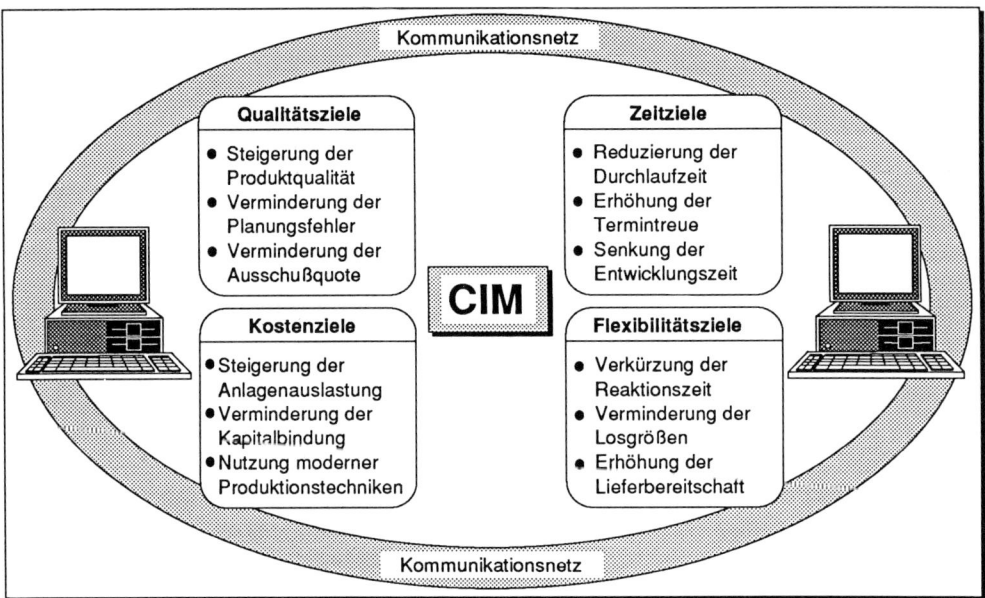

Bild 10.1: Erwartungen der Unternehmen in Bezug auf CIM

Eine Verbesserung der Lieferbereitschaft kann mit Hilfe der CIM-Technologie ebenfalls erzielt werden. Die Senkung der Kosten ist gerade auch für Unternehmen im mittelständischen Bereich wichtig, um ihre Wettbewerbsfähigkeit aufrechtzuerhalten. Mit CIM läßt sich die Anlagenauslastung verbessern, welches zu einer Kostenreduzierung führt. Möglich wird dieses durch die rechnerunterstützte Informationsverarbeitung von der Konstruktion bis zur Montage. Die reduzierte Kapitalbindung als Folge der niedrigeren Lagerbestände führt ebenfalls zu einer deutlichen Kostenreduzierung. Durch die integrierte Informationsverarbeitung kann auch die Qualität verbessert werden, denn es lassen sich im Fertigungsbereich an Kontroll- und Prüfstellen die aktuellen Istwerte messen und mit den Sollwerten aus den Planungsbereichen vergleichen /EVE,87,2/.

Es läßt sich feststellen, daß die genannten Ziele im Rahmen einer rechnerintegrierten Produktion gegenüber einer herkömmlichen Fertigung besser und schneller verwirklicht werden können. Da CIM-Techniken jedoch komplex sind, empfiehlt es sich, die Einführung von CIM-Komponenten systematisch zu planen und zu realisieren. Dabei sind die Planung, die Systemauswahl, die Einführung, die Berücksichtigung des Qualifikationsgrades sowie die Schulung von Mitarbeitern wichtige Aufgabenschwerpunkte.

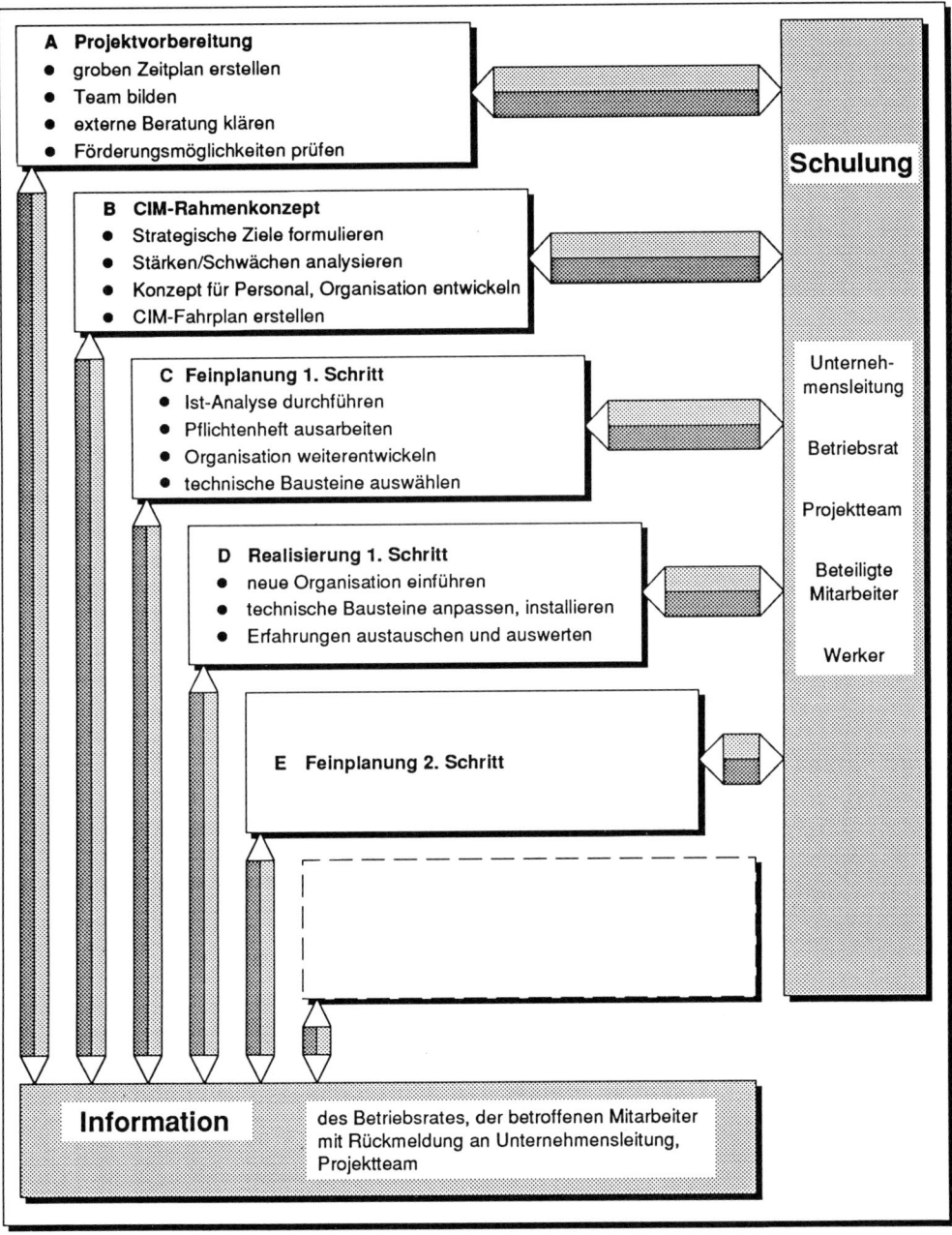

A Projektvorbereitung
- groben Zeitplan erstellen
- Team bilden
- externe Beratung klären
- Förderungsmöglichkeiten prüfen

Schulung

B CIM-Rahmenkonzept
- Strategische Ziele formulieren
- Stärken/Schwächen analysieren
- Konzept für Personal, Organisation entwickeln
- CIM-Fahrplan erstellen

C Feinplanung 1. Schritt
- Ist-Analyse durchführen
- Pflichtenheft ausarbeiten
- Organisation weiterentwickeln
- technische Bausteine auswählen

Unterneh-
mensleitung

Betriebsrat

Projektteam

D Realisierung 1. Schritt
- neue Organisation einführen
- technische Bausteine anpassen, installieren
- Erfahrungen austauschen und auswerten

Beteiligte
Mitarbeiter

Werker

E Feinplanung 2. Schritt

Information   des Betriebsrates, der betroffenen Mitarbeiter
mit Rückmeldung an Unternehmensleitung,
Projektteam

Bild 10.2: Planung und Realisierung der rechnerintegrierten Produktion

Darüber hinaus sollte man schon früh beginnen, die Mitarbeiter über die Planung der EDV-Anwendungen im Rahmen von CIM zu informieren, um das Mißtrauen gegenüber diesen neuen Techniken abzubauen und die Akzeptanz zu erhöhen.

Parallel mit dem Aufbau von CIM-Strukturen, die auf das jeweilige Unternehmen zugeschnitten sein müssen und schrittweise eingeführt werden sollten, muß auch eine Änderung der Aufbau- und Ablauforganisation erfolgen. Das arbeitsteilige Denken und Handeln in abgeschotteten Funktionen ist zu überwinden.

In diesem Zusammenhang bedeutet CIM dann eine Reduzierung der arbeitsteiligen Tätigkeit für die Bereiche eines Unternehmens. Zur Erleichterung der Integration werden folgerichtig in der Konstruktion CAD-Systeme, in der Arbeitsvorbereitung CAP- und PPS-Systeme und in der Fertigung CAM-Systeme installiert, die miteinander kommunizieren können.

Viele kleine und mittlere Firmen nutzen heute schon isolierte Rechnersysteme in den verschiedensten Bereichen, um ihre Ziele schneller zu verwirklichen. Es besteht jedoch die Gefahr, daß der lokale Einsatz neuer Techniken zur Unterstützung einzelner Produktionsbereiche nur zu kurzfristigen Ergebnisverbesserungen führt, da hierbei die Schwachstellen lediglich in andere Produktionsbereiche verlagert werden /EVE,87,2; SCH,87,1/.

Eine sinnvolle CIM-Lösung entsteht im Dialog mit allen Beteiligten.Dazu zählen in vielen Fällen Berater, die die interne Diskussion und das Erarbeiten eines unternehmensinternen Wissens und Erfahrungsschatzes ergänzen. Deshalb hat es sich als äußerst hilfreich erwiesen, zu Beginn ein verantwortliches Projektteam zu benennen. Vertreter der einzelnen Abteilungen, der Unternehmensführung und des Betriebsrats sollten darin vertreten sein. Gegebenenfalls können auch externe Berater hinzugezogen werden.

Das Projektteam sollte das Gespräch mit möglichst allen Beteiligten suchen. Die bisherigen Erfahrungen haben gezeigt, daß Mitarbeiter, die selbst an der Gestaltung ihrer Arbeitsumgebung mitwirken konnten, sich gern und motiviert in neue Techniken und Organisationsformen einarbeiten.

CIM-Planung und -Einführung verlaufen bei jedem Unternehmen unterschiedlich. Sie sind ein zeitlich und inhaltlich offener Prozeß. Das in **Bild 10.2** /KFK,89,1/ skizzierte Planungsmodell eines schrittweisen Vorgehens soll daher lediglich eine Orientierungshilfe darstellen. Wenn sich jeder einzelne Schritt am Rahmenkonzept orientiert, vermeidet man falsche Weichenstellungen, die eine weiterführende Integration bei späteren Schritten hemmen oder sogar verhindern.

Die einzelnen Planungs- und Realisierungsschritte bauen aufeinander auf und können in mehreren Durchläufen iterativ abgehandelt werden. Fortlaufende Schulungsmaßnahmen sollten diese Vorgänge flankierend unterstützen. Ebenso sollten der Betriebsrat und die beteiligten Mitarbeiter rechtzeitig und umfassend informiert und am Meinungsbildungsprozeß beteiligt werden.

11 Glossar

Ablauforganisation

Die Ablauforganisation regelt gegenüber der Aufbauorganisation den grundsätzlichen Ablauf der normalen Geschäftsvorfälle, um ein rationelles und einheitliches Vorgehen sicherzustellen. Beispiele sind:

- Bestellungen,
- Fakturierung,
- Zeichnungserstellung und
- Personaleinstellung.

Die daraus resultierenden Ablaufbeschreibungen werden in Form von Vorschriften, Handbüchern und Organisationsanweisungen festgelegt.

ANSI

American National Standards Institute
ANSI ist das Hauptnormungsinstitut der USA.

APT

Automatically Programmed Tools, deutsch: automatisch programmierte Werkzeuge
APT ist eine Programmiersprache zur Beschreibung von Verfahrwegen für numerisch gesteuerte Werkzeugmaschinen und zur Programmierung von 3-dimensionalen Bearbeitungsaufgaben auf Maschinen mit 3- bis 5-Achsen-Steuerungen geeignet. APT ist genormt in ISO/TC184/SC3 und DIN 66246.

AQL

Acceptable Quality Level
Unter dem AQL-Wert versteht man den maximalen Schlechtanteil oder maximale Fehlerzahl bezogen auf 100 Einheiten, der für Zwecke der Stichprobenprüfung noch als annehmbare Fertigungsgüte angesehen werden kann (Gütegrenze).

Arbeitsplan

Der Arbeitsplan enthält alle auftragsneutralen Angaben, die zur Fertigung und Prüfung eines Bauteils erforderlich sind. Im Arbeitsplan ist die Arbeitsvorgangsfolge eines Bauteils, einer Baugruppe oder eines Erzeugnisses beschrieben. Dabei werden die Teilenummer, das verwendete Material sowie für jeden Arbeitsvorgang der Arbeitsplatz, die Betriebsmittel, die Vorgabezeit für Rüst-, Stück und Übergangszeiten und falls erforderlich, auch die Lohngruppe angegeben.

Arbeitsplanung

Die Arbeitsplanung umfaßt alle einmalig auftretenden Planungsmaßnahmen zur Herstellung eines Produktes ohne Bezug auf den aktuellen Auftrag. Sie legt die fertigungs- und ablaufgerechte Gestaltung der Arbeitsgegenstände

(Bauteile) und Betriebsmittel, das Arbeitsverfahren, -methoden und -bedingungen und die Bearbeitungsreihenfolge fest. Dazu zählen die Angaben über die zur Ausführung erforderlichen Menschen und Betriebsmittel. Die Arbeitsplanung ist der letzte Schritt in der Phase der Produktionsdefinition. Kommt es zu einem Auftrag, werden die Ergebnisse der Arbeitsplanung als Eingangsgrößen für die Arbeitsvorbereitung verwendet.

Arbeitsspeicher

Auch Hauptspeicher genannt. Der Arbeitsspeicher bezeichnet den internen Speicher eines Rechners, in dem die aktuell zu verarbeitenden Daten und Programme gespeichert sind und zur Abarbeitung der Zentraleinheit zur Verfügung stehen.

Arbeitsvorbereitung

Eine Arbeitsvorbereitung kann nur dann erfolgen, wenn für das zu erstellende Bauteil eine Arbeitsplanung durchgeführt wurde.

Die Arbeitsvorbereitung umfaßt die Gesamtheit aller Maßnahmen, einschließlich der zeitgerechten Bereitstellung aller erforderlichen Unterlagen für Arbeitsgegenstand (Bauteil), Menschen und Betriebsmittel mit dem Ziel, durch Planung, Steuerung und Kontrolle für die Fertigung von Erzeugnissen und die Gestaltung von Abläufen jeder Art ein Optimum aus Aufwand und Arbeitsgegenstand zu erreichen.

Die Arbeitsvorbereitung ist als Bestandteil der Fertigung den Fertigungsprozessen vorgelagert, dabei aber immer abhängig vom aktuellen Auftrag. Besonders bei Unternehmen, die sehr viele unterschiedliche Produkte fertigen, ist die Arbeitsvorbereitung so komplex, daß sie in engster Abstimmung mit Systemen der Produktionsplanung und -steuerung (PPS) durchgeführt werden muß.

Aufbauorganisation

Unter der Aufbauorganisation eines Unternehmens wird die hierarchische Gliederung in sogenannte Organisationseinheiten unterschiedlichen Umfanges verstanden, wie z. B.:
- Werk,
- Hauptabteilung,
- Abteilung,
- Meisterbetrieb und
- Arbeitsgruppe.

Die Darstellung der Aufbauorganisation erfolgt im sogenannten Organisationsplan, auch Organisationsschema oder Organigramm genannt. Die von der jeweiligen Organisationseinheit zu erfüllende Aufgabe wird in Funktions- oder Aufgabenbeschreibungen festgelegt. Sofern sich die Aufgabenbeschreibung auf eine Person bezieht, spricht man von einer Stellenbeschreibung. Sie regelt den Aufgaben- und Verantwortungsumfang sowie die der Stelle zugeordneten Kompetenzen, z. B. hinsichtlich der Höhe der zu genehmigenden Investitionen, auswärtiger Bestellungen oder Einstellung von Mitarbeitern.

Auftragsfreigabe

Die Auftragsfreigabe ist der Auftragsveranlassung nachgeschaltet und erfolgt dann, wenn die Fertigungsbelege wie Materialschein, Laufkarte und Terminkarte erstellt worden sind. Zuvor muß jedoch eine Verfügbarkeitskontrolle von Betriebsmitteln und Material durchgeführt worden sein.

Auftragsüberwachung

Die Auftragsüberwachung hat die Aufgabe, die Zustandsänderung der Werkstatt- und Bestellaufträge in Rechnersystemen, z. B. Fertigungsleitrechner, zu überwachen und zu verwalten.

Auftragsveranlassung

Die Auftragsveranlassung hat die Aufgabe, ein bestimmtes Fertigungsprogramm gegenüber dem Plan kurzfristig durchzusetzen, z. B. wenn ein wichtiger Kunde ungeplant eine Stückzahlerhöhung verlangt. Gegebenenfalls müssen die Planvorgaben für dieses Programm infolge von Störungen oder anderen als geplanten Randbedingungen angepaßt werden.

Batchbetrieb

Auch Stapel-Betrieb genannt. Es bezeichnet eine Betriebsart, bei der dem EDV-System die Aufgabenstellung (Programme und Daten) als Ganzes zur Verarbeitung übergeben wird. Während der Bearbeitung der Aufgabenstellung durch das System hat der Benutzer keine Eingriffsmöglichkeiten. Die Programme werden nacheinander abgearbeitet, d. h. das nächste Programm wird erst dann bearbeitet, wenn das vorherige abgeschlossen wurde.

BAZ

Bearbeitungszentrum
Ein Bearbeitungszentrum ist eine mehrachsige NC-gesteuerte Maschine, die zur Bearbeitung meist prismatischer Werkstücke eingesetzt wird. Ein Kennzeichen eines BAZ ist die Integration von mehreren Bearbeitungsverfahren in eine Maschine. Ausgeführte BAZ sind beispielsweise für fräsende und bohrende Bearbeitung von Werkstücken ausgelegt, wobei in der Regel die Grundfunktion einer Fräsmaschine vorgegeben ist. Ein wesentlicher Vorteil dieses Maschinenkonzeptes besteht darin, daß die Werkstücke in einer Aufspannung von mehreren Seiten (max. 5 Seiten) bearbeitet werden können. Die Bearbeitungsgenauigkeit einer solchen Maschine ist somit sehr hoch, da ein Umspannen der Werkstücke entfällt.
Ein weiteres wichtiges Merkmal eines BAZ ist der automatische Werkstück- und Werkzeugwechsel, der programmgesteuert ausgeführt wird.

BDE

Betriebsdatenerfassung
Bei der Informationserfassung spricht man von Rückmeldungen oder von Betriebsdatenerfassung. Die Betriebsdatenerfassung ist aber nicht nur für die Terminsteuerung sondern auch für die Nachkalkulation im Rahmen der Betriebsabrechnung und zur Lohnermittlung erforderlich.

141

Die Betriebsdatenerfassung umfaßt die Informationen über Warenein- und -ausgänge, Transport-, Rüst- und Bearbeitungszeiten, Stillstandszeiten und deren Ursachen, Stückzahlen, Ausschuß und Ursachen dafür, Nacharbeiten, Montagezeiten und Versandmeldungen aber auch Anwesenheitszeiten der Mitarbeiter und ihrer Zuordnung zu den Arbeitsplätzen.

BDE-System

Betriebsdatenerfassungs-System
Das BDE-System bezeichnet ein EDV-System, das vorrangig zum Erfassen, Prüfen und Aufbereiten von Betriebssdaten dient. Unter dem Begriff Betriebsdaten werden folgende Datenarten zusammengefaßt:
- Produktionsdaten (Maschinendaten, Auftragsdaten, Materialdaten, Bestandsdaten und Qualitätsdaten)
- Anwesenheitsdaten (Uhrzeit, Kommt/Geht und Fehlzeiten)
- Spezielle Betriebsdaten (Kantinendaten und Tankdaten)

Die Eingabe dieser Daten in das BDE-System kann über manuell betätigte Datenterminals und/oder durch automatische Datengeber erfolgen. Im erweiterten Sinne wird unter BDE die Werkstattsteuerung im Rahmen der PPS verstanden.

Bedarfsermittlung

Die Bedarfsermittlung ermittelt den Bedarf an Material unter Berücksichtigung der Vorlaufzeit.

Bedienerführung

Die Bedienerführung ist eine Technik, die einem Anwender die Benutzung der Funktionen einer Eingabesprache z. B. eines CAD-Systems erläutern. Dazu gehören Hilfsfunktionen, Symbolik, Piktogramme, Fenster- und Menütechnik.

BEM

Boundary Elemente Methode
BEM ist eine Methode, nach der Objekte durch Objektvolumen rechnerintern abgebildet werden.

Benutzeroberfläche

Die Benutzeroberfläche ist ein qualitativer Sammelbegriff für sämtliche Eigenschaften eines interaktiven Anwendungssystems (Hardware, Software), die die Kommunikation mit dem Benutzer bestimmen und ihm die Benutzung erleichtern oder erschweren. Dazu gehören u. a. die ergonomische Gestaltung des Bildschirms und der Tastatur, die Nutzungsart von Betriebssystemfunktionen, die Verfahren der Programmierung und die Benutzer- oder Bedienerführung.

Betriebssystem

Das Betriebssystem ist die Zusammenfassung einer Vielzahl von Steuer- und Dienstprogrammen zum Betrieb und zur Überwachung einer Datenverarbeitungsanlage.

Bus

Der Bus ist eine Daten- und Adreßschiene, über die angeschlossene Hardwarekomponenten eines Rechners Daten und Adressen austauschen. Die Informationen werden meistens wortweise parallel übertragen.

Busstruktur

Die Busttruktur ist eine linienförmige Systemarchitektur bei der Vernetzung von Rechnern.

CAD

Computer Aided Design
CAD bezeichnet das rechnerunterstützte Konstruieren.

CAD/CAM

CAD/CAM bezeichnet die Integration der technischen Aufgaben zur Produkterstellung und umfaßt die EDV-technische Verkettung von CAD, CAP, CAM und CAQ.

CAE

Computer Aided Engineering
Mit CAE wird die rechnerunterstützte Ingenieurtechnik bezeichnet. CAE beschreibt den Rechnereinsatz im Entwicklungs- und Konstruktionsprozeß.

CAI

Computer Aided Industry
CAI bezeichnet die nicht genormte Erweiterung des Begriffs CIM um die kaufmännischen Funktionen. CAI ist ein umfassender Oberbegriff für den EDV-Einsatz in einem Unternehmen.

CAM

Computer Aided Manufacturing
CAM bedeutet rechnerunterstütztes Fertigen sowie Rechnereinsatz in der Fertigungssteuerung, Materialdisposition, Maschinen- und Betriebsdatenerfassung.

CAP

Computer Aided Planning
CAP bezeichnet die rechnerunterstützte Arbeitsplanung. Der Rechner wird für Aufgaben der Arbeitsvorbereitung und Fertigungsplanung eingesetzt.

CAQ

Computer Aided Quality Assurance
Der Begriff CAQ bedeutet Rechnerunterstützung in der Qualitätssicherung und umfaßt den Einsatz von Rechnersystemen zur Prüfplanung und Qualitätskontrolle.

CIB

Computer Integrated Business
Dieser nicht genormte Begriff hat die Rechnerunterstützung des gesamten Unternehmens zum Inhalt (ähnlich CAI).
CIB soll dabei den integrierten Rechnereinsatz für die gesamte Leistungserhaltung und Auftragsabwicklung eines Unternehmens umfassen. Die Verwendung des Begriffs setzt voraus, daß CIM sich nur auf den Produktionsentstehungsprozeß ohne administrative Komponente bezieht und die administrative Seite durch CIO abgedeckt wird, so daß eine Gleichung CIB = CIM + CIO aufgestellt werden kann.
Ferner bezeichnet CIB die informationstechnische Integration der Aufgaben verschiedener Unternehmen über Fernnetze (WAN). Dabei sollen die Bereiche Einkauf/Versand, Fertigungsplanung und Entwicklung von unterschiedlichen Unternehmen verbunden werden.

CIE

1. Bedeutung: Computer Integrated Electronics
Dieses ist die integrierte Erstellung elektronischer Bauteile. Dieser Begriff enthält nicht nur die Tätigkeiten, die unter CAE erfaßt werden, sondern auch die Rechnerunterstützung der Schritte, die zur Produktion der Bauteile erforderlich sind. Der Leitgedanke in CIE läßt sich mit dem von CIM vergleichen, wobei unterstellt wird, daß CIM primär für den Maschinenbau anwendbar sei.
2. Bedeutung: Computer Integrated Enterprise
Dieses ist das rechnerintegrierte Unternehmen. Dieser Begriff wird im Amerikanischen verwendet und ist identisch mit CIB.

CIM

Computer Integrated Manufacturing
CIM bezeichnet den integrierten Rechnereinsatz im gesamten Produktionsprozeß und umfaßt insbesondere den Aspekt der DV-technischen Verbindung von CAx-Bausteinen.

CIM-Integrationspfad

Die technische Einführung von CIM beginnt mit der Kopplung von verschiedenen CIM-Bausteinen. Im wesentlichen lassen sich drei Integrationspfade unterscheiden:
• CAD/PPS-Kopplung,
• CAM/PPS-Kopplung und
• CAD/CAP/CAM-Kopplung.

CIM-OSA

Computer Integrated Manufacturing - Open System Architecture

Im Rahmen des ESPRIT-Programms der Europäischen Gemeinschaft wurde ein Projekt für eine europäische CIM-Architektur durch das AMICE-(European CIM Architecture-) Konsortium durchgeführt. Es hat sich zum Ziel gesetzt, eine CIM-Architektur zu entwickeln, die folgende Forderungen erfüllt:

- rechtzeitige Verfügbarkeit der richtigen Information am richtigen Ort,
- Anpassungsfähigkeit an die ständigen Veränderungen des Umfeldes und der Produktionsprozesse,
- Ablauf- und Aufbauorganisationsflexibilität des gesamten Unternehmens,
- Echtzeitsteuerung der gesamten Arbeitsabläufe,
- optimale Verwendung der Informationstechnologien und
- Verwendungsmöglichkeit von Programmen und Maschinen unterschiedlicher Hersteller.

CIO

Computer Integrated Office

CIO bezeichnet die Rechnerintegration im administrativen Bereich in Verwaltung und Produktion. Hierzu gehört auch das Gebiet der rechnerintegrierten Bürokummunikation.

CLDATA

Cutter Location Data, deutsch: Schnittverlaufsdaten

CLDATA ist ein nach DIN 66215 genormtes Format für NC-Steuerdaten.

Clusteranalyse

Die Clusteranalyse ist ein heuristisches Verfahren zur Bildung von Gruppen. Sie ist ein Verfahren zur Optimierung der Herstellungsreihenfolge von Bauteilen zum Auffinden der für diese Herstellung benötigten Fertigungszellen und der für jede Zelle am besten geeigneten Maschinenkonfiguration.

Weitere Einsatzgebiete der Clusteranalyse sind z. B. die Segmentierung von Fertigungseinrichtungen, aber auch die Rüstzeitoptimierung.

CNC

Computerized Numerical Control

CNC ist eine numerische Steuerung mit einem frei programmierbaren Rechner, Programmspeicher und Ein- und Ausgabegeräten.

CNMA

Communications Network for Manufacturing Application

Unter dem Kürzel CNMA wird ein Kommunikationsstandard und Protokoll zur Rechnervernetzung im Rahmen des ESPRIT Projektes 2617 erarbeitet. Arbeitsschwerpunkte des CNMA-Projektes sind lokale Inhouse-Netze, Kommunikation zwischen Konzernteilen sowie Automatisierung der Kommunikation zwischen Herstellern und Zulieferern.

CPU

Central Processing Unit, deutsch: Zentraleinheit
Die Zentraleinheit besteht aus Leitwerk, Rechenwerk und Hauptspeicher.

CSMA-CD

Carrier Sense Multiple Access with Collision Detection
CSMA-CD ist ein Zugriffsverfahren eines Netzwerkes, um Datentransferdienste in Anspruch zu nehmen. Dabei kann nur gesendet werden, wenn
gerade kein anderer Teilnehmer im Netz sendet.

Datenbank

Die Datenbank ist ein Softwaresystem zum Speichern, Suchen, Ändern, und
Löschen von Daten nach übergeordneten, benutzerorientierten Kriterien
(Suchschlüssel).
Man unterscheidet folgende Datenbankmodelle:
* hierarchisch: in Baumstruktur angelegte Datenbank,
* Netzwerkmodell: vernetzte Baumstruktur in der Datenbank und
* relational: Daten und ihre logische Verknüpfung sind separat in der
  Datenbank abgelegt.

Datenbasis

Die Datenbasis ist die Gesamtheit aller im EDV-System gespeicherten
Daten, auf die innerhalb des Systems zugegriffen werden kann. Art und
Weise des Zugriffs ist bei diesem Begriff nicht näher definiert.

Datex-P

Datex-P ist ein Rechnervermittlungsdienst der Bundespost, um Rechner an
verschiedenen Standorten miteinander kommunizieren zu lassen.

DBMS

Datenbankmanagement-System

Das Datenbankmanagementsystem ist Bestandteil des Datenbanksystems.
Es dient dem Aufbau und der Verwaltung der Datenbank sowie der Kommunikation zwischen Benutzer und Datenbank.

Dialogbetrieb

Bei einem Dialogbetrieb kommuniziert der Bediener interaktiv mit dem EDV-
System. Gegenüber dem Batchbetrieb kann der Benutzer direkt in den
laufenden Prozeß eingreifen und dem Rechner Befehle übergeben. Die
Kommunikation mit dem Rechner erfolgt über Terminals.

Disposition

Zur Disposition, die ein Teil der Materialwirtschaft ist, zählen die Tätigkeiten,
um Art, Menge und Zeitpunkt von Sekundär- und Tertiärbedarf festzustellen
und in Bestell- und Liefermengen bzw. -termine umzuplanen.
Die bedarfsgesteuerte Disposition ist die auftragsbezogene Materialbedarfs-

ermittlung.

Die verbrauchsgesteuerte Disposition ist die verbrauchsbezogene Material-bedarfsermittlung.

Dispositionsstufe

Die Dispositionsstufe ist eine Bedarfsermittlungsstufe.

DNC

Distributed **N**umerical **C**ontrol

Bei einem DNC-Betrieb werden CNC-Maschinen von einem Prozeßrechner als Fertigungsleitrechner gesteuert. Der Leitrechner ist mit mehreren CNC-Maschinen gekoppelt. Steuerprogramme und Daten werden im Rechner gespeichert und verwaltet. Ein Austausch von Daten und Steuerinformationen findet zwischen Leitrechner und den CNC-Maschinen statt. Der Informationsaustausch zwischen den Systemen erfordert echtzeitfähige Kommunikationsbausteine.

Drahtmodell

Das Drahtmodell ist eine Art der rechnerinternen Darstellung von Objekten. Drahtmodelle sind dadurch gekennzeichnet, daß nur Kanten eines Objektes beschrieben werden.

Durchlaufterminierung

Bei der Durchlaufterminierung werden Zwischentermine je Arbeitsgang für den aktuellen Auftragsbestand, der im Rahmen der Mengenplanung bezüglich Terminen und Losgrößen ermittelt wurde, bestimmt, ohne die zur Verfügung stehenden Fertigungskapazitäten zu berücksichtigen.

Man unterscheidet die Vorwärtsterminierung, die vom frühesten Anfangstermin aus gerechnet wird und die Rückwärtsterminierung, die ausgehend vom spätesten Endtermin eine Terminierung vornimmt.

Durchlaufzeit

Die Durchlaufzeit ist nach REFA die Sollzeit für die Erfüllung einer Aufgabe in einem oder mehreren bestimmten Arbeitssystemen, in produzierenden Betrieben die Zeit vom Auftragseingang bis zur Verrechnung eines Produktes. Sie umfaßt alle für Herstellung, Lieferung und Verrechnung von Erzeugnissen benötigten Zeiten einschließlich der Materialbeschaffung und der jeweils vorgelagerten Zeiten für die Auftragsbearbeitung. Bestandteil der Durchlaufzeit sind daher auch die durchschnittlichen Liegezeiten der Bestände in Lagern. Die Durchlaufzeit ist im wesentlichen in vier Zeitabschnitte aufgeteilt:

- Produktionsvorlaufzeit,
- Materialliegezeit,
- Produktionsdurchlaufzeit und
- Produktionsnachlaufzeit.

Ethernet

Ethernet ist ein lokales Netzwerk (LAN), dessen Spezifikationen von den Firmen Xerox, Intel und DEC entwickelt wurden.

Unter der Bezeichnung IEEE 802.3 (Institut of Electrical and Electronical Engineers) wurde ein Standard für lokale Netzwerke erstellt, der mit Ethernet nahezu identisch ist.

Die Knoten (Nodes) werden durch Coaxialkabel verbunden. Das Zugriffsverfahren ist CSMA-CD.

EXAPT

Extended Subset of **APT**

EXAPT ist eine rechnerunabhängige NC-Teileprogrammiersprache, die von den Hochschulen Aachen, Berlin und Stuttgart entwickelt wurde. Sie basiert auf der maschinellen Berechnung der Werkstückgeometrie und der Bearbeitungstechnologie.

Exapt 1.1 wird vorwiegend für die Programmierung von Bohrproblemen und zweidimensionalen Bahnsteuerungen eingesetzt.

Exapt 2 wird für Drehmaschinen mit Strecken- und Bahnsteuerungen inklusive Schnittaufteilung, Werkzeugwegermittlung, Kollisionsprüfung und Schnittwertbestimmung verwendet.

Expertensystem

Ein Expertensystem ist ein Rechnersystem, mit dem bestimmte Fähigkeiten des menschlichen Verstandes wie Lernfähigkeit, Anpassung von Prozeduren an momentane Erfordernisse, Wissensspeicherung und Zugriff darauf über Algorithmen nachvollzogen werden können. In diesem Zusammenhang spricht man auch von wissensbasierten Systemen.

FEM

Finite Elemente Methode

FEM ist eine Rechenmethode, bei der die physikalische Struktur eines Objektes in endlich große, mechanisch/mathematisch bestimmte Elemente zerlegt wird. Die Elemente sind an diskreten Knotenpunkten miteinander verkoppelt. Der Zustand eines Objektes unter Last wird durch schrittweises Übertragen der Zustandsgrößen an den Knoten durch numerische Näherungsverfahren berechnet.

Fertigungsart

Fertigungsarten sind beispielsweise Einzel-, Serien- und Massenfertigung und zusätzlich Sorten-, Chargen- und Partienfertigung.

Als übliches Abgrenzungskriterium wird die Individualität des einzelnen Produktes bzw. das Ausmaß der Leistungswiederholung gesehen. Die Fertigungsarten sind damit sehr stark vom Produktspektrum abhängig.

Fertigungssteuerung

Man unterscheidet zwischen der Planung, der Steuerung und der Regelung. Die Terminplanung ist innerhalb der Fertigungssteuerung der Regler, der

den Soll-Wert und die Stellgrößen liefert, die in der Fertigungswerkstatt zum Ist-Ablauf führen. Dieser Ist-Ablauf wird durch Rückkopplung überwacht, um Störgrößen auszuregeln. Für den gesamten Vorgang benutzt man den Ausdruck Fertigungssteuerung, während der interne Regelkreis der Terminregelung für einen zielgerechten Fertigungsablauf sorgt.
Die Funktionen der Fertigungssteuerung sind:
- Termin- und Kapazitätsplanung,
- Verfügbarkeitskontrolle,
- Reservierungen,
- Auftragsfreigabe,
- Fertigungsbelegerstellung,
- Terminfeinplanung,
- oft auch Belegungsplanung und
- Auftragsfortschrittsverfolgung.

FFI

Flexible Fertigungsinsel
Die flexible oder autonome Fertigungsinsel stellt im wesentlichen ein organisatorisches flexibles Konzept dar. Kennzeichen der flexiblen Fertigungsinsel sind:
- Komplettbearbeitung von Teilefamilien aus gruppentechnologisch ähnlichen Bauteilen,
- räumliche und ablauforganisatorische Zusammenfassung möglichst aller nötigen Betriebsmittel,
- interne, autonome Disposition der an die Insel übergebenen Aufträge,
- Integration von Handarbeitsplätzen und
- Inselrechner zur planerischen Unterstützung der Mitarbeiter.

FFS

Flexibles Fertigungssystem
Ein flexibles Fertigungssystem besteht aus mehreren unabhängig voneinander arbeitenden Werkzeugmaschinen, die geeignet sind für:
- ein- und mehrstufige Bearbeitung unterschiedlicher Werkstücke im Auftragsmix,
- hauptzeitparalleles Rüsten an zentralen Rüstplätzen,
- automatisierten, systemintern gesteuerten Werkstück-/Werkzeugtransport und
- bedienarmen oder bedienerlosen Automatikbetrieb.

FFZ

Flexible Fertigungszelle
Unter einer FFZ versteht man eine numerisch gesteuerte Einzelmaschine, meist ein Bearbeitungszentrum, die durch entsprechende Zusatzeinrichtungen in der Lage ist, eine begrenzte Zeit bedienerlos zu arbeiten. Die dazu benötigten Zusatzeinrichtungen sind:
- Werkstückspeicher und Werkstückwechseleinrichtung,
- Werkzeugüberwachung und

149

- Bearbeitungskontrolle/Qualitätskontrolle.

Flächenmodell

Das Flächenmodell ist ein digitales Abbild eines Objektes durch die Speicherung der Objektoberfläche. Kennzeichen des Flächenmodells ist, daß die Flächenbeschreibung die Berechnung von jedem Punkt auf der Fläche erlaubt.

Flexible Transferstraße

Die flexible Transferstraße zählt zu den Mehrmaschinenkonzepten. Hier sind mehrere CNC-Bearbeitungsstationen einer mehrstufigen Bearbeitung starr verkettet. Die Operationsfolge ist durch den gerichteten Materialfluß vorgegeben, wobei Auslassungen möglich sind.

FMS

Flexible Manufacturing System, deutsch: Flexibles Fertigungssystem.

GKS

Graphical Kernel System, deutsch: Grafisches Kernsystem
GKS ist eine Schnittstelle zwischen Anwendungsprogrammen und grafischen Arbeitsplätzen. GKS ist nach DIN/ISO 7942 sowie nach DIN 66252 genormt. Es wird eine Menge von ca. 185 Funktionen für die grafische Ein- und Ausgabe von CAD-Daten genormt.
GKS umfaßt Kernfunktionen zur interaktiven und passiven graphischen Datenverarbeitung für 2-dimensionale Linien- und Rastergraphik mit der Zielsetzung, Graphikprogramme portabel zu machen. Die Geräteunabhängigkeit ermöglicht es, Anwendungsprogramme zwischen den verschiedenen GKS-Installationen ohne Änderung austauschen zu können.

Grunddaten

Zu den Grunddaten in einem Produktionsbetrieb zählen der Teilestamm, die Stückliste und der Arbeitsplan. Sie dienen der Abwicklung von Aktionen innerhalb eines PPS-Systems.

Hauptzeit

Die Hauptzeit ist Bestandteil der Belegungszeit für das Betriebsmittel. Sie ist definiert als die Zeit, die für den unmittelbaren Fertigungsfortschritt benötigt wird.

Host

Der Host ist der Hauptrechner in einem Rechnerverbund, auf dem die Anwendersoftware zentral installiert ist, und an dem vernetzte Rechner angeschlossen sind.

IGES

Initial Graphics Exchange Specification
IGES ist eine standardisierte Geometrieschnittstelle zum Austausch von Modelldaten zwischen CAD-Systemen, ANSI-Standard Y14.26M.

Implementierung

Die Implementierung schließt sich an die Installation der Hardware an und beinhaltet die einsatzfertige Bereitstellung der Software.

IR

Industrieroboter

Der Industrieroboter ist ein universell einsetzbarer Bewegungsautomat mit mehreren Achsen, dessen Bewegungen bezüglich Bewegungsfolge und Kinematik frei programmierbar und gegebenenfalls sensorgeführt ist. Roboter sind mit Greifern, Werkzeugen oder anderen Fertigungsmitteln ausrüstbar und können Handhabungs- bzw. Fertigungsaufgaben erfüllen.

IRDATA

Industrial Robot Data
IRDATA ist eine Schnittstelle, mit der Steuerungsdaten unabhängig von einer Robotersteuerung bereitgestellt werden können (VDI-Richtlinien 2863 u. 2864). Die Vorgehensweise entspricht der bei der NC-Programmierung. Die Steuerungsdaten des Roboters werden vom Programmiersystem oder von einem CAD/CAM-System im IRDATA-Format bereitgestellt und von spezifischen Postprozessoren auf die jeweilige Steuerung umgesetzt.

ISDN

Integrated Services Digital Network
ISDN ist ein Netzwerkstandard für die inner- und überbetriebliche Kommunikation über ein digitales Fernsprechnetz.

ISO

International Organization for Standardization
ISO ist die internationale Organisation für Normung.

ISO-OSI

Open System Interconnection, deutsch: Offene Systemarchitektur
ISO-OSI ist ein Standard zum Datenaustausch in Netzwerken nach DIN/ISO 7498, definiert in 7 "Schichten" = Hierarchie-Stufen. Die Schichten werden auch als Layer bezeichnet.
Die Schichten 1 bis 3 enthalten die Regeln für die Informationsübertragung zwischen Teilnehmern und Kommunikationsnetz und werden daher auch Netzzugangsprotokolle genannt.
Die Protokolle der Schichten 4 bis 7 sind als Protokolle für die Kommunikationsteilnehmer untereinander konzipiert.

Just-in-Time

Der Begriff Just-in-Time (JIT) beschreibt die Rechtzeitigkeit der Produktion eines Zulieferanten für den Kunden. "Rechtzeitigkeit" bedeutet, daß das vom Kunden gewünschte Produkt erst kurz vor dem Bedarf auf Veranlassung des Kunden beim Zulieferanten produziert und direkt in die Produktion des Kunden geliefert wird. Das Produkt muß daher beim Kunden nicht im Vorfeld auf Lager gehalten werden. Die Philosophie des Just-in-Time ist auf Serien- und Massenfertiger zugeschnitten, für Einzelfertiger ist sie nur bedingt anwendbar.

KANBAN

KANBAN ist der japanische Begriff für eine Pendelkarte oder einen Bedarfsschein, der beim Lieferanten einen Auftrag auslöst. Die Karte enthält neben anderen dispositiven Daten die Auftragsnummer, den Liefertermin und die zu liefernde Menge. Der Name Pendelkarte rührt daher, daß die Karte zwischen Kunden und Lieferanten hin und her pendelt:
Vom Kunden zum Lieferanten im leeren Transportmedium,
zurück vom Lieferanten zum Kunden mit der angeforderten Menge,
wieder zum Lieferanten in einem leeren Transportmedium.

Kapazitätsterminierung

Die Kapazitätsterminierung ist eine Teilfunktion von Zeitwirtschaftssystemen. Sie führt die Terminbestimmung der Arbeitsgänge von Aufträgen unter Berücksichtigung der vorhandenen Kapazitäten durch. Es wird die Bearbeitungsreihenfolge der Aufträge an einem Arbeitsplatz unter Beachtung bestimmter Ziele wie Warteschlangen berücksichtigt.

KCIM

Kommission **CIM** im DIN
Die Kommission CIM (KCIM) im DIN hat die Aufgabe, die Normung von Schnittstellen in den Bereichen CAD, NC-Verfahrenskette, Produktionssteuerung und Auftragsabwicklung in Verbindung mit bereits vorhandenen nationalen und internationalen Normungsbestrebungen zu unterstützen.

Kommunikation

Die Kommunikation ist der Informationsaustausch zwischen zwei Kommunikationspartnern, die Menschen, Hardware- oder Softwarekomponenten sein können. Grundlage der Kommunikation ist ein gemeinsamer, gleicher Sprachumfang.

Kompatibilität

Hardware- oder Softwarekomponenten sind kompatibel, wenn sie ohne weiteren technischen Aufwand gegeneinander ausgetauscht werden können.

Kommissionierung

Die Kommissionierung beinhaltet das Zusammenstellen von Lade- und Transporteinheiten, manuell oder mit Handhabungssystemen.

LAN

Local Area Network, deutsch: Lokales Netzwerk
In einem lokalen Netzwerk sind mehrere Rechner und Peripheriegeräte so miteinander verbunden, daß innerhalb des Netzwerkes alle Teilnehmer miteinander kommunizieren können. Eine Realisierungsvariante hierfür ist Ethernet.

Layer

Deutsch: Ebene
1. Bedeutung: Die Ebenentechnik in einem CAD-System ist das Auflösen einer Zeichnung in mehrere Layer, die getrennt voneinander und beliebig zusammengestellt werden können, gemeint.
2. Bedeutung: Das ISO-OSI Netzwerkarchitekturmodell ist in sieben Schichten, Layer genannt, gegliedert. Jeder Layer stellt Kontroll- und Servicefunktionen für den höheren Layer zur Verfügung bis hin zur Anbindung des Anwenderprogramms. Informationen, die zwischen zwei Knoten ausgetauscht werden, durchlaufen alle sieben Layer. Ein Layer kann "Null" sein, wenn seine Funktion nicht benötigt wird.

Layoutplanung

In der Layoutplanung findet die Planung der flächenmäßigen und räumlichen Anordnung von folgenden Systemen statt:
• Produktionssysteme,
• Logistiksysteme und
• Organisationssysteme.

Leitrechner

Der Leitrechner kommt in flexiblen Fertigungsstrukturen zum Einsatz. Zur Gewährleistung eines sicheren Betriebes ist eine Steuerungshierarchie erforderlich, die im Störfall ein autarkes Weiterarbeiten der Komponenten erlaubt. Auf dem Leitrechner werden die erforderlichen Organisations- und Stammdaten verwaltet, die Fertigungsabläufe geplant und die Steuerungen der Komponenten geführt.

Lichtwellenleiter

LWL, Glasfaser
Der Lichtwellenleiter bzw. die Glasfaser ist eine neue Technologie zur Informationsübertragung und bietet:
• hohe Übertragungskapazität und Sicherheit (Breitbandübertragung),
• keine Beeinflussung durch elektromagnetische Störfelder,
• kleine geometrische Abmessungen,
• geringes Gewicht und
• hohe Flexibilität, damit gute Verlegbarkeit (kleine Krümmungsradien).

Für Breitband-Kommunikation mit hohem Datendurchsatz, wie sie für Bildfernsprecher, Videokonferenzen, schnelle Datenübertragung, schnelles Fernkopieren und Drucken, Rechnerdialog und ähnliches gefordert werden, sind übliche Kupferkabel aus physikalischen Gründen nicht geeignet. Darum wird langfristig die Umstellung auf Lichtwellenleiter im Kommunikationsnetz eintreten.

Logistik

Unter Logistik wird ein Sammelbegriff für alle ökonomischen Prozesse verstanden, die die räumliche und zeitliche Verteilung von Realgüterbeständen bestimmen, und zwar von Materialien und Produkten.
Transport-, Lager- und Umschlagvorgänge kennzeichnen somit das Funktionsbild der Logistik.
Die Logistik wird demnach als bereichsunabhängige und nicht spezifisch materialwirtschaftliche Denk- und Steuerungsmethode für komplizierte, mehrfach verkettete Abläufe betrachtet.

Losgröße

Die Losgröße ist die Zahl der Bauteile pro Fertigungsvorgang (Los). Die Fertigung mit NC-Maschinen ist bislang nur sinnvoll, wenn die Stückzahlmenge in größeren Losgrößen zusammengefaßt bearbeitet werden soll. Wenn man etwa 5 bis 500 Einheiten von einem Teil zu einem Los zusammenfassen kann, spricht man von einem typischen NC-Anwendungsbereich. Hierbei ergeben sich für die Programmierung der Verfahrwege, die Einlesezeit des Programms sowie für die vorbereitenden Einstellzeiten ein Minimum an Kosten pro Einheit der gefertigten Menge.

Low-Cost-System

Ein Low-Cost-System ist ein kostengünstiges System mit eingeschränktem Leistungsumfang.

Mainframe

Groß- oder Zentralrechner. Er ist in vielen Fällen der Leitrechner eines Netzwerkes. Bei administrativen Anwendungen ist der Zentralrechner oft ein Rechner mit mehr als 100 Teilnehmern.

MAP

Manufacturing Automation Protocol
MAP ist ein Kommunikationsstandard und Protokoll für die Fertigungsautomatisierung in einem CIM-Konzept. MAP ist ein Netzwerkkonzept für den Fertigungsbereich, welches von der Firma General Motors entwickelt wurde, um die einzelnen Rechnerinseln in der Produktion im Sinne eines effizienten und einheitlichen Datentransports miteinander zu verbinden. MAP basiert im wesentlichen auf dem OSI-Netzwerkmodell.

Materialwirtschaft

Die Materialwirtschaft umfaßt alle Vorgänge im Unternehmen, die der Bereitstellung des Materials zum Zweck der Leistungserbringung dienen. Die Bereitstellung hat dabei in richtiger Qualität, in richtiger Menge, am richtigen Ort und zur richtigen Zeit zu erfolgen.

MDE

Maschinendatenerfassung
Die Maschinendatenerfassung ist ein Bestandteil der Betriebsdatenerfassung. Die Maschinendatenerfassung umfaßt die Informationen über Stillstands- und Bearbeitungszeiten, Fehler- und Statusmeldungen u. a. an den Werkzeugmaschinen.

Menütechnik

Die Menütechnik ist eine interaktive Arbeitsweise durch selektive Auswahl vorgegebener Befehls- oder Beschreibungselemente, z. B. für die grafische Bauteilbeschreibung oder Systemsteuerung. Das Gegenteil zur Menüsteuerung ist die Sprachbeschreibungstechnik.

MIPS

Million Instructions per Second, deutsch: Millionen Instuktionen pro Sekunde MIPS sind ein Maß für die Verarbeitungsgeschwindigkeit eines Rechners.

MRP2

Manufacturing Resource Planning
Bei MRP2 handelt es sich nicht um ein EDV-System oder ein Programmpaket, sondern um ein Konzept zur optimalen Planung der für die Fertigung in einem Unternehmen notwendigen Mittel, wie z. B. Mitarbeiter, Maschinen, Produktionsfläche. In diesem Konzept werden Werkzeuge, wie z. B. die Datenverarbeitung, mit speziellen Programmpaketen eingesetzt, um Informationen schnell und korrekt zu verarbeiten. Trotzdem sind die Mitarbeiter und das Management für den Erfolg von MRP2 der entscheidende Faktor.
Das MRP2-Konzept wurde seit 1980 in den USA von einigen namhaften Unternehmensberatern und der dortigen Vereinigung der Materialwirtschaftler und Fertigungssteuerer genannt APICS (American Production and Inventory Control Society) entwickelt und findet in den Industrieunternehmen im englischen Sprachraum zunehmend Verbreitung.

NC

Numerical Control
NC bedeutet numerische Steuerung für Maschinen und Geräte. Die Schaltinformationen werden binär codiert und über Datenträger an numerisch gesteuerte Maschinen oder Geräte übergeben und abgearbeitet.

NC-Programmierung

Die NC-Programmierung beinhaltet das Erstellen eines NC-Programms. Sie wird in folgende Einzelschritte aufgegliedert:

- Bestimmung des Arbeitsablaufes,
- Werkzeugauswahl,
- Bestimmung der Geometriedaten,
- Festlegung der Technologiedaten und
- Erstellung und Kontrolle des Steuerprogramms.

Netzwerke, lokale

Ein Netzwerk ist eine hard- und softwaretechnische Kopplung von Rechnersytemen. Netzwerke stellen Leitungen bereit, über die die Rechnersysteme miteinander kommunizieren können.

Off-line

Off-line ist eine Kopplungsart von Hardwarekomponenten. Die Ein- oder Ausgabe erfolgt mittels Datenzwischenträgern, wie z. B. Lochstreifen, Lochkarten, Magnetband, Magnetplatte und Diskette.

On-line

On-line ist die direkte Kopplung von Ein- oder Ausgabegeräten an die Zentraleinheit über eine Leitung ohne Verwendung von Datenzwischenträgern.

OPT

Optimized Production Technology
OPT teilt das gesamte Auftragsnetz in Fertigungsaufträge, die engpaßverdächtige Betriebsmittelgruppen belasten und Aufträge, die betrieblich unproblematische Kapazitätseinheiten durchlaufen.

PC

Personal Computer
Der PC ist ein Rechnersystem, basierend auf Mikrorechnern, die mit einer Hard- und Softwaregrundausstattung angeboten werden.
Personal Computer bestehen im wesentlichen aus 8-bit bis 64-bit Mikroprozessoren, 640KByte bis 16 MByte Arbeitsspeicher, alphanumerischem Bildschirm mit Tastatur und Massenspeichern, wie Festplatte und Diskettenlaufwerk.

PDES

Product Data Exchange Specification
PDES ist ein in den USA verfolgter und an STEP angelehnter Standard zur Beschreibung eines allgemeinen Datenformates zum Austauch von Modelldaten zwischen verschiedenen CAD-Systemen.

Peripherie

Zur Peripherie eines Rechners gehören alle zum Betreiben einer Hardware und Software nötigen Komponenten wie Terminal, Drucker, Plotter, Datensicherungsgeräte und Digitalisiertabletts.

Preprozessor

Der Preprozessor ist ein Programm, das einem anderen Programm vorgeschaltet ist, um dessen Eingabedaten völlig oder nur teilweise automatisch zu erzeugen, z. B. FEM-Preprozessoren unterstützen Anwender in der Erzeugung der Eingabedaten für ein FEM-Berechnungsmodell.

Produktionsfaktor

Die drei klassischen Produktionsfaktoren im Betrieb sind:
- menschliche Arbeitskraft,
- Betriebsmittel und
- Werkstoffe.

Unter dem Aspekt der rechnerintegrierten Produktion (CIM) wird die "Information" als vierter Produktionsfaktor betrachtet.

Produktionsprogramm

Das Produktionsprogramm ist die aufgrund eines Verkaufsprogramms zu erbringende Leistung eines Unternehmens. Es ist nach Produktart und -menge gegliedert und wird in bestimmten Zeitperioden produziert.

Protokoll

Protokolle (englisch: protocol) stellen Verfahrensregeln dar, mit deren Hilfe Daten z. B. in Netzen (LAN) übertragen werden können. Eine weitere Bedeutung hat der Begriff "protocol" z. B. als Auflistung von Fehlermeldungen und Terminbelegungen.

Prozessor

Der Prozessor ist eine Hardwarekomponente zur Ausführung von speziellen oder universellen Funktionen nach einem vorgegebenen Programm, das in Speichern abgelegt ist oder eine Softwarekomponente für die Ausführung spezieller Funktionen.

Postprozessor

Der Postprozessor ist ein Programm, mit dem berechnete Daten aus einem vorhergehenden Programm in ein anderes Format eines speziellen Anwendungsprogrammes, eines anderen Rechners oder einer Maschine (NC, Plotter) umgewandelt werden.

PPS

Produktionsplanung und -steuerung
PPS bezeichnet den Einsatz rechnerunterstützter Systeme zur organisatorischen Planung, Steuerung und Überwachung der Produktionsabläufe von

der Angebotserstellung bis zum Versand unter Mengen-, Termin- und Kapazitätsaspekten.

Die PPS-Hauptfunktionen sind:

- Produktionsprogrammplanung,
- Mengenplanung,
- Termin- und Kapazitätsplanung,
- Auftragsveranlassung und
- Auftragsüberwachung.

PPS-System

Ein PPS-System ist ein Programmsystem, das mit Grunddaten und aktuellen Daten aus der Fertigung die Aufgaben der Produktionsplanung und -steuerung wahrnimmt.

Qualitätssicherung

Die Qualitätssicherung ist die Gesamtheit aller organisatorischen und technischen Aktivitäten zur Erzielung der geforderten Qualität unter Berücksichtigung der Wirtschaftlichkeit.

CAQ stellt die Gesamtheit aller rechnerunterstützten Qualitätssicherungsaktivitäten dar.

Die Aufgaben der Qualitätssicherung lassen sich in drei Bereiche unterteilen:

- Qualitätsplanung,
- Qualititätsprüfung und
- Qualitätslenkung.

RID

Rechnerinterne Darstellung

Die rechnerinterne Darstellung ist die digitale Abbildung eines realen technischen Objekts auf digitale Speichermedien. Die RID des technischen Objekts besteht aus seinen Daten, deren Struktur und den Modellierungsalgorithmen.

Ringstruktur

Die Ringstruktur ist eine ringförmige Systemarchitektur bei der Vernetzung von Rechnern.

RISC

Reduced instruction set computing

RISC ist das Rechnen mit reduziertem Instruktionssatz. Es werden dabei, abweichend von der üblichen Vorgehensweise (CISC-Technologie), nicht mehr alle, sondern nur die häufigsten der für den Betrieb des Rechners benötigten Instruktionen als im ROM gespeicherter Microcode bereitgestellt. Die übrigen Instruktionen werden softwaremäßig realisiert. Man erreicht dadurch eine deutlich kürzere Zykluszeit, ohne die Bauteile der Zentraleinheit wesentlich zu verändern.

Sachnummer

Die Sachnummer identifiziert eine Sache.
Sie ist ein Identifikationskennzeichen für
- ein Fertigungsteil,
- eine Montagegruppe,
- ein Erzeugnis und
- Rohstoffe

in Systemen zur Produktionsplanung und -steuerung (PPS).

SAN

Small Area Network
Mit SAN wird ein geräteinternes Netzwerk wie der Gerätebus bezeichnet.

Schnittstelle

Die Schnittstelle bezeichnet die hardware- und/oder softwaremäßigen Voraussetzungen zur Kopplung von Funktionseinheiten eines Datenverarbeitungssystems.

Sensor

Der Sensor ist ein Fühler für die Erfassung physikalischer Größen.

SET

Standard d'Exchange et de Transfer
SET ist ein in Frankreich entwickelter Standard zur Beschreibung eines allgemeinen Datenformates zum Austausch von Modelldaten unter verschiedenen CAD-Systemen.

Simulation

Die Simulation ist das Nachbilden des Systemverhaltens an realen oder theoretischen Modellen.

Software

Die Software umfaßt die Gesamtheit der zu einer Rechneranlage gehörenden Programme zur Lösung bestimmter Aufgaben mit Hilfe der Hardware.

SPC

Statistical Process Control, deutsch: statistische Prozeßregelung
Mit SPC wird die statistische Prozeßregelung in der Qualitätssicherung bezeichnet. Man nutzt bei der SPC die Tatsache, daß die statistischen Kennwerte einer Folge von Prüfdaten in Abhängigkeit von der Anzahl der nacheinander hergestellten und in Bezug auf ein bestimmtes Merkmal geprüften Produkte Auskunft über den Trend und die Güte eines Fertigungsprozesses geben.
Die SPC ist ein Verfahren, das sich zur Qualitätssicherung bei einer Serienfertigung eignet.

SPS

Speicherprogrammierbare Steuerung
Die SPS ist die Anpaß-Steuerung und ein Ersatz für Relais-Steuerungen an Werkzeugmaschinen und anderen Automatisierungssystemen in Fertigung, Montage, Handhabung und Materialfluß. Bei der SPS werden die logischen Verknüpfungen der Prozeßsignale softwaremäßig realisiert.

SQL

Standard Query Language
SQL ist eine standardisierte, hardwareunabhängige Datenabfragesprache für relationale Datenbanken, die sich zu einem Standard entwickelt hat.

STEP

Standard for the Exchange of Product Model Data
STEP ist ein Standard zur Beschreibung eines allgemeinen Datenformats zum Austausch von produktdefinierenden Daten, einschließlich Volumenmodellen, zwischen verschiedenen CAD-Systemen.
STEP wird genormt in ISO TC184 SC4 WG1.

Sternstruktur

Die Sternstruktur ist eine sternförmige Systemarchitektur bei der Vernetzung von Rechnern.

Stückliste

Neben der Zeichnung stellt die Stückliste den zweiten wichtigen Informationsträger dar, mit dem gemeinsam ein Erzeugnis so vollständig beschrieben wird, daß es mit den vorgeschriebenen Qualitätsmerkmalen herstellbar ist.
Die Stückliste ist ein formalisiertes Verzeichnis der eindeutig bezeichneten Bestandteile einer Erzeugniseinheit bzw. einer Baugruppe mit Angaben der zur Herstellung erforderlichen Mengen.

Systemarchitektur, offene

Die offene Systemarchitektur ist eine Vernetzungsstruktur zur Kopplung von Rechnern und Steuerungssystemen unterschiedlicher Hersteller.

Taylorismus

Der Taylorismus ist ein Konzept, das die Arbeitsteilung im Produktionsunternehmen propagiert. Durch die arbeitsteilige Arbeitsweise wird ein wirtschaftlicher Betriebsablauf in den einzelnen Bereichen und damit im gesamten Unternehmen angestrebt.
Die CIM-Philosophie löst sich von dem Denken der Arbeitsteilung und stellt gerade den integrativen Gedanken in den Vordergrund.

TCP/IP

TCP/IP ist ein Übertragungsprotokoll, über das inkompatible Rechnersysteme miteinander kommunizieren können. Es wurde überwiegend am Massachusetts Institute of Technology (MIT) entwickelt.

Teilefamilie

Eine Teilefamilie ist eine Gruppe von Werkstücken mit ähnlichen Eigenschaften. Die Ähnlichkeit leitet sich aus unterschiedlichen Merkmalsgruppen ab. Die wesentlichen Merkmalsgruppen sind:

- Geometrie,
- Fertigungstechnologie und
- Arbeitsvorgangsfolgen.

Termin- und Kapazitätsplanung

Die Termin- und Kapazitätsplanung ist ein Bestandteil der Produktionsplanung und -steuerung.

Token-Verfahren

Das Token-Verfahren ist ein Zugriffsverfahren eines Netzwerksystems für Datentransferdienste im Produktionsbereich und ist in IEEE 802.4 genormt. Beim Token-Verfahren läuft ein Token ("Datentransporter") durch das Netz. Dieser Token ist mit einer Kennung versehen, die erkennen läßt, ob er frei oder belegt ist. Der Nutzer muß so lange warten, bis ein freier Token seinen Platz passiert und kann dann seine Nachricht an den Token anhängen. Der Token läuft durch das Netz, bis der Empfänger erreicht ist. Der Empfänger überprüft nun die Nachricht auf Vollständigkeit und schickt sie zur Kontrolle noch einmal an den Absender zurück. Danach kann der nächste Teilnehmer seine Nachricht über das Netz übermitteln.
Bei dem Token-Verfahren haben sich zwei Standardkonfigurationen herausgebildet:

- Token-Ring und
- Token-Bus.

TOP

Technical and Office Protocol
TOP ist eine von Boeing initiierte LAN-Technik (Kommunikationsstandard) für CAD/CAM Anwendung und Bürokommunikation.
TOP basiert auf IEEE 802.3 und dem OSI-Modell. TOP benutzt unterschiedliche Spezifikationen für Layer 1, 2 und 7 gegenüber MAP. MAP und TOP können über Bridges zusammengeschaltet werden.

Topologie

Die Topologie ist die Architektur eines Rechnerverbundsystems.

Trichtermodell

Das Trichtermodell ist das Prinzip der belastungsorientierten Auftragsfreigabe, bei dem nur die Aufträge freigegeben werden, die aufgrund der aktuellen Kapazitätssituation auch bearbeitet werden können.

UNIX

Das Betriebssystem UNIX wurde für 16-bit-Kleinrechner entwickelt und wegen seiner Vorteile gegenüber herkömmlichen Betriebssystemen für 32-bit-Rechner erweitert. UNIX zeichnet sich durch folgende Merkmale aus:

- Portabilität,
- Möglichkeit der Programmverkettung, d. h. Möglichkeit der Umleitung einer Prozeßausgabe als Eingabe eines Folgeprozesses, die beispielsweise in der Realisierung von Rechnerverbundsystemen Anwendung findet,
- 4-fache Abstufung der Zugriffsüberwachung zu Dateien und Funktionen,
- Existenz eines hierarchischen Datenbanksystems,
- Möglichkeit zur lückenlosen Versions- und Änderungskontrolle von Quellen bzw. Dokumenten,
- Darbietung umfangreicher Hilfsmittel zur Dokumentation der Softwareentwicklung und Softwareentwicklungsorientierung.

Der Schwerpunkt von UNIX liegt auf den Bereichen Softwareentwicklung und Dokumentenverwaltung, die arbeitstechnisch eng zusammengehören und deren Elemente einerseits bis zu Compiler-Compilern, andererseits bis zu Textverarbeitungs- und Drucksatzaufbereitungssoftware reichen. Das Einsatzgebiet liegt unter anderem in den Bereichen Automatisierungstechnik, Verfahrenstechnik, Fernsprechtechnik und Verwaltung.

VDAFS

Verband der Deutschen Automobilhersteller-Flächenschnittstelle
VDAFS ist die Spezifikation einer Schnittstelle zur Übertragung von Freiformflächen beliebigen Grades und wurde genormt in DIN 66301. Zum Austausch von Geometriedaten stellt VDAFS 5 Geometrieelemente zur Verfügung:

- Punkt,
- Punktefolge,
- Punkt-Vektor-Folge,
- Kurve und
- Fläche.

Die Elementdarstellung erfolgt in einem APT-orientierten Datenformat. Der Elementumfang der VDAFS liegt von der Komplexität her über dem der IGES-Schnittstelle.
Neben den geometrischen Elementen besteht noch die Möglichkeit zur Vereinbarung folgender organisatorischer Elemente:

- Kopfeintrag in eine VDAFS-Datei (Header),
- Kommentare,
- Strukturelemente und
- Endkennung.

VLSI

Very Large Scale Integration
VLSI·ist die Bezeichnung für einen höchstintegrierten Schaltkreis, bei dem mehr als 50.000 Schaltungen oder Schaltkreise auf einem Träger (Chip) zusammengefaßt sind.

Volumenmodell

Das Volumenmodell ist eine rechnerinterne Darstellung eines Objektvolumens in einem CAD-System.

WAN

Wide Area Network
Im Gegensatz zum haus- oder betriebsinternen Netzwerk (LAN, Local Area Network) wird mit WAN eine Verbindung mehrerer räumlich weit voneinander liegender Unternehmensteile oder die Verbindung unterschiedlicher Unternehmen über ein Netzwerk bezeichnet. Da hierbei öffentliches Gelände überquert wird, müssen die Vorschriften der jeweiligen Postverwaltungen beachtet werden. Die Verbindung kann über Metall- oder Glasfaserkabel sowie Funkverbindungen erfolgen.
Im Zuge der Einführung von CIM gewinnt die Vernetzung von Kunden und Zulieferanten eine immer stärkere Bedeutung.

Werkstattsteuerung

Im klassischen Sinne ist die Werkstattsteuerung der Produktionsplanung und -steuerung zugeordnet. Der Begriff der Fertigungssteuerung kann in diesem Zusammenhang als Synonym gebraucht werden. In Zuge einer Dezentralisierung von Aufgaben und Entscheidungskompetenzen wird die Fertigungsteuerung immer mehr dem CAM-Bereich zugerechnet. Innerhalb der Fertigungssteuerung werden die freigegebenen Arbeitsgänge nach neuen Optimierungskriterien auf Betriebsmittelgruppen bezogen geordnet.

Workstation

Die Workstation ist ein CAD-Arbeitsplatz, bestehend aus grafischem und alphanumerischem Bildschirm, Tastatur, Menütablett, Steuerknüppel und Kommandostift.

X/OPEN

X/OPEN ist ein 1984 erfolgter Zusammenschluß einer Reihe von Hardware-Herstellern (AT&T, Bull, Digital Equipment, Ericsson, Hewlett Packard, ICL, NCR, Nixdorf, Philips, Olivetti, Siemens, Sun und Unisys) mit dem Ziel, einen Standard für Betriebssysteme auf der Basis des UNIX Systems V zu definieren und eng mit Standardisierungsgremien wie der IEEE, ANSI, und ISO zusammenzuarbeiten.

Y-Modell

Das Y-Modell ist die Darstellung des von Scheer entworfenen CIM-Konzepts. Es unterscheidet in der vertikalen Ebene zwischen Planung und Steuerung

(Realisierung) und in der horizontalen Ebene zwischen den primär betriebs-wirtschaftlich planerischen sowie den primär technischen Funktionen.

Zeitwirtschaft

Die Zeitwirtschaft umfaßt alle Maßnahmen zur zeitlichen Planung und Steue-rung des Fertigungsdurchlaufs von der Materialbeschaffung bis zur Produkt-auslieferung.

Zentraleinheit

Die Zentraleinheit, auch CPU (Central Processing Unit) genannt, ist der Kern eines Digitalrechners. Sie besteht aus den Funktionseinheiten
- Rechenwerk,
- Leitwerk (Steuerwerk),
- Speichereinheit und
- Ein/Ausgabeeinheit.

Zugriffsverfahren

Das Zugriffsverfahren ist ein Verfahren, mit dem Netzwerkteilnehmer die Zugriffsrechte zur Datenübermittlung erlangen. Man unterscheidet zwischen stochastischen und deterministischen Zugriffsverfahren.

Zugriffszeit

Die Zugriffszeit ist die Zeit, die benötigt wird, um auf Daten oder Datenbe-stände auf einem Datenspeicher zuzugreifen und für einen Lesevorgang bereitzustellen.

12 Schrifttum

/ADV,87,1/   N. N.   Advanced Production System - CAD/CAM for
the Future
Tapir Publishers, Trondheim, 1987

/AND,83,1/   Anderl, R.   Notwendigkeit für die Integration von
Tröndle, K.   CAD/CAM-Anwendungen
VDI-Z 125 (1983) Nr. 4, S. 91-95

/ARG,86,1/   Argyris, F. R.   Die Methode der finiten Elemente,
Mlejnek, H.-P.   Band I - III
Vieweg-Verlag, Wiesbaden, 1986

/ARN,80,1/   Arndt, W.   Eine Lehrmethode für automatisierte
Arbeitsplanungssysteme
Reihe Produktionstechnik Berlin, Band 7,
Carl Hanser Verlag, München, Wien, 1980

/AUT,81,1/   Autorenkollektiv   Wirtschaftliches Konstruieren
Vortrag zum 17. Aachener
Werkzeugmaschinen-Kolloqium 1981

/AUT,81,2/   Autorenkollektiv   Steigerung der Produktivität in Konstruktion
und Arbeitsvorbereitung
Vortrag zum 17. Aachener
Werkzeugmaschinen-Kolloqium 1981,
Themenschwerpunkt 2

/AUT,86,1/   Autorenkollektiv   VDA/VDMA, VDA-Flächenschnittstelle (VDAFS)
Veröffentlichung des VDA-Arbeitskreises
CAD/CAM, 1986

/AUT,87,1/   Autorenkollektiv   Strategien auf dem Weg zu CIM
in: Produktionstechnik auf dem Weg zu
integrierten Systemen
Aachener Werkzeugmaschinen-Kolloquium '87
VDI-Verlag, Düsseldorf, 1987

/AUT,87,2/   Autorenkollektiv   Bausteine flexibler Fertigungssysteme
in: Produktionstechnik auf dem Weg zu
integrierten Systemen
Aachener Werkzeugmaschinen-Kolloquium '87
VDI-Verlag, Düsseldorf, 1987

/AUT,87,3/	Autorenkollektiv	CIM-Realisation mit modernen Steuerungskonzepten in: Produktionstechnik auf dem Weg zu integrierten Systemen Aachener Werkzeugmaschinen-Kolloquium '87 VDI-Verlag, Düsseldorf, 1987
/AUT,90,1/	Autorenkollektiv	Wettbewerbsfaktor Produktionstechnik Aachener Werkzeugmaschinen-Kolloquium '90 VDI-Verlag, Düsseldorf, 1990
/AWF,84,1/	N. N.	Flexible Fertigungsorganisation am Beispiel von Fertigungsinseln AWF-Ausschuß für wirtschaftliche Fertigung, Eschborn, 1984
/AWF,85,1/	N. N.	Integrierter EDV-Einsatz in der Produktion - Begriffe, Definitionen, Funktionszuordnungen AWF, Ausschuß für Wirtschaftliche Fertigung e. V., Eschborn, 1985
/BAR,83,1/	Bargelé, N.	Zwei Jahre CAD in einem Maschinenbauunternehmen - Der Weg von der Systemanalyse bis zur industriellen Nutzung ZwF 78 (1983) Nr. 10, S. 445-450
/BAS,90,1/	Bastert, R.	Entgraten mit Industrieroboter - Aufgabenorientiertes Off-line-Programmiersystem Verlag TÜV Rheinland, Köln, 1990
/BAU,85,1/	Bauernfeind, K.	Realisierung von CIM-Komponenten mit Standardkomponenten ZwF 80 (1985) Nr. 9, S. 397-402
/BEC,87,1/	Becker, H.	Automatisieren technischer Tätigkeiten und Prozesse, Teil 3: Fertigungsintegrierte Qualitätsprüfung rechnerintegrierter Produktion VDI-Z 129 (1987) Nr. 3, S. 43-52
/BEH,85,1/	Behre, H.	Produktionsplanung und -steuerung mit Echtzeitdisposition und relationaler Datenbank ZwF 80 (1985) Nr. 4, S. 155-158
/BRA,75,1/	Brankamp, K.	Handbuch der modernen Fertigung und Montage Verlag Moderne Industrie, München, 1975

/BRA,85,1/   Brankamp, K.   Terminsteuerung in Entwicklung und
                Schluh, K.-M.   Konstruktion für die Einzelfertigung
                                    ZwF 80 (1985) Nr. 2, S. 53-59

/BUL,87,1/   Bullinger, H.-J.   Computer Integrated Bussiness
                Niemeier, J.   (CIB)-Systeme: Entwicklungspfade für eine
                Huber, H.   Integration von CIM- und Bürokommunikation
                                    CIM-Management 3 (1987) 3, S. 12-19

/BÜR,86,1/   Bürgel, W.   Produktionslogistik als CIM-Baustein
                                    Vortrag, Systec 1986, VDI-Bericht Nr. 611, 1986

/COD,70,1/   Codd, E. F.   A relational model for large snared databanks
                                    COMM. of the ACM, Vol. 13, No.6 (1970), pp. 377-387

/CRO,83,1/   Cronjäger, L.   Bearbeitungszentren in der modernen
                Wenk, H.-D.   Fertigungstechnik
                                    Präzision im Spiegel 5 (1983) Nr. 1, S. 6-7

/DIE,88,1/   N. N.   Die CIM-Messe Systec sucht den Mittelstand -
                                    Rechnersysteme steigern die Produktivität
                                    Logistik im Unternehmen 1988, Nr. 10, S. 10-12

/DIN,82,1/   N. N.   DIN 30600: Fördermittelpläne
                                    Beuth Verlag, Berlin, Köln, 1982

/DIN,83,1/   N. N.   DIN 15140: Klassifizierung der Flurförderzeuge
                                    Beuth Verlag, Berlin, Köln, 1983

/EHR,85,1/   Ehrlich, H.   Aufbau von inneren und äußeren Schnittstellen
                                    für die rechnerunterstützte Arbeitsplanung
                                    Fortschritt-Berichte VDI, Reihe 2, Nr. 99,
                                    VDI-Verlag, Düsseldorf, 1985

/EIG,82,1/   Eigner, M.   Einführung und Anwendung von
                  Maier, H.   CAD-Systemen - Leitfaden für die Praxis
                                    Carl Hanser Verlag, München, Wien, 1982

/EIG,85,1/   Eigner, M.   Einstieg in CAD: Lehrbuch für CAD-Anwender
                  Maier, H.   Carl Hanser Verlag, München, Wien, 1985

/EIG,86,1/   Eigner, M.   Kopplung von CAD mit PPS- und
                  Rüdiger, W.   Informationssystemen als Baustein eines
                  Schmich, M.   CIM-Konzepts
                                    ZwF 81 (1986) Nr. 11, S. 611-614

/END,86,1/	Enderle, G.	Standardisierte Graphikschnittstellen für CAD-Systeme Vortragsband CAT '86, Stuttgart, S. 33-37
/ERK,88,1/	Erkes, K. F. Schönheit, M. Wiegershaus, U.	Flexible Fertigung VDI-Z 130 (1988) Nr. 9, S. 62-79
/EVE,78,1/	Eversheim, W. Steudel, M.	Automatische Montageplanerstellung für Unternehmen der Einzel- und Kleinserienfertigung tz für Metallbearbeitung 72 (1978) Nr. 10, S. 57-64
/EVE,80,1/	Eversheim, W.	Organisation in der Produktionstechnik Band 3, Arbeitsvorbereitung VDI-Verlag, Düsseldorf, 1980
/EVE,80,2/	Eversheim, W. Herold, J. Wessel, H.-J.	Anforderungen des Konstruktionsprozesses an den optimalen Einsatz von EDV-Systemen zur Rationalisierung im Konstruktionsbereich Fortschrittsberichte VDI-Z, Reihe 1, Nr. 73, VDI-Verlag, Düsseldorf, 1980
/EVE,81,1/	Eversheim, W. Schmeink, H. Abolins, G. Knauf, A.	Rechnerunterstützte Entwurfs- und Zeichnungserstellung im Rahmen der Auftragsabwicklung Industrie-Anzeiger 103 (1981) Nr. 71, S. 30-35
/EVE,82,1/	Eversheim, W.	Organisation in der Produktionstechnik Band 2: Konstruktion VDI-Verlag, Düsseldorf, 1982
/EVE,85,1/	Eversheim, W. Dahl, B. Schütze, P.	CAD/CAM-System in der Automobilzulieferindustrie Industrie-Anzeiger 107 (1985) Nr. 10, S. 16-18
/EVE,86,1/	Eversheim, W. Brachtendorf, Th. Rozenfeld, H.	CIM - Stand und Entwicklungstendenzen Industrie-Anzeiger 108 (1986) Nr. 20, S. 22-24
/EVE,86,2/	Eversheim, W. Auge, J.	NC-Meßprogramme automatisiert erstellen Industrie-Anzeiger 108 (1986) Nr. 20, S. 38-41
/EVE,86,3/	Eversheim, W. Dahl, B. Schütze, P.	Integrierter Einsatz von CAD/CAM im Werkzeug- und Formenbau der Automobilzulieferindustrie CIM-Management, 1986, Nr. 3

/EVE,87,1/ Eversheim, W.   Computer integriert klassische
                                   Unternehmensziele
                                   VDI-Nachrichten 41 (1987) Nr. 52/53, S. 15

/EVE,87,2/ Eversheim, W.   Maßnahmen zur Realisierung von CIM in
           Brachtendorf, Th.   kleinen und mittleren Unternehmen
           Dahl, B.   VDI-Z 129 (1987) Nr. 5, S. 38-42

/EVE,87,3/ Eversheim, W.   PPS - ein zentraler Baustein für CIM
           Brachtendorf, Th.   Industrie-Anzeiger Extra 109 (1987) Nr. 19,
                                   S. 50-59

/FHG,87,1/ N. N.   FhG-ISI, Fraunhofer-Gesellschaft, Institut für
                                   Systemtechnik und Innovationsforschung,
                                   Karlsruhe

/FIN,88,1/ Finckenstein, E. v.   Methoden der Prozeßsimulation als
           Kleiner, M.   CIM-Baustein für die Blechumformung
                                   Computer Aided Technologies in
                                   Manufacturing, CAT '88, Tagungsband,
                                   Stuttgart, 1988

/FLE,87,1/ N. N.   Flexible Fertigungssysteme und Zellen in der
                                   Bundesrepublik
                                   VDI-Z 129 (1987) Nr. 6, S. 24

/FÖR,85,1/ Förster, H. U.   Die Einführung von PPS-Systemen
           Hoff, H.   FB/IE 34 (1985) Nr. 4, S. 184-189

/FÖR,85,2/ Förster, H. U.   CIM: Schwerpunkte, Trends und Probleme
           Syska, A.   Ergebnisse einer Umfrage
                                   VDI-Z 127 (1985) Nr. 17, S. 649-652

/GEI,90,1/ Geitner, U. W.   PPS-Marktübersicht 1990
           Jianyi, Ch.   FB/IE 39 (1990) 2, S. 52-65

/GOL,79,1/ Goldbecker, H.   Die betriebswirtschaftliche Bewertung von
                                   CAD-Systemen im Rahmen des
                                   Investitionsentscheidungsprozesses
                                   Fortschrittsberichte VDI-Z, Reihe 2, Nr. 38,
                                   VDI-Verlag, Düsseldorf, 1979

/GOT,87,1/ Gottschalk, E.   "Alles fließt", Planen und Steuern der
                                   Produktion in der flexiblen Fertigung
                                   Maschinenmarkt 93 (1987) Nr. 24, S. 46-51

/GRE,86,1/ Gremminger, K.

Lokale Netze - das Rückgrat der rechnerintegrierten Produktion
CIM-Management, 1986, Nr. 3, S. 6-12

/GRU,87,1/ Grupp, B.

"Minis und Micros", Systeme zum Planen und Steuern der Produktion in mittleren Betrieben sorgfältig auswählen
Maschinenmarkt 93 (1987) Nr. 35, S. 62-65

/HAC,87,1/ Hackstein, R.
Miesen, E. D.

Marktstudie: 76 PPS-Systeme im Vergleich
CIM-Management 1987, Nr. 3, S. 53-65

/HAN,69,1/ N. N.

Handbuch der Arbeitsvorbereitung
Teil 1, Arbeitsplanung
Beuth-Verlag, Berlin, Köln, Frankfurt, 1969

/HAR,79,1/ Harrington, J.

Computer Integrated Manufacturing 1979
Computer Integrated Manufacturing, Reprint, Malabar (Florida), 1979

/HAR,85,1/ Hartley, J.

Robot Assembly with the Organization of an FMS
FMS Magazine 3 (1985) Nr. 4, S. 201-204

/HAR,88,1/ Harkort, R.-P.

Ein Beitrag zur Verfahr- und Positioniergenauigkeit von Industrierobotern im Rahmen eines Offline-Programmiersystems
Dissertation, Universität Dortmund, 1988

/HEI,87,1/ Heiner, V.

CIM in der mittelständischen Industrie - Gesamtlösung auf der PC-Basis möglich
Technikerjournal, 1987, Nr. 4, S. 10

/HEL,87,1/ Helberg, P.

PPS als CIM-Baustein
Erich Schmidt Verlag, Berlin, 1987

/HEN,85,1/ Henkel, J.

Integration von CAD/CAM-Systemen
VDI-Z 127 (1985) Nr. 18, S. 727-731

/HIL,83,1/ Hilgers, P.

Maschinelles Programmieren von NC-Maschinen
Werkstatt und Betrieb 116 (1983) Nr. 10, S. 617-620

/HIR,78,1/ Hirschbach, D.
Hoheisel, W.

Rechnerunterstützte Montageplanerstellung
Reihe Forschung und Praxis, Krauskopf-Verlag, Mainz, 1978

/HOF,85,1/	Hoff, H. Förster, H. U.	Die Auswahl von PPS-Systemen FB/IE 34 (1985) Nr. 3
/HUG,83,1/	Hug, K.	Programmierung numerisch gesteuerter Werkzeugmaschinen Technische Rundschau, Hallwag Verlag, Bern, 1983
/HÜT,87,1/	Hüttenkremer, M.	Arbeitsplanerstellung: Schnittstelle zwischen CAD und PPS CAD-CAM Report, 1987, Nr. 3, S. 102-106
/IBM,85,1/	N. N.	COPICS MPSP- Produktionsplanung für Enderzeugnisse, Allgemeiner Überblick Firmenschrift IBM Deutschland GmbH, 1985
/ING,86,1/	N. N.	Flexible Fertigungssysteme Der FFS-Report der INGERSOLL ENGINEERS Springer-Verlag, Berlin, Heidelberg, New York, London, Tokyo, 1986
/ISO,82,1/	N. N.	Graphical Kernel System (GKS) - Draft International Standard ISO/DIN 7942, August 1982
/JÜN,89,1/	Jünemann, R.	Materialfluß und Logistik Springer-Verlag, Berlin, Heidelberg, New York, London, Tokyo, 1989
/KEA,89,1/	Kearney, A. T.	CIM - Computer Integrated Manufacturing Stand der CIM-Realisisierung in der Bundesrepublik Deutschland VDI-ADB Jahrbuch 89/90, S. 284-318, VDI-Verlag, Düsseldorf, 1989
/KIE,89,1/	Kief, H. B.	Flexible Fertigungssysteme '89/90 NC-Handbuch-Verlag, Michelstadt,1989
/KFK,89,1/	N. N.	CIM - Die rechnerunterstützte Fabrik Kernforschungszentrum Karlsruhe GmbH, Projektträger Fertigungstechnik, 3. Auflage, Juli 1989
/KIE,90,1/	Kief, H. B.	NC/CNC-Handbuch '90 NC-Handbuch-Verlag, Michelstadt, 1990

/KLE,87,1/	Klemisch, O.	CAD/CAM-Anwendungen bei einem Hersteller von Kfz-Teilen Vortrag, Austragraphics, Wien, September 1987
/KOL,82,1/	Koller, R.	Programmsystem RUKON Konstruktion 34 (1982) Nr. 6, S. 239-244
/KOM,80,1/	Kompenhans, K.	Kleiner Leitfaden zur Organisation einer Fertigung Girardet, Essen, 1980
/KRA,89,1/	Kraushaar, R.	Numerische Steuerungen und Programmiersysteme auf der 8. EMO in Hannover Maschinenmarkt 95 (1989) Nr. 44, S. 92-99
/KRE,90,1/	Kreis, W. Olschewski, U. Mehlan, A. Rademacher, L	MHI-Bericht Montage- und Handhabungstechnik, Industrieroboter VDI-Z 132 (1990) Nr. 4, S. 96-103
/KRO,86,1/	Kronberg, J.	Schnelle Direktverbindung NC-Fertigung, CIM, 1986, Nr. 6, S. 6-12
/KRÜ,84,1/	Krüger, W.	Organisation der Unternehmung W. Kohlhammer Verlag, Stuttgart, Berlin, Köln, Mainz, 1984
/KUH,89,1/	Kuhlen, F.	C-Techniken und Voraussetzungen im Unternehmen Fördertechnik, 1989, Nr. 1, S. 7
/LAN,87,1/	Lange, K. Körner, E. Markosch, W.	Anwendung von CAD/CAE bei der Konstruktion von Umformwerkzeugen 12. Umformtechnisches Kolloquium, Tagungsband, Hannover, 1987
/LEI,85,1/	Leiseder, L. L.	NC-Programmiersysteme sind immer häufiger mit CAD verknüpfbar Technische Rundschau, 1985, Nr. 47, S. 28-33
/LEY,81,1/	Leyer, A.	Konstruktion erneut zur Diskussion gestellt Konstruktion 33 (1981), Nr. 2, S. 45-48
/LUD,90,1/	Ludwig, E. Paul, H.-J.	Gemeinsamkeiten der BDE/BDV in den einzelnen Unternehmensbereichen VDI-ADB Jahrbuch 90/91, S. 252-277, VDI-Verlag, Düsseldorf, 1990

/MAI,90,1/ Maier, H. CAD-Marktübersicht 1990
FB/IE 39 (1990) 4, S. 152-163

//MAR,87,1/ Marcus, R. CIM für den mittelständischen
Produktionsbetrieb
VDI-Z 129 (1987) Nr. 5, S. 14-18

MAS,88,1/ Masing, W. Handbuch der Qualitätssicherung
Carl Hanser Verlag, München, Wien, 1988

/MAU,85,1/ Maus, G. Produktionsplanung und -steuerung beim
Kindermann, D. Einzelfertiger
ZwF 80 (1985) Nr. 4, S. 159-164

/MAß,87,1/ Maßberg, W. Integrierte Informationstechnik in der
zukunftsorientierten Fabrik
Tagungsband der Fachtagung "DNC" der
VDI/ADB, Böblingen, 1987

/MAß,88,1/ Maßberg, W. Mittelständischer 'CIM-Einstieg'
CIM - Fachmagazin für computer-integrierte
Fabrikautomation, 1988, Nr. 5/6, S. 24-25

/MER,82,1/ Mertens, P. Industrielle Datenverarbeitung I, II
Gabler Lehrbuch, 1982, 1984

/MER,83,1/ Merchant, E. Stand und zukünftige Möglichkeiten der
automatisierten Fertigung im Maschinenbau
VDI-Z.125 (1983) Nr. 20, S. 816-822

/MER,87,1/ Mersch, M Einführung von PPS und CAD in einem
mittelständischen Unternehmen
ZwF 82 (1987) Nr. 2, S. 79-81

/MIC,89,1/ Michel, W. Fräsmaschinen, Bearbeitungszentren und
Fertigungszellen auf der EMO 1989 in
Hannover
Maschinenmarkt 95 (1989) Nr. 44, S. 62-66

/MIC,90,1/ Michel, W. Aspekte zum Einsatz automatischer
Spannvorrichtungen in der flexibel
automatisierten Fertigung
Dissertation, Universität Dortmund, 1990

/NED,85,1/ Nedeß, C. Rechnereinsatz in der Arbeitsvorbereitung im
Sinne einer vertikalen Systemintegration
tz für Metallbearbeitung 79 (1985) Nr. 6,
S. 31-40

/NOR,86,1/	NORSK-DATA	Integrierte Datenverarbeitung für Konstruktion und Arbeitsplanung Carl Hanser Verlag, München, Wien, 1986
/NOR,87,1/	N. N.	Normung von Schnittstellen für die rechnerintegrierte Produktion (CIM) DIN-Fachbericht 15 Beuth Verlag, Berlin, Köln, 1987
/ORT,81,1/	Ortmann, L.	Die Konstruktion aus betriebswirtschaftlich-technologischer Sicht Fortschritt-Berichte, VDI-Z, 1981
/PAH,77,1/	Pahl, G. Beitz, W.	Konstruktionslehre Springer Verlag, Berlin, Heidelberg, New York, London, Tokyo, 1977
/PAN,90,1/	Panse, R.	CIM-OSA - Ein herstellerunabhängiges CIM-Konzept DIN-Mitt. 69 (1990) Nr. 3, S. 157-164
/PAW,84,1/	Pawellek, G.	Logistikorientierte Neuordnung produzierender Unternehmen ZwF 80 (1985) Nr. 8, S. 353-358
/PFE,79,1/	Pfeiffer, T. Goluke, M.	Maschinelle Programmierung von Mehrkoordinaten-Meßgeräten QZ 24 (1979) Nr. 5, S. 124-128
/PFE,87,1/	Pfeiffer, T.	Rechnerunterstützte Qualitätssicherung in der integrierten Fertigung HP-EXPO '87 Dokumentation, S. 145-148, Böblingen, 1987
/PFE,87,2/	Pfeiffer, T. Köppe, D.	Kommerzielle CAQ-Systeme - Eine Übersicht QZ 32 (1986) Nr. 2, S 85-89
/POR,87,1/	Porge, W.	Entwicklungsschwerpunkte in PPS-Systemen aus der Sicht eines DV-Beratungs- und Software-Entwicklungshauses ZwF 82 (1987) Nr. 4, S. 227-229
/PRA,83,1/	Prager, K.-P.	Kopplung externer und interner Programmiersysteme für Industrieroboter Reihe Produktionstechnik, Berlin, Band 33, Carl Hanser Verlag, München, Wien, 1983

/PRI,80,1/ Prior, H.

Rechnerunterstützte Erstellung von Einzelteilzeichnungen - Ein Baustein zur integrierten Fertigungsunterlagenerstellung
Dissertation, RWTH Aachen, 1980

/RAI,84,1/ Rainauer, G.

Praktische Erfahrungen beim Einsatz von CAD/CAM-Kopplungen
ZwF 79 (1984) Nr. 5, S. 201-205

/RAU,86,1/ Rauch-Hinchin, W.

OSI-Standards Spur Product Profusion
Mini-Micro-System, 1986, Nr. 8, S.67-82

/REF,71,1/ N. N.

REFA: Methodenlehre des Arbeitsstudiums
Hrsg.: REFA-Verband für Arbeitsstudien,
Carl Hanser Verlag, München, Wien, 1971

/ROO,90,1/ Roos, E.
Hirt, K.

fir + iaw-Markspiegel
Marktspiegel PPS-Systeme auf dem Prüfstand
Verlag TÜV Rheinland, Köln, 1990

/RÜH,88,1/ Rühle, W.

Bausteine für eine rechnerunterstützte Qualitätssicherung
ZwF 83 (1988) Nr. 1, S. 52-55

/SAU,85,1/ Sautter, R.

Numerische Steuerungen von Werkzeugmaschinen
Vogel Fachbuchverlag, Würzburg, 1985

/SCH,82,1/ Scheer, A.-W.

EDV-orientierte Betriebswirtschaftslehre
Springer-Verlag, Berlin, 1984

/SCH,82,2/ Schöling, H.

Optimierung der Off-line-Programmierung von CNC-Mehrkoordinatenmeßgeräten
Dissertation, RWTH Aachen, 1982

/SCH,83,1/ Scheer, A.-W.

Computergestützte PPS
Zeitschrift für Betriebswirtschaft 1983,
S.138-155

/SCH,84,1/ Scheer, A.-W.

Betriebswirtschaftliche und technische EDV integrieren
Industrie-Anzeiger 106 (1984) Nr. 103/104,
S. 38-43

/SCH,84,2/   Scheer, A.-W.   Schnittstellen zwischen betriebswirtschaftlicher und technischer Datenverarbeitung in der Fabrik der Zukunft
Heft Nr. 44, Juli 1984, Veröffentlichung des Instituts für Wirtschaftsinformatik im Institut für empirische Wirtschaftsforschung, Universität des Saarlandes

/SCH,84,3/   Scheer, A.-W.   Anforderungen an CAD/CAM-Systeme aus der Sicht der Produktionsplanung und -steuerung
Computer Magazin, 1984, Nr. 9

/SCH,85,1/   Scheer, A.-W.   Strategische Bedeutung von CIM
die computer zeitung, 1985, Nr. 10

/SCH,87,1/   Schulte, H. J.   CIM - Domäne nur der Großen?
VDI-Z 129 (1987) Nr. 5, S. 1

/SCH,87,2/   Scheel, J.   Auf dem Weg zu CIM - Integration von CAD/CAM und PPS in der spanenden Fertigung
Maschinenmarkt 93 (1987) Nr. 35, S. 46-49

/SCH,87,3/   Schmidt, H.
Erkes, K.F.   Flexible Fertigung
VDI-Z 129 (1987) Nr. 8, S. 48-62

/SCH,90,1/   Scheer, A.-W.   CIM - Der computergesteuerte Industriebetrieb
4., neubearbeitete und erweiterte Auflage
Springer-Verlag, Berlin, Heidelberg, New York, London, Tokyo, 1990

/SMI,86,1/   Smith, B.
Wellington   Initial Graphics Exchange Specification (IGES), Version 3.0
National Bureau of Standards, 1986

/SPU,73,1/   Spur, G.
Fricke, F.   Automatisierte Arbeitsplanung
ZwF 68 (1973) Nr. 11, S. 589-594

/SPU,81,1/   Spur, G.
Hein, E.   Ergebnisse zur rechnerunterstützten Prüfplanung
Endbericht P6.4/28B-PRI/2 KfK-BMFT,1981

/SPU,82,1/   Spur, G.
Krause, F.-L.
Harder, J. J.   The Compac Solid Modeller
Computers in Mechanical Engineering, October 1982

/SPU,83,1/   Spur, G.   Eigenschaften zur technischen Analyse von
                     Krause, F.-L.   CAD-Systemen
                     Abromovici, M.   ZwF 78 (1983) Nr. 5, S. 221-230

/SPU,84,1/   Spur, G.   CAD-Technik
                     Krause, F.-L.   Carl Hanser Verlag, München, Wien, 1984

/SPU,85,1/   Spur, G.   CAD-Systems for OFF-Line Programming as
                                          an Objective for Standardization
                                          Proceeding Workshop on Robot Standards,
                                          1985, S. 96-103

/SPU,88,1/   Spur, G.   Einführungsstrategien zu CIM
                                          VDI-Z 130 (1988) Nr. 10, S. 10-14

/SPU,88,2/   Spur, G.   Rechnerintegrierter Fabrikbetrieb als
                                          produktionstechnische Entwicklungsperspektive
                                          Tagungsband: Die neue Fabrik, 2. November
                                          1988, Duisburg

/STA,89,1/   N. N.   Stand und Aussichten der
                                          Fertigungsautomation in der Bundesrepublik
                                          Deutschland
                                          VDI-Z 131(1989) Nr. 6, S. 6-8

/STE,87,1/   Steinbach, W.   Anforderungen und Auswahlkriterien bei
                                          CAQ-Systemen
                                          QZ 32 (1987) Nr. 2, S. 90-94

/TED,88,1/   N. N.   GRASP, Graphical Robot Applications and
                                          Simulation Package
                                          Firmenschrift TEDATA, 1988

/TÜB,87,1/   Tübergen, F.   PPS-Methoden in der Industriepraxis
                                          ZwF 82 (1987) Nr. 5, S. 297-299

/VAJ,90,1/   Vajna, S.   CIM Lexikon
                     Schlingensiepen, J.   Vieweg Verlag, Braunschweig, 1990

/VDI,70,1/   N. N.   VDI-Richtlinie 2411: Begriffe und Erläuterungen
                                          im Förderwesen
                                          VDI-Verlag, Düsseldorf, 1970

/VDI,75,1/   N. N.   VDI-Richtlinie 3590, Blatt 1-3:
                                          Kommisioniersysteme
                                          VDI-Verlag, Düsseldorf, 1975/77

/VDI,82,1/   N. N.   VDI-Richtlinie 3618: Übergabeeinrichtungen für Stückgüter VDI-Verlag, Düsseldorf, Juli 1982

/VDI,83,1/   N. N.   VDI-Richtlinie 2385: Empfehlungen für die bauliche Planung von Industrierobotern VDI-Verlag, Düsseldorf, 1983

/VOG,86,1/   Vogeley, M.   Wo ist CAQ anzusiedeln? QZ 31 (1986) Nr. 9, S. 357-358

/VOG,88,1/   Vogt, H. P.   Löst CAQ die Probleme der Qualitätssicherung? VDI-Z 130 (1988) Nr. 4, S. 18-22

/WAL,83,1/   Waller, S.   Die automatisierte Fabrik VDI-Z 125 (1983) Nr. 5, S. 201-206

/WAR,85,1/   Warnecke, H. J.   Taylor und die Fertigungstechnik von morgen Tagungsband des FTK 1985 in Stuttgart, Springer-Verlag, Berlin, Heidelberg, New York, London, Tokyo, 1985

/WIE,76,1/   Wiewelhove, W.   Automatische Detaillierung, Zeichnungs- und Arbeitsplanerstellung für Varianten Dissertation, TH Aachen, 1976

/WIE,84,1/   Wiendahl, H.-P.   Verfahren der Fertigungssteuerung Institut für Fabrikanlagen der Universität Hannover (IFA), Hannover, 1984

/WIE,86,1/   Wiendahl, H.-P.   Betriebsorganisation für Ingenieure Carl Hanser Verlag, München, Wien, 1986

/WIL,84,1/   Wildemann, H.   Flexible Werkstattsteuerung Computergestütztes Produktionsmanagement, Band 2, München, 1984

/WOL,85,1/   Wollersheim, R.   Graphisch unterstützte NC-Programmierung von Meßgeräten Industrie-Anzeiger 107 (1985) Nr. 35/36, S. 25-28

/ZÜH,83,1/   Zühlke, D.   Offline-Programmierung numerisch gesteuerter Industrieroboter - Ein Beitrag zur Steigerung der Flexibilität von Handhabungsystemen Fortschritt-Bericht, VDI-Z Reihe 2, Nr. 54, VDI-Verlag, Düsseldorf, 1983.

Stichwortverzeichnis